Grundlagen der Hochfrequenz-Schaltungstechnik

von
Bernhard Huder

R. Oldenbourg Verlag München Wien 1999

Prof. Dr.-Ing. Bernhard Huder
Fachhochschule Kempten
FB Elektrotechnik
Bahnhofstr. 61 - 63
87435 Kempten

Die Deutsche Bibliothek - CIP-Einheitsaufnahme

Huder, Bernhard:
Grundlagen der Hochfrequenz-Schaltungstechnik / Bernhard Huder. -
München ; Wien : Oldenbourg, 1999
   ISBN 3-486-24913-4

© 1999 R. Oldenbourg Verlag
Rosenheimer Straße 145, D-81671 München
Telefon: (089) 45051-0, Internet: http://www.oldenbourg.de

Lektorat: Andreas Türk
Herstellung: Rainer Hartl
Umschlagkonzeption: Kraxenberger Kommunikationshaus, München
Gedruckt auf säure- und chlorfreiem Papier
Gesamtherstellung: R. Oldenbourg Graphische Betriebe GmbH, München

Vorwort

Der Hochfrequenztechnik kommt in der heute von vielfältigen Kommunikationsmöglichkeiten geprägten Welt steigende Bedeutung zu. Hochfrequenztechnische Kenntnisse werden beispielsweise beim Aufbau und Betrieb von Mobilfunk- und Datennetzen, aber auch in den Gebieten Sensorik, Fernerkundung, Radar und industrielle Heiztechnik benötigt.

Das vorliegende Lehrbuch wendet sich an Studierende der Nachrichtentechnik an Fachhochschulen und Universitäten. Es entstand aus den Vorlesungs- und Praktikumsunterlagen zur Lehrveranstaltung Hochfrequenztechnik am Fachbereich Elektrotechnik der Fachhochschule Kempten. Das Buch bietet eine Einführung in die Hochfrequenztechnik und insbesondere in die Entwurfs- und Berechnungsmethoden der Hochfrequenz-Schaltungstechnik. Da in den bekannten und meist sehr umfangreichen Lehrbüchern zur Hochfrequenztechnik die Herleitungen äußerst knapp gehalten sind, wurde auf eine für Studierende nachvollziehbare Darstellung der hochfrequenztechnischen Sachverhalte Wert gelegt. Um jedoch den Umfang im beabsichtigen Rahmen zu halten, werden die an einer detaillierteren Darstellung interessierten Leser auf weiterführende Literatur verwiesen.

Nach einer kurzen Einführung in die Aufgaben und Anwendungen der Hochfrequenztechnik im Kapitel 1 werden im Kapitel 2 typische passive und aktive Hochfrequenzschaltungen anhand von Blockschaltbildern hochfrequenztechnischer Geräte identifiziert.

Die Grundlagen der Beschreibung von Mehrtoren mit Strom-Spannungs-Matrizen und mit Betriebsmatrizen sind in den Kapiteln 3 und 4 behandelt. Ausgehend von den vom Hersteller angegebenen Zweitorparametern der aktiven Bauelemente Bipolartransistor und Feldeffekttransistor werden Kleinsignalersatzschaltbilder abgeleitet und beispielhaft erläutert.

Die folgenden Kapitel beschäftigen sich mit den wichtigsten Berechnungsverfahren für aktive Hochfrequenzschaltungen mit diskreten Bauelementen. Als Ausgangspunkt für alle Berechnungen dienen Ersatzschaltbilder, in denen die Hochfrequenzeigenschaften der Bauelemente berücksichtigt werden.

Im Kapitel 5 werden die Schwingbedingungen für Zwei- und Vierpoloszillatoren abgeleitet. Praktische Berechnungen eines Tunneldioden- und eines LC-Oszillators schließen sich an. Abschnitte zu den Themen Quarzoszillatoren und Oszillatorstabilität runden die Darstellung ab.

Das Kapitel 6 behandelt das Thema Hochfrequenzverstärker. Es werden sowohl Kleinsignalverstärker, und hier insbesondere Selektivverstärker, als auch Großsignalverstärker beschrieben. Das in diesem Zusammenhang wichtige Gebiet der Leistungs- und Wellenanpassung wird gemeinsam mit der Stabilität aktiver Schaltungen ebenfalls dargestellt.

Nach einer kurzen Übersicht über die in der Hochfrequenztechnik gebräuchlichen Verfahren zur Frequenzumsetzung werden im Kapitel 7 die Grundlagen der Mischung einschließlich der Kleinsignal-Großsignal-Näherung erläutert. Als Bauelemente bzw. Schaltungen zum Mischen werden Dioden-, Bipolartransistor- und Feldeffekttransistormischer betrachtet.

In das Lehrbuch sind eine Reihe kritischer Beiträge von Studierenden eingeflossen, für die ich mich an dieser Stelle bedanken möchte.
Namentlich soll mein Kollege Prof. Dr.-Ing. Klaus Becker erwähnt werden, dem ich für die sorgfältige Durchsicht des Manuskripts und das Einbringen zahlreicher Verbesserungsvorschläge danke. Dem Oldenbourg Verlag und insbesondere Herrn Andreas Türk danke ich für die gute Zusammenarbeit.

Kempten, im Juli 1998   Bernhard Huder

Inhaltsverzeichnis

Zusammenstellung häufig verwendeter Formelzeichen und Abkürzungen

$\underline{A}$ Kettenmatrix
A_B Betriebsübertragungsfaktor
A_{Br} Rückwärts-Betriebsübertragungsfaktor
A_I Stromübertragungsfaktor
A_{ik} Kettenparameter
A_U Spannungsübertragungsfaktor
a_c Konversionsverlust
a_i normierte Wellengröße am Tor i
a_m Fourierkoeffizient

B Imaginärteil der Admittanz
B_K Kompensationsadmittanz
b_i normierte Wellengröße am Tor i
b_m Fourierkoeffizient

C Kapazität (allgemein)
C_e Eingangskapazität
C_j Sperrschichtkapazität
C_k Koppelkapazität
C_p Parallelkapazität
C_s Serienkapazität
C_∞ Kapazität mit Kurzschluß im Betriebsfrequenzbereich
c Kleinsignal-Kapazität (allgemein), Lichtgeschwindigkeit (allgemein)
c_i Kurzschlußeingangskapazität
c_o Kurzschlußausgangskapazität
$c_{ür}$ Rückwirkungskapazität
c_0 Lichtgeschwindigkeit im Vakuum

D Steigung
Dr Spule mit Leerlauf im Betriebsfrequenzbereich (Drossel)

f Frequenz (allgemein)
f_c Grenzfrequenz
$f_i(t)$ momentane Abweichung der Frequenz
f_K Kombinationsfrequenz
f_{LO} Lokaloszillatorfrequenz
f_M Mischfrequenz
f_P Pumpfrequenz
f_p Parallelresonanzfrequenz
f_r Resonanzfrequenz
f_{Sp} Spiegelfrequenz

f_s	Serienresonanzfrequenz
f_T	Transitfrequenz
f_{ZF}	Zwischenfrequenz
f_0	Schwingfrequenz, Oszillatorfrequenz
f_{0max}	maximale Schwingfrequenz
G	Leitwert (allgemein)
G_e	Eingangsleitwert
G_L	Lastleitwert
G_T	Übertragungsgewinn (Transducer Gain)
G_{Tu}	unilateraler Übertragungsgewinn
G_{Tumax}	maximaler unilateraler Übertragungsgewinn
G_0	Bezugsleitwert
g	Kleinsignal-Leitwert (allgemein)
g_i	Kurzschlußeingangsleitwert
g_m	Steuerparameter einer spannungsgesteuerten Stromquelle, Fourierkoeffizient des differentiellen Leitwerts
g_o	Kurzschlußausgangsleitwert
$\underline{H}$	Reihen-Parallel-Matrix
H_{ik}	Reihen-Parallel-Parameter
I	komplexe Amplitude des Stroms
$|I|$	Betrag der komplexen Amplitude des Stroms
$\underline{I}$	Spaltenvektor des Stroms
I_A	Arbeitspunktstrom
$I_{C=}$	Kollektorgleichstrom
I_{DSS}	Drain-Sättigungsstrom
$I_{D=}$	Draingleichstrom, Diodengleichstrom
I_H	Höckerstrom einer Tunneldiode
$I_m(x)$	modifizierte Besselfunktion der Ordnung m mit dem Argument x
I_{SC}	Sperrsättigungsstrom der Kollektordiode
I_{SE}	Sperrsättigungsstrom der Emitterdiode
I_T	Talstrom einer Tunneldiode
$I_{0=}$	Gleichstrom
i	Strom (allgemein)
$i(t)$	Zeitfunktion des Stroms
$\hat{i}$	Amplitude des Stroms
$i_D(t)$	Diodenstrom
$i_i(t)$	Zeitfunktion des Stroms am Tor i
$\hat{i}_{mS}$	Amplitude des Stroms bei einer Kombinationsfrequenz
$i_{ZF}(t)$	Zwischenfrequenzstrom
k	Spannungsübertragungsfaktor eines passiven Zweitors, Stabilitätsfaktor
k_n	normierter Koppelfaktor eines Zweikreis-Koppelfilters

L	Induktivität (allgemein)
L_s	Serieninduktivität
L_z	Zusatzinduktivität
l_T	Länge der Transformationsleitung
MAG	Maximum Available Gain
MSG	Maximaum Stable Gain
$\underline{P}$	Parallel-Reihen-Matrix
P_{ik}	Parallel-Reihen Parameter
P	Leistung (allgemein)
P_V	Verlustleistung
P_i	Leistung am Tor i
P_r	reflektierte Leistung
P_v	verfügbare Leistung
$P_=$	Gleichleistung
Q	Güte (allgemein)
Q_B	Betriebsgüte, belastete Güte
Q_C	Kondensatorgüte
Q_L	Spulengüte
Q_0	Leerlaufgüte
R	Widerstand (allgemein)
R_B	Bahnwiderstand
R_a	(entdämpfender) Widerstand eines aktiven Elements
R_e	Eingangswiderstand
R_{Ges}	Gesamtwiderstand
R_p	Parallelwiderstand
R_s	Serienwiderstand
R_z	Zusatzwiderstand
$R_=$	Gleichstromwiderstand
R_0	Bezugswiderstand
r	Kleinsignal-Widerstand (allgemein)
r_e	Eingangsreflexionsfaktor
r_L	Lastreflexionsfaktor
r_S	Quellenreflexionsfaktor
$\underline{S}$	Streumatrix
S_{ik}	Streuparameter
$S(f)$	spektrale Leistungsdichte
T	Temperatur
$\underline{T}$	Betriebskettenmatrix
t	Zeit (allgemein), Widerstandsverhältnis (Transformationsverhältnis)

U	komplexe Amplitude der Spannung, Unilateral Power Gain
$|U|$	Betrag der komplexen Amplitude der Spannung
$\underline{U}$	Spaltenvektor der Spannung
U_A	Arbeitspunktspannung
U_B	Betriebsspannung
$U_{BE=}$	Basis-Emitter-Gleichspannung
$U_{CB=}$	Kollektor-Basis-Gleichspannung
$U_{CE=}$	Kollektor-Emitter-Gleichspannung
$U_{D=}$	Diodengleichspannung
$U_{DS=}$	Drain-Source-Gleichspannung
$U_{GS=}$	Drain-Source-Gleichspannung
U_H	Höckerspannung einer Tunneldiode
U_K	Knickspannung
U_P	Abschnürspannung
U_S	Schwellenspannung
U_T	Talspannung einer Tunneldiode, Temperaturspannung
$U_{0=}$	Gleichspannung
u	Spannung (allgemein)
$u(t)$	Zeitfunktion der Spannung
$\hat{u}$	Amplitude der Spannung
$u_D(t)$	Diodenspannung
$u_i(t)$	momentane Abweichung der Spannung
$u_n(t)$	Rauschspannung
$u_S(t)$	Signalspannung
$u_{ZF}(t)$	Zwischenfrequenzspannung
$u_0(t)$	Oszillatorspannung
V	Spannungsübertragungsfaktor eines aktiven Zweitors, normierte Verstimmung
V_c	normierte Grenzverstimmung
VSWR	Stehwellenverhältnis (Voltage Standing Wave Ratio)
V_0	Leerlauf-Spannungsübertragungsfaktor eines aktiven Zweitors
v	Verstimmung
v_c	Grenzverstimmung
X	Imaginärteil der Impedanz
X_K	Kompensationsimpedanz
X_p	Parallelimpedanz
X_s	Serienimpedanz
x	Kapazitätsverhältnis
Y	Admittanz (allgemein)
$\underline{Y}$	Leitwertmatrix
Y_{ik}	Leitwertparameter
$|Y_{ik}|$	Betrag des Leitwertparameters
Y_e	Eingangsadmittanz
Y_S	Quellenadmittanz
y_f	Vorwärtssteilheit
$|y_f|$	Betrag der Vorwärtssteilheit

Z	Impedanz (allgemein)
$\underline{Z}$	Widerstandsmatrix
Z_{aL}	Eingangsimpedanz der Anpaßschaltung für die Lastseite
Z_{aS}	Eingangsimpedanz der Anpaßschaltung für die Quellenseite
Z_e	Eingangsimpedanz
Z_{ik}	Widerstandsparameter
Z_L	Lastimpedanz
Z_S	Quellenimpedanz
Z_T	Wellenwiderstand der Transformationsleitung
Z_0	Bezugsimpedanz
α	Stromverstärkung in Basisgrundschaltung
α_F	Vorwärts-Stromübertragungsfaktor
β	Stromverstärkung in Emittergrundschaltung
δ	Dämpfungskonstante
ε_0	Permeabilität des leeren Raums
ε_r	relative Dielektrizitätszahl
λ	Wellenlänge (allgemein)
λ_0	Wellenlänge im Vakuum
η	Wirkungsgrad
η_{PAE}	Power-Added Efficiency
φ_f	Phase der Vorwärtssteilheit
φ_I	Phase der komplexen Amplitude des Stroms
$\varphi_i(t)$	momentane Abweichung der Phase
$\varphi_n(t)$	Rauschphase
φ_{Sik}	Phase des Streuparameters
φ_U	Phase der komplexen Amplitude der Spannung
φ_{Yik}	Phase des Leitwertparameters
μ_0	Permittivität des leeren Raums
μ_r	relative Permittivitätszahl
θ	Stromflußwinkel
σ^2	Varianz
$\sigma_A{}^2$	Allan-Varianz
ω	Kreisfrequenz (allgemein)
τ	Zeitkonstante (allgemein), Meßzeit
τ_0	Zeitkonstante

1. Einführung

1.1 Aufgabe und Anwendungen der Hochfrequenztechnik

In der Hochfrequenztechnik werden Aufgaben behandelt, die sich beim Transport von Information und Leistung mit schnell veränderlichen elektrischen Wechselströmen, Wechselspannungen und Wechselfeldern stellen. Im Unterschied dazu spricht man von Niederfrequenztechnik, wenn die Verkopplung elektrischer und magnetischer Felder von untergeordneter Bedeutung ist. Informations- und Leistungstransport können in diesem Fall quasistationär beschrieben werden.

Die Hochfrequenztechnik umfaßt den Frequenzbereich zwischen ca. 3 kHz und ca. 1 PHz (1 Peta = 10^{15}). Die Abgrenzung von Niederfrequenz- und Hochfrequenztechnik mit der Angabe von Frequenzgrenzen ist allerdings in gewisser Weise willkürlich. Vielmehr ist dann nach hochfrequenztechnischen Gesichtspunkten vorzugehen, wenn die physikalischen Abmessungen eines Bauelements, einer Schaltung oder eines Systems nicht mehr klein sind gegen die Wellenlänge der elektromagnetischen Schwingung.

Insbesondere bei der hochfrequenten Nachrichtenübertragung gilt, daß die Frequenz des Nachrichtenträgers höher ist als die höchste Frequenz der Nachricht selbst. Man spricht dann von einer Trägerfrequenzübertragung im Gegensatz zur Basisbandübertragung.

In der Tabelle 1.1 sind die wichtigsten Teilgebiete der Hochfrequenztechnik aufgeschlüsselt und typische Themenbereiche genannt, die im jeweiligen Teilgebiet behandelt werden.

Tabelle 1.1: Teilgebiete und Themen der Hochfrequenztechnik

Teilgebiet	Themen
Wellenleiter	Leitungstheorie, Leitungsbauformen, Leitungsbauelemente
Hochfrequenzschaltungen	Oszillatoren, Verstärker, Frequenzumsetzer, Modulatoren, Demodulatoren
Elektromagnetische Strahlung, Antennen	Wellenausbreitung im Raum, Funktion einer Antenne, Antennenbauformen

Wellenleiter werden sowohl zur Übertragung von Hochfrequenzsignalen als auch zur Realisierung passiver Bauelemente verwendet, wenn die Abmessungen konzentrierter Bauelemente nicht mehr klein gegen die Wellenlänge sind und deshalb deren Einsatz nicht mehr sinnvoll ist. Unter Hochfrequenzschaltungen sollen solche Komponenten oder Baugruppen zusammengefaßt werden, die aktive bzw. zumindest nichtlineare Bauelemente enthalten. Das Teilgebiet der elektromagnetischen Strahlung behandelt die Ausbreitung elektromagnetischer Wellen im Raum und die Erzeugung bzw. den Empfang elektromagnetischer Raumwellen mit Antennen.

Die Hochfrequenztechnik nutzt elektromagnetische Wechselfelder für Aufgaben der
- Nachrichtenübertragung
    * leitungsgebunden (z. B. Fernmeldekabel)
    * drahtlos (z. B. Rundfunk, Richtfunk),
- Ortung und Navigation
    * terrestrische Verfahren (z. B. für Fahrzeuge, Schiffe, Flugzeuge)
    * Satellitennavigation (z. B. Global Positioning System),
- Fernerkundung
    * Radar (Radio Detection and Ranging)
    * Radiometrie (Auswertung der elektromagnetischen Strahlung von Objekten)
    * Radioastronomie (Radiometrie bei Sternen),
- Wärmeerzeugung
    * industriell
    * im Haushalt,
- zerstörungsfreien Werkstoffprüfung,
- Medizin,
- Atomphysik (z. B. Teilchenbeschleuniger),
- Chemie (z. B. Spektroskopie, Kernspinresonanz).

Tabelle 1.2 gibt die wichtigsten Spezialgebiete der Hochfrequenztechnik an. Zu jedem Spezialgebiet ist auch ein Stichwort genannt, welches jeweils eine aktuelle Anwendung kennzeichnet.

Tabelle 1.2:   Spezielle Gebiete der Hochfrequenztechnik

Spezialgebiet	aktuelle Anwendung
Höchstfrequenztechnik	Millimeterwellentechnik
optische Nachrichtentechnik	Lichtwellenleiter
Radartechnik	KFZ-Radar
Funktechnik	Mobilfunk
Hochfrequenzhalbleiter	monolithisch integrierte Schaltungen
Störungen und Rauschen	Spread-Spectrum-Verfahren

Der Bereich der in der Hochfrequenztechnik zu erzeugenden, zu übertragenden bzw. zu detektierenden Leistungen reicht von einigen Megawatt (1 MW = 10^6 W) bei Nachrichtensendern großer Reichweite und Teilchenbeschleunigern bis zu wenigen Attowatt (1 aW = 10^{-18} W) als Empfangsleistung von Radioastronomiesignalen aus dem fernen Weltraum.

1.2   Frequenzbereiche der Hochfrequenztechnik

Hochfrequenztechnische Systeme unterscheiden sich je nach der Frequenz bzw. der Wellenlänge, bei denen sie eingesetzt werden. Nach DIN 40015 ist deshalb eine dekadische Ordnung der Frequenz- bzw. Wellenlängenbereiche üblich. Tabelle 1.3 zeigt eine Übersicht der auch international geltenden Einteilung.

Frequenz f und Wellenlänge λ hängen über die Ausbreitungsgeschwindigkeit der elektromagnetischen Welle zusammen. Bei einer Wellenausbreitung im Vakuum ist die Ausbreitungsgeschwindigkeit c_0 die Vakuumlichtgeschwindigkeit mit

$$c_0 = 299792458 \text{ m/s} \approx 3 \cdot 10^8 \text{ m/s} . \tag{1.2.1}$$

Breitet sich die Welle in einem Medium aus, so wird die Ausbreitungsgeschwindigkeit $c < c_0$. Insbesondere gilt in der Erdatmosphäre

$$c \approx c_0 , \tag{1.2.2}$$

wobei die Abweichung, die ab der vierten Dezimalen von c_0 auftritt, von den atmosphärischen Bedingungen wie z. B. Luftdruck, Luftfeuchtigkeit usw. abhängt.
Bei Wellenausbreitung im Vakuum gilt der Zusammenhang

$$f \cdot \lambda_0 = c_0 \tag{1.2.3}$$

mit λ_0 als der Vakuumwellenlänge und

$$c_0 = \frac{1}{\sqrt{\mu_0 \varepsilon_0}}, \quad \mu_0 = 4\pi \cdot 10^{-7} \text{ Vs/Am}, \quad \varepsilon_0 = 8{,}845 \cdot 10^{-12} \text{ As/Vm}. \tag{1.2.4}$$

Breitet sich die elektromagnetische Welle hingegen in einem Medium aus, so wird

$$f \cdot \lambda = c \tag{1.2.5}$$

mit

$$c = \frac{c_0}{\sqrt{\mu_r \varepsilon_r}} . \tag{1.2.6}$$

Die Größe μ_r kennzeichnet die relative Permittivitätszahl, ε_r ist die relative Permeabilitätszahl des Ausbreitungsmediums.

Tabelle 1.3: Frequenz- und Wellenlängenbereiche der Hochfrequenztechnik /1.1/

Frequenzbereich in Hz	Wellenlänge in m	Bereichsnummer	deutscher Name	englischer Name	Abkürzung	typische Anwendungen
$3 \cdot 10^0$ ... $3 \cdot 10^1$	10^8 ... 10^7	1		Extremely Low Frequencies	ELF	
$3 \cdot 10^1$ ... $3 \cdot 10^2$	10^7 ... 10^6	2		Extremely Low Frequencies	ELF	
$3 \cdot 10^2$ ... $3 \cdot 10^3$	10^6 ... 10^5	3	Hektokilometerwellen	Ultra Low Frequencies	ULF	Telegraphie
$3 \cdot 10^3$ ... $3 \cdot 10^4$	10^5 ... 10^4	4	Myriameterwellen, Längstwellen	Very Low Frequencies	VLF	Telegraphie, Navigation
$3 \cdot 10^4$ ... $3 \cdot 10^5$	10^4 ... 10^3	5	Kilometerwellen, Langwellen	Low Frequencies	LF	Telegraphie, Rundfunk
$3 \cdot 10^5$ ... $3 \cdot 10^6$	10^3 ... 10^2	6	Hektometerwellen, Mittelwellen	Medium Frequencies	MF	Rundfunk, Schiffsfunk, Flugfunk
$3 \cdot 10^6$ ... $3 \cdot 10^7$	10^2 ... 10^1	7	Dekameterwellen, Kurzwellen	High Frequencies	HF	Rundfunk, Flugfunk, Amateurfunk
$3 \cdot 10^7$ ... $3 \cdot 10^8$	10^1 ... 10^0	8	Meterwellen, Ultrakurzwellen	Very High Frequencies	VHF	Rundfunk, Fernsehen, Mobilfunk
$3 \cdot 10^8$ ... $3 \cdot 10^9$	10^0 ... 10^{-1}	9	Dezimeterwellen	Ultra High Frequencies	UHF	Fernsehen, Mobilfunk, Radar
$3 \cdot 10^9$ ... $3 \cdot 10^{10}$	10^{-1} ... 10^{-2}	10	Zentimeterwellen	Super High Frequencies	SHF	Richtfunk, Satellitenfunk, Radar
$3 \cdot 10^{10}$ ... $3 \cdot 10^{11}$	10^{-2} ... 10^{-3}	11	Millimeterwellen	Extremely High Frequencies	EHF	Richtfunk, Radar
$3 \cdot 10^{11}$ ... $3 \cdot 10^{12}$	10^{-3} ... 10^{-4}	12	Submillimeterwellen			Radar

In der Tabelle 1.4 sind die der Hörrundfunk- und Fernsehübertragung zugewiesenen Frequenzen bzw. Vakuumwellenlängen angegeben. Sie liegen im Bereich zwischen ca. 150 kHz und ca. 800 MHz. Tabelle 1.5 zeigt die Frequenzen des Mikrowellenbereichs, der sich vom Dezimeterwellenbereich bis in den Submillimeterwellenbereich erstreckt, sowie seine Aufteilung in die Radarbänder P bis G.

Tabelle 1.4: Frequenz- und Wellenlängenbereiche für Hörrundfunk und Fernsehen /1.2/

Bezeichnung	Frequenzbereich	Wellenlängenbereich
Hörrundfunk (Langwellenband)	148,5 kHz ... 283,5 kHz	2,02 km ... 1,06 km
Hörrundfunk (Mittelwellenband)	526,5 kHz ... 1606,5 kHz	572 m ... 187 m
Hörrundfunk (9 Kurzwellenbänder)	3,95 MHz ... 26,1 kHz	76 m ... 11,5 m
Fernsehbereich I (UKW-Kanäle 2 bis 4)	47 MHz ... 68 MHz	6,38 m ... 4,41 m
Hörrundfunk (UKW-Bereich II)	88 MHz ... 108 MHz	3,41 m ... 2,78 m
Fernsehbereich III (UKW-Kanäle 5 bis 12)	174 MHz ... 223 MHz	1,72 m ... 1,34 m
Fernsehbereich IV + V (UKW-Kanäle 21 bis 60)	470 MHz ... 790 MHz	63,8 cm ... 38 cm

Tabelle 1.5: Frequenzen des Mikrowellenbereichs mit Aufteilung in Radarfrequenzbänder /1.3/

Bezeichnung von / bis, in GHz	Mikrowellen 0,3 ... 300											
Bezeichnung von / bis, in GHz	Meter-wellen 0,03 ... 0,3		Dezimeter-wellen 0,3 ... 3		Zentimeter-wellen 3 ... 30				Millimeter-wellen 30 ... 300			
	Radarfrequenzbänder											
Bandbezeichnung	P	L	S	C	X	Ku	K	Ka	Q	E	F	G
von / bis, in GHz	0,2 1	1 2	2 4	4 8	8 12	12 18	18 27	27 40	40 60	60 90	90 140	140 220

2.   Hochfrequenzschaltungen

2.1   Blockschaltbilder

In den folgenden Kapiteln werden Hochfrequenzschaltungen behandelt. Typische in der Hochfrequenztechnik verwendete Schaltungen sollen deshalb anhand von Blockschaltbildern einfacher hochfrequenztechnischer Geräte identifiziert werden.

Sender

Der im Blockschaltbild nach Abb. 2.1.1 gezeigte Sender besteht aus einem Sendeoszillator. Diesem ist ein Frequenzvervielfacher nachgeschaltet. Eine solche Anordnung wählt man dann, wenn für die direkte Erzeugung der gewünschten Trägerfrequenz kein den Spezifikationen genügender Oszillator zur Verfügung steht. Nach der Modulation des Trägersignals mit einem niederfrequenten Nutzsignal folgt die Verstärkung zur Erzeugung ausreichender Sendeleistung. Aus Gründen des Wirkungsgrads werden Leistungsverstärker für B- oder C-Betrieb ausgelegt. Dem Leistungsverstärker wird ein Bandfilter nachgeschaltet, welches die bei der Verstärkung in diesen Betriebsarten entsehenden Oberschwingungen reduziert.

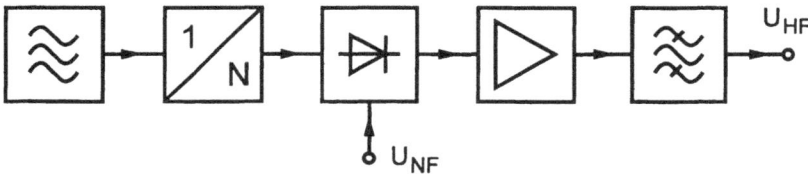

Abb. 2.1.1:   Blockschaltbild eines Senders

Überlagerungsempfänger

In einem Überlagerungsempfänger nach Abb. 2.1.2 (Heterodynempfänger) wird das Empfangssignal nach der Filterung und Verstärkung in der Hochfrequenzvorstufe in den Zwischenfrequenzbereich gemischt. Hierzu wird ein Lokaloszillator benötigt, dessen Schwingfrequenz zusammen mit der Mittenfrequenz des Vorstufenfilters so abgestimmt wird, daß das gewünschte Empfangssignal bei der Mischung in die Zwischenfrequenzlage umgesetzt wird. Mittenfrequenz und Bandbreite der Zwischenfrequenzstufe sind fest eingestellt. Die Vorstufenfilterung dient im wesentlichen zur Unterdrückung des Spiegelfrequenzsignals, welches nach der Mischung sonst ebenfalls im Zwischenfrequenzband vorhanden wäre und sich deshalb dem Nutzsignal überlagern würde. Auf die Zwischenfrequenzstufe folgen der Demodulator und gegebenenfalls ein Niederfrequenzverstärker.

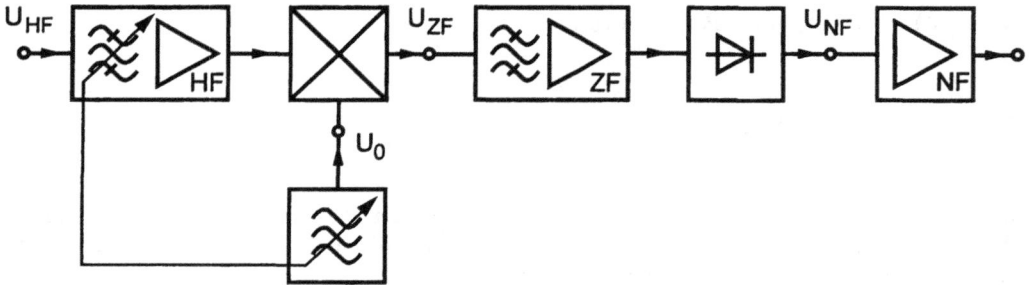

Abb. 2.1.2:   Blockschaltbild eines Überlagerungsempfängers

Radargerät

Die prinzipielle Funktion eines Radargeräts soll an einem Dopplerradar, dessen Blockschaltbild in Abb. 2.1.3 gezeigt ist, erläutert werden.

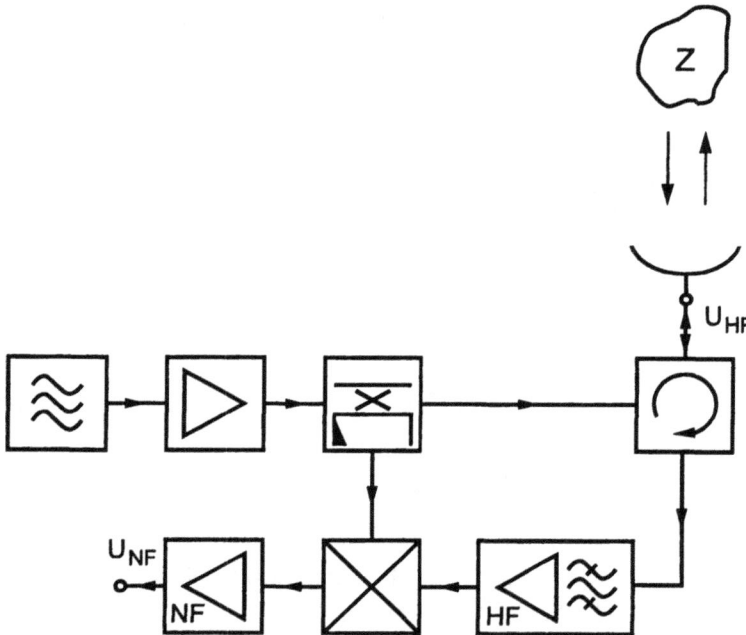

Abb. 2.1.3:   Blockschaltbild eines Dopplerradargeräts

Das im Sendeoszillator des Radargeräts erzeugte hochfrequente Signal wird zunächst verstärkt, damit ausreichend Sendeleistung zur Verfügung steht. Nach der Auskopplung eines kleinen Leistungsanteils, der im Empfangsmischer als Lokaloszillatorsignal dient, gelangt das Sendesignal über den als Sende-Empfangs-Weiche dienenden Zirkulator zur Radarantenne. Die an einem Radarziel Z eintreffende elektromagnetische Welle wird teilweise reflektiert. Derjenige Anteil des reflektierten Signals, der von der Antenne empfangen wird, enthält die Information über die Zielgeschwindigkeit in der Dopplerverschiebung der Frequenz. Das Empfangssignal wird in einem Überlagerungsempfänger mit dem Sendesignal gemischt, so daß am Mischerausgang ein im allgemeinen niederfrequentes Signal mit der Dopplerfrequenz auftritt, das weiterverarbeitet und ausgewertet wird.

2.2 Typische Hochfrequenzschaltungen

Die in den Blockschaltbildern gezeigten typischen Hochfrequenzschaltungen sind teils passive, teils aktive Schaltungen. Einige der Schaltungen können sowohl passiv als auch aktiv ausgeführt werden.

Passive Hochfrequenzschaltungen

Typische passive Hochfrequenzschaltungen sind
- Filter, z. B. Bandfilter,
- Richtkoppler,
- Sende-Empfangs-Weichen, z. B. Zirkulatoren.

Aktive Hochfrequenzschaltungen

Typische aktive Hochfrequenzschaltungen sind
- Oszillatoren,
- Frequenzvervielfacher,
- Kleinsignalverstärker (Breitband-, Selektivverstärker),
- Großsignalverstärker (Leistungsverstärker).

Hochfrequenzschaltungen, die passiv oder aktiv sein können

Hochfrequenzschaltungen, die zur Funktionserfüllung auf das nichtlineare Verhalten eines Bauelements angewiesen sind, können sowohl passiv als auch aktiv ausgeführt werden. Typische Vertreter dieser Schaltungen sind
- Mischer,
- Modulatoren,
- Demodulatoren.

3. Strom-Spannungs-Matrizen

3.1 Einführung

Elektrische Netzwerke können über die Beziehungen zwischen den Spannungen und den Strömen an den Netzwerkklemmen vollständig charakterisiert werden. Handelt es sich insbesondere um ein Netzwerk mit zwei Klemmenpaaren (z. B. Eingangsklemmenpaar und Ausgangsklemmenpaar), so bezeichnet man dieses als Zweitor. Die allgemeinere Bezeichnung Vierpol gilt für jedes Netzwerk mit vier Anschlußklemmen. Obwohl oftmals statt der Bezeichnung Zweitor die Bezeichnung Vierpol verwendet wird, ist genaugenommen die Zuordnung von je zwei Klemmen des Vierpols zu einem Tor nicht zwingend gegeben.

Die Abb. 3.1.1 zeigt ein allgemeines Zweitor mit seinen Klemmenbezeichnungen und den Zählpfeilrichtungen für die Klemmenspannungen und Klemmenströme. Die Klemmenpaare 1 1' bzw. 2 2' sollen im folgenden als Tor 1 bzw. Tor 2 bezeichnet werden.

Abb. 3.1.1:
Allgemeines Zweitor mit Klemmenbezeichnungen und Zählpfeilrichtungen der Klemmenspannungen und Klemmenströme

Da in der Hochfrequenztechnik im allgemeinen Wechselstromnetzwerke behandelt werden, sind alle Spannungen und Ströme als komplexe Amplituden anzusehen, sofern nicht explizit auf eine andere Darstellung hingwiesen wird /3.1, S. 20 - 34/. Die komplexen Amplituden

$$U_i = |U_i| \cdot e^{j\varphi_{Ui}}$$
$$\phantom{U_i = |U_i| \cdot e^{j\varphi_{Ui}}} \quad i = 1, 2 \qquad\qquad (3.1.1)$$
$$I_i = |I_i| \cdot e^{j\varphi_{Ii}}$$

enthalten demnach die Amplitude und die Phase der jeweiligen Wechselgröße. Den Zeitverlauf erhält man aus der komplexen Amplitude nach der Vorschrift

$$u_i(t) = \mathrm{Re}\left\{U_i \cdot e^{j\omega t}\right\} = |U_i| \cdot \cos(\omega t + \varphi_{Ui})$$
$$\phantom{u_i(t) = \mathrm{Re}\left\{U_i \cdot e^{j\omega t}\right\}} \quad i = 1, 2 \, . \qquad\qquad (3.1.2)$$
$$i_i(t) = \mathrm{Re}\left\{I_i \cdot e^{j\omega t}\right\} = |I_i| \cdot \cos(\omega t + \varphi_{Ii})$$

Lineare Netzwerke

Ein elektrisches Netzwerk ist linear, wenn die Werte der Bauelemente des Netzwerks nicht vom Strom, von der Spannung oder von der Leistung am bzw. im Bauelement abhängen. Die Beziehungen zwischen den Klemmengrößen des Netzwerks können in diesem Fall mit einem linearen Gleichungssystem beschrieben werden. Physikalisch gesehen bedeutet Linearität, daß an den Netzwerkklemmen nur Ströme und Spannungen bzw. normierte Wellen derjenigen Frequenz auftreten, die von an den Klemmen angeschlossenen Quellen angeregt werden.

Diese Überlegungen zeigen, daß Hochfrequenzschaltungen wie Oszillatoren, Verstärker und Frequenzumsetzer (Frequenzvervielfacher, Mischer, Modulatoren), die aktive und damit nichtlineare Bauelemente enthalten, nichtlineares Verhalten aufweisen müssen. Da die lineare Behandlung von Netzwerken allerdings Vorteile bezüglich des rechentechnischen Aufwands bietet, ist, soweit möglich, eine Linearisierung des nichtlinearen Netzwerks üblich. Linearisierung bedeutet, daß die Aussteuerung von im Netzwerk vorhandenen Bauelementen mit nichtlinearer Kennlinie klein gehalten wird. Man spricht vom Kleinsignalbetrieb und meint damit den Ersatz der nichtlinearen Kennlinie durch ihre Tangente im Arbeitspunkt als Näherung.

3.2   Leitwertmatrix

In der Hochfrequenztechnik verwendet man vorzugsweise die Leitwertgleichungen zur Beschreibung der Beziehungen zwischen den Klemmenspannungen und den Klemmenströmen eines linearen Netzwerks. Die Begründung hierfür liegt in der Art der Messung der Leitwertparameter. Sie wird im Kapitel 3.5 folgen. Es werden deshalb alle folgenden Überlegungen mit den Leitwertbeziehungen angestellt. Bei Bedarf wird auf andere Darstellungsweisen (z. B. Widerstandsgleichungen) verwiesen.

Die Leitwertgleichungen lauten für ein Zweitor

$$I_1 = Y_{11} \cdot U_1 + Y_{12} \cdot U_2$$
$$I_2 = Y_{21} \cdot U_1 + Y_{22} \cdot U_2 \tag{3.2.1}$$

bzw. in Matrixschreibweise

$$\underline{I} = \underline{Y} \cdot \underline{U} \tag{3.2.2}$$

mit

$$\underline{I} = \begin{pmatrix} I_1 \\ I_2 \end{pmatrix}, \quad \underline{U} = \begin{pmatrix} U_1 \\ U_2 \end{pmatrix}, \quad \underline{Y} = \begin{pmatrix} Y_{11} & Y_{12} \\ Y_{21} & Y_{22} \end{pmatrix}. \tag{3.2.3}$$

Die Matrix $\underline{Y}$ wird als Leitwertmatrix des Zweitors bezeichnet. $\underline{U}$ und $\underline{I}$ sind die Spaltenvektoren der Klemmenspannungen und Klemmenströme.

Die Leitwertparameter Y_{11}, Y_{12}, Y_{21} und Y_{22} eines Zweitors können gemessen werden, indem man die komplexen Amplituden einer Spannung und eines Stromes mißt, und jenes Tor kurzschließt, an dem die Spannung nicht gemessen wird. Es ist demnach

$$Y_{11} = \left.\frac{I_1}{U_1}\right|_{U_2 = 0} , \qquad Y_{12} = \left.\frac{I_1}{U_2}\right|_{U_1 = 0} ,$$

$$(3.2.4)$$

$$Y_{21} = \left.\frac{I_2}{U_1}\right|_{U_2 = 0} , \qquad Y_{22} = \left.\frac{I_2}{U_2}\right|_{U_1 = 0} .$$

3.3 Kleinsignalersatzschaltbild und Leitwertparameter eines aktiven Zweitors

Im allgemeinen läßt sich jedes passive und übertragungssymmetrische lineare Zweitor nach /3.2, S. 31ff/ mit einem formalen Ersatzschaltbild als π-Schaltung oder als T-Schaltung mit drei voneinander verschiedenen Admittanzen oder Impedanzen darstellen. Das Zweitor ist demnach mit drei komplexen Größen vollständig charakterisiert. Dies sind beispielsweise die drei komplexen Admittanzen des Ersatzschaltbildes oder die vier komplexen Leitwertparameter, für die allerdings $Y_{12} = Y_{21}$ gilt. Für die Beschreibung mit Leitwertparametern eignet sich insbesondere die Π-Schaltung. Bei einer Beschreibung mit Widerstandsparametern ist hingegen die T-Schaltung vorzuziehen.

Im folgenden wird deshalb die Π-Schaltung verwendet und um eine spannungsgesteuerte Stromquelle mit dem Steuerparameter g_m ergänzt. Mit diesem formalen Ersatzschaltbild bzw. Kleinsignalersatzschaltbild (im Falle einer Kleinsignalaussteuerung zum Zwecke der Linearisierung) nach Abb. 3.3.1 läßt sich nun nach /3.2, S. 53ff/ jedes lineare Zweitor, und damit auch ein aktives und gegebenenfalls linearisiertes Zweitor, charakterisieren. Das Zweitor wird in diesem Fall z. B. mit den drei komplexen Admittanzen und dem komplexen Steuerparameter der Quelle des Kleinsignalersatzschaltbildes beschrieben. Eine gleichwertige Beschreibung ist auch mit den vier voneinander verschiedenen komplexen Leitwertparametern der Leitwertmatrix möglich.

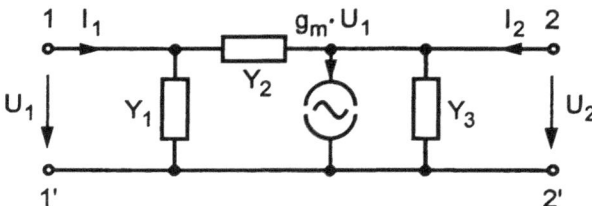

Abb. 3.3.1:
Formales Kleinsignalersatzschaltbild eines aktiven Zweitors

3.3.1 Formales Kleinsignalersatzschaltbild eines aktiven Zweitors

Es soll zunächst gezeigt werden, daß sich das in Abb. 3.3.1 dargestellte Zweitorersatzschaltbild als formales Kleinsignalersatzschaltbild eines aktiven linearen Zweitors eignet. Hierzu wird der Zusammenhang abgeleitet, der die Leitwertparameter, welche das Zweitor ja vollständig charakterisieren, mit den Parametern des Ersatzschaltbilds verbindet.

Berechnung der Leitwertparameter Y_{11} und Y_{21}

Die Leitwertparameter Y_{11} und Y_{21} des in Abb. 3.3.1 skizzierten Zweitors können mit der Definition nach Gl. (3.2.4) bestimmt werden.

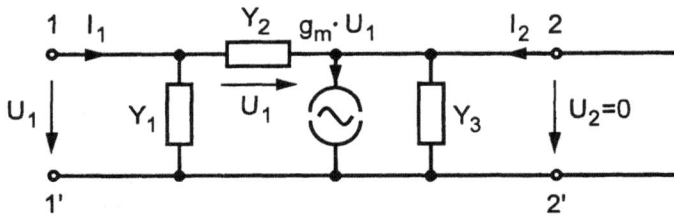

Abb. 3.3.2:
Zur Bestimmung der Leitwertparameter Y_{11} und Y_{21}

Bei $U_2 = 0$ werden die spannungsgesteuerte Stromquelle und die Admittanz Y_3 kurzgeschlossen. Die Spannung U_1 liegt an der Parallelschaltung der Admittanzen Y_1 und Y_2. Der Strom I_1 teilt sich auf die beiden Admittanzen auf. Nach Abb. 3.3.2 gilt deshalb für den Leitwertparameter Y_{11}

$$Y_{11} = \frac{I_1}{U_1}\bigg|_{U_2 = 0} = Y_1 + Y_2. \tag{3.3.1}$$

Wie Abb. 3.3.2 zeigt, liegt die Spannung U_1 wegen des Kurzschlusses am Tor 2 an der Admittanz Y_2. Für den Strom I_2 und die Ströme durch die Admittanz Y_2 und die spannungsgesteuerte Stromquelle ist

$$I_2 + Y_2 \cdot U_1 - g_m \cdot U_1 = 0. \tag{3.3.2}$$

Löst man Gl. (3.3.2) nach dem Strom I_2 auf, wird der Leitwertparameter Y_{21} zu

$$Y_{21} = \frac{I_2}{U_1}\bigg|_{U_2 = 0} = g_m - Y_2. \tag{3.3.3}$$

Berechnung der Leitwertparameter Y_{12} und Y_{22}

Zur Berechnung der Leitwertparameter Y_{12} und Y_{22} ist nach Gl. (3.2.4) das Tor 1 kurzzuschließen. Dieser Zustand ist in Abb. 3.3.3 gezeichnet. Wegen $U_1 = 0$ liegt die Spannung U_2 an der Admittanz Y_2 an und der gesamte Strom I_1 fließt durch die Admittanz Y_2. Allerdings sind die Zählpfeile der Spannung U_2 und des Stroms I_1 an der Admittanz Y_2 gegensinnig, so daß nach Abb. 3.3.3 für den Leitwertparameter Y_{12}

$$Y_{12} = \frac{I_1}{U_2}\bigg|_{U_1 = 0} = -Y_2 \qquad (3.3.4)$$

gilt.

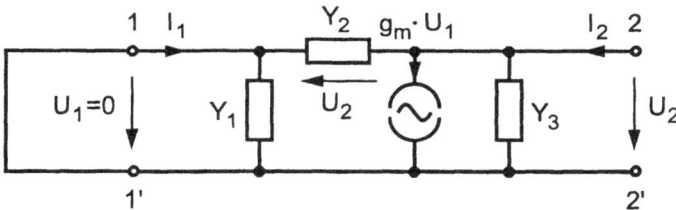

Abb. 3.3.3:
Zur Bestimmung der Leitwertparameter Y_{12} und Y_{22}

Ist $U_1 = 0$, so wird nach Abb. 3.3.3 der Strom der spannungsgesteuerten Stromquelle ebenfalls gleich Null. Die Spannung U_2 liegt an der Parallelschaltung der Admittanzen Y_1 und Y_2. Der Strom I_2 teilt sich auf beide Admittanzen auf. Für den Leitwertparameter Y_{22} gilt dann

$$Y_{22} = \frac{I_2}{U_2}\bigg|_{U_1 = 0} = Y_2 + Y_3. \qquad (3.3.5)$$

Regeln zur Berechnung der Leitwertparameter eines linearen Zweitor-Netzwerks

Die Bestimmung der Leitwertparameter aus der Struktur eines Netzwerks mit einem den beiden Toren gemeinsamen Bezugsknoten ist nach folgenden Regeln möglich:
-   Die Leitwertparameter Y_{11} und Y_{22} berechnen sich als Summe aller an der jeweiligen Klemme 1 bzw. 2 angeschlossenen Admittanzen (vergl. Gl. (3.3.1) bzw. Gl. (3.3.5)).
-   Der Leitwertparameter Y_{12} besteht aus der mit negativem Vorzeichen versehenen Admittanz zwischen den Klemmen 1 und 2 (vergl. Gl. (3.3.4)).
-   Der Leitwertparameter Y_{21} eines passiven Netzwerks ist gleich dem Leitwertparameter Y_{12}.
-   Wird bei einem aktiven Zweitor an der Klemme 2 eine spannungsgesteuerte Stromquelle angenommen, deren Strom eine von der Klemme 2 wegzeigende Zählpfeilrichtung hat und in Richtung des gemeinsamen Bezugsknotens fließt, so tritt der Steuerparameter g_m als zusätzlicher Summand mit positivem Vorzeichen im Leitwertparameter Y_{21} auf (vergl. Gl. (3.3.3)).

Diese Vorschriften lassen sich auch auf Netzwerke mit mehr als zwei Toren bzw. mehr als vier Klemmen erweitern. Genaueres zur Vorgehensweise ist in /3.3, S. 28ff/ zu finden.

3.4 Leitwertparameter eines aktiven Zweitors am Beispiel eines Bipolartransistors

Die Leitwertmatrix des aktiven Bauelements Bipolartransistor soll aus den vom Transistorhersteller gegebenen Daten hergeleitet werden. Es soll auch gezeigt werden, daß sich aus der Leitwertmatrix ein funktionales Kleinsignalersatzschaltbild für den Bipolartransistor bestimmen läßt.

Der Transistorhersteller gibt üblicherweise die an einem bestimmten Transistortyp in einer speziellen Grundschaltung bei festgelegten Arbeitspunktspannungen und Arbeitspunktströmen und festgelegter Betriebsfrequenz gemessenen Kleinsignalparameter an. Die Bezeichnung Kleinsignalparameter weist darauf hin, daß die Parameter nur dann gelten, wenn die aussteuernden Wechselspannungen und Wechselströme klein sind im Vergleich zu den Arbeitspunktspannungen und Arbeitspunktströmen. Man vergleiche hierzu die Bemerkungen zur Linearisierung im Kapitel 3.1.

3.4.1 Leitwertparameter des Hochfrequenztransistors BF 240

Die Vorgehensweise zur Bestimmung der Leitwertparameter soll am Beispiel des Hochfrequenztransistors BF 240 vorgestellt werden. Nach Herstellerangaben /3.4, S. 23ff/ handelt es sich um einen Silizium-NPN-Epitaxial-Planar-Transistor für Anwendungen in geregelten AM- und FM-Verstärkerstufen in Emittergrundschaltung. Als besonderes Merkmal ist die kleine Rückwirkungskapazität des Transistors angegeben.

Zunächst sind die Arbeitspunktgrößen Kollektor-Basis-Gleichspannung $U_{CB=}$ und Kollektor-Gleichstom $I_{C=}$ vom Schaltungsentwickler festzulegen. Beide Größen richten sich nach der zu erwartenden Wechselstromaussteuerung des Transistors. Außerdem ist zu beachten, daß die Steilheit des Transistors und damit die zu erreichende Verstärkung stark vom Kollektor-Gleichstrom abhängen. Stehen die Arbeitspunktdaten fest, so können die Kleinsignaleigenschaften des Transistortyps aus den Parameterkurven entnommen werden, die in den Datenblättern /3.4, S. 23ff/ enthaltenen sind. Diese sind auch im Anhang, Kapitel 8.1, abgedruckt.

Arbeitspunkt

Kollektor-Basis-Gleichspannung $U_{CB=} = 5$ V
Kollektor-Gleichstrom $I_{C=} = 5$ mA

Transistorgrundschaltung

Emittergrundschaltung
- Tor 1: Basis-Emitter
- Tor 2: Kollektor-Emitter

Frequenz

Betriebsfrequenz $f = 10,7\,\text{MHz}$

Kleinsignalparameter

- Kurzschlußeingangsleitwert $g_i = 2,27\,\text{mS}$
- Kurzschlußeingangskapazität $c_i = 41\,\text{pF}$
- Rückwirkungskapazität $c_{\text{ür}} = 0,33\,\text{pF}$
- Betrag der Vorwärtssteilheit $|y_f| = 160\,\text{mS}$
- Phase der Vorwärtssteilheit $\varphi_f \approx 0°$
- Kurzschlußausgangsleitwert $g_o = 42,5\,\mu\text{S}$
- Kurzschlußausgangskapazität $c_o = 1,7\,\text{pF}$

Für die Leitwertparameter gilt nach Herstellerangaben /3.4, S. A1ff/

$$Y_{11} = g_i + j\omega c_i, \qquad\qquad Y_{12} = -j\omega c_{\text{ür}},$$

$$Y_{21} = y_f - j\omega c_{\text{ür}}, \qquad\qquad Y_{22} = g_o + j\omega c_o. \tag{3.4.1}$$

Damit können die Leitwertparameter in der gewählten Grundschaltung, im gewählten Arbeitspunkt und bei der gewählten Betriebsfrequenz für Kleinsignalbetrieb berechnet werden zu

$$Y_{11} = 2,27\,\text{mS} + j\cdot 2,76\,\text{mS}, \qquad Y_{12} = -j\cdot 22,2\,\mu\text{S},$$

$$Y_{12} = 160\,\text{mS}, \qquad\qquad Y_{22} = 42,5\,\mu\text{S} - j\cdot 114,3\,\mu\text{S}. \tag{3.4.2}$$

3.4.2 Bestimmung der Parameter des formalen Kleinsignalersatzschaltbilds aus den Leit- wertparametern

Ein Vergleich der Gl. (3.4.1) mit den Gleichungen (3.3.1) und (3.3.3) bis (3.3.5) liefert sofort die Admittanz Y_2 mit

$$Y_{12} = -Y_2 = -j\omega c_{\text{ür}} \quad\rightarrow\quad Y_2 = j\omega c_{\text{ür}}. \tag{3.4.3}$$

Damit läßt sich die Admittanz Y_1 bestimmen zu

$$Y_{11} = Y_1 + Y_2 = g_i + j\omega c_i \quad\rightarrow\quad Y_1 = g_i + j\omega\big(c_i - c_{\text{ür}}\big). \tag{3.4.4}$$

Genauso ergibt sich die Admittanz Y_3 zu

$$Y_{22} = Y_2 + Y_3 = g_o + j\omega c_o \quad\rightarrow\quad Y_3 = g_o + j\omega\big(c_o - c_{\text{ür}}\big). \tag{3.4.5}$$

Für den Steuerparameter g_m der spannungsgesteuerten Stromquelle gilt

$$Y_{21} = g_m - Y_2 = y_f - j\omega c_{\text{ür}} \quad\rightarrow\quad g_m = y_f. \tag{3.4.6}$$

Es ist aber mit den Zahlenwerten für den Transistor BF 240 nach Gl. (3.4.2)

$$Y_{21} = |Y_{21}| \cdot e^{j\varphi_{Y21}}$$

mit $\quad |Y_{21}| = \sqrt{y_f^2 + (\omega c_{\ddot{u}r})^2} = \sqrt{(160\ \text{mS})^2 + (22,2\ \mu\text{S})^2} \approx 160\ \text{mS} = y_f$ \hfill (3.4.7)

und $\quad \varphi_{Y21} = a \tan \dfrac{\omega c_{\ddot{u}r}}{y_f} \approx 0,008° \approx 0$.

Demnach gilt mit sehr guter Näherung bei reeller Vorwärtssteilheit y_f und für Betriebsfrequenzen bis mindestens 10 MHz

$$Y_{21} \approx g_m \approx y_f .$$ \hfill (3.4.8)

Die verschiedenen möglichen Bezeichnungen für den Leitwertparameter Y_{21} eines Transistors lauten in diesem Fall
- Steuerparameter g_m der spannungsgesteuerten Stromquelle,
- Steilheit S oder
- Vorwärtssteilheit y_f.

Alle Leitwertparameter sowie alle Leitwerte des formalen Kleinsignalersatzschaltbildes einschließlich des Steuerparameters der spannungsgesteuerten Stromquelle haben die Einheit S = 1/Ω.

3.4.3 Funktionales Kleinsignalersatzschaltbild des Bipolartransistors für Hochfrequenzanwendungen

Statt des formalen Kleinsignalersatzschaltbildes nach Abb. 3.3.1, das für alle aktiven Zweitore gilt, verwendet man für einen Bipolartransistor auch ein funktionales Kleinsignalersatzschaltbild, indem man die Admittanzen Y_1, Y_2 und Y_3 des formalen Kleinsignalersatzschaltbilds durch Schaltelemente ersetzt.

Die Abb. 3.4.1 zeigt das funktionale Kleinsignalersatzschaltbild eines Bipolartransistors einschließlich der üblichen Bezeichnungen für die Schaltelemente. Der Basis-Emitter-Widerstand r_{BE} und die Basis-Emitter-Kapazität c_{BE} liegen parallel zum Klemmenpaar 1 1', der Kollektor-Emitter-Widerstand r_{CE} und die Kollektor-Emitter-Kapazität c_{CE} sind parallel zu den Klemmen des Tors 2 angeordnet. Die Rückwirkung vom Kollektor zur Basis wird von der Basis-Kollektor-Kapazität c_{BC} bestimmt.

Das funktionale Kleinsignalersatzschaltbild zeigt die prinzipielle Frequenzabhängigkeit der Zweitoreigenschaften. Die Schaltelementeparameter sind allerdings selbst frequenzabhängig. Sie gelten demnach strenggenommen nur bei der Frequenz, für die die Kleinsignalparameter gemessen worden sind. Allerdings kann man davon ausgehen, daß die Kleinsignalparameter auch bei Frequenzen in der Umgebung der Meßfrequenz nicht wesentlich von denjenigen bei der Meßfrequenz abweichen.

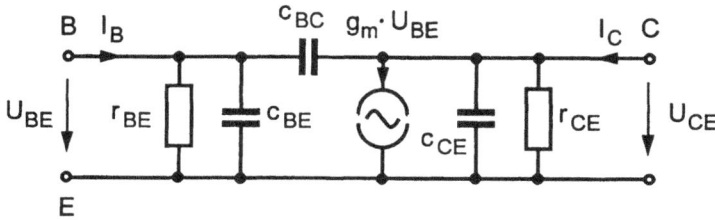

Abb. 3.4.1:
Funktionales Kleinsignalersatzschaltbild eines Bipolartransistors für Hochfrequenzanwendungen

Ein Vergleich des funktionalen Kleinsignalersatzschaltbilds nach Abb. 3.4.1 mit dem formalen Kleinsignalersatzschaltbild nach Abb. 3.3.1 ergibt für die Klemmenspannungen U_{BE} zwischen Basis und Emitter und U_{CE} zwischen Kollektor und Emitter bzw. die Klemmenströme I_B an der Basis und I_C am Kollektor

$$U_{BE} = U_1, \quad U_{CE} = U_2, \quad I_B = I_1, \quad I_C = I_2. \tag{3.4.9}$$

Für die Ersatzschaltbildelemente liefert der Vergleich des funktionalen Kleinsignalersatzschaltbilds nach Abb. 3.4.1 mit dem formalen Kleinsignalersatzschaltbild nach Abb. 3.3.1 mit den Gleichungen (3.4.3) bis (3.4.6)

$$r_{BE} = \frac{1}{g_i}, \quad r_{CE} = \frac{1}{g_o}, \quad g_m = y_f, \tag{3.4.10}$$

$$c_{BC} = c_{\text{ür}}, \quad c_{BE} = c_i - c_{\text{ür}}, \quad c_{CE} = c_o - c_{\text{ür}}.$$

Mit den Zahlenwerten für die Kleinsignalparameter des Transistor BF 240 in Emittergrundschaltung gilt damit im gewählten Arbeitspunkt $U_{CB=} = 5$ V, $I_{C=} = 5$ mA und bei der gewählten Betriebsfrequenz f = 10,7 MHz für die Ersatzschaltbildelemente

$$r_{BE} = 440\,\Omega, \quad r_{CE} = 23,5\,\text{k}\Omega, \quad g_m = 160\,\text{mS}, \tag{3.4.11}$$

$$c_{BC} = 0,33\,\text{pF}, \quad c_{BE} = 40,7\,\text{pF}, \quad c_{CE} = 1,37\,\text{pF}.$$

3.4.4 Zusammenfassung

Im Kapitel 3.4 sind verschiedene, aber gleichwertige Möglichkeiten zur vollständigen Charakterisierung eines aktiven Zweitors beschrieben und verglichen worden. Es wurde auch gezeigt, wie die einzelnen Darstellungsarten
- Y-Parameter (im allgemeinen Vierpolparameter),
- formales Kleinsignalersatzschaltbild mit Parametern der Schaltelemente,
- funktionales Kleinsignalersatzschaltbild mit Parametern der Schaltelemente,
- Parameterkurven in den Datenblättern des Halbleiterherstellers
ineinander umgerechnet werden können.

3.5   Andere Strom-Spannungs-Matrizen

Der Vollständigkeit halber sollen die anderen in der elektrischen Nachrichtentechnik gebräuchlichen Strom-Spannungs-Beziehungen für Zweitore angegeben werden. Die komplexen Amplituden der Ströme und Spannungen gelten wie in Abb. 3.1.1 eingezeichnet.

Widerstandsgleichungen und Widerstandsmatrix

Die Widerstandsgleichungen lauten für ein Zweitor

$$U_1 = Z_{11} \cdot I_1 + Z_{12} \cdot I_2$$
$$U_2 = Z_{21} \cdot I_1 + Z_{22} \cdot I_2 \tag{3.5.1}$$

bzw. in Matrixschreibweise mit der Widerstandsmatrix $\underline{Z}$

$$\underline{U} = \underline{Z} \cdot \underline{I} . \tag{3.5.2}$$

Alle Widerstandsparameter haben die Einheit Ω.

Reihen-Parallel-Gleichungen und Reihen-Parallel-Matrix

Die Reihen-Parallel-Gleichungen lauten für ein Zweitor

$$U_1 = H_{11} \cdot I_1 + H_{12} \cdot U_2$$
$$I_2 = H_{21} \cdot I_1 + H_{22} \cdot U_2 \tag{3.5.3}$$

bzw. in Matrixschreibweise mit der Reihen-Parallel-Matrix $\underline{H}$

$$\begin{pmatrix} U_1 \\ I_2 \end{pmatrix} = \underline{H} \cdot \begin{pmatrix} I_1 \\ U_2 \end{pmatrix} . \tag{3.5.4}$$

Der Großbuchstabe H kennzeichnet die Reihen-Parallel-Parameter als Hybridparameter. Der Parameter H_{11} hat die Einheit Ω, H_{22} die Einheit S, die Parameter H_{12} und H_{21} sind dimensionslos.

Parallel-Reihen-Gleichungen und Parallel-Reihen-Matrix

Die Parallel-Reihen-Gleichungen lauten für ein Zweitor

$$I_1 = P_{11} \cdot U_1 + P_{12} \cdot I_2$$
$$U_2 = P_{21} \cdot U_1 + P_{22} \cdot I_2 \tag{3.5.5}$$

bzw. in Matrixschreibweise mit der Parallel-Reihen-Matrix $\underline{P}$

$$\begin{pmatrix} I_1 \\ U_2 \end{pmatrix} = \underline{P} \cdot \begin{pmatrix} U_1 \\ I_2 \end{pmatrix}. \tag{3.5.6}$$

Die Parallel-Reihen-Parameter sind ebenfalls Hybridparameter. Allerdings hat der Parameter P_{11} die Einheit S und der Parameter P_{22} die Einheit Ω. Die Parameter P_{12} und P_{21} sind dimensionslos.

Kettengleichungen und Kettenmatrix

In der Definition der Kettengleichungen hat der Strom I_2 nach Abb. 3.5.1 eine andere Zählpfeil-richtung. Dies hat den Vorteil, daß die resultierende Kettenmatrix einer Kettenschaltung mehre-rer Zweitore einfach berechnet werden kann. Mit der sogenannten Kettenbepfeilung ist z. B. bei einer Kettenschaltung zweier Zweitore der Strom am Tor 2 des ersten Zweitors auch vom Vor-zeichen her identisch mit dem Strom am Tor 1 des zweiten Zweitors.

Abb. 3.5.1:
Allgemeines Zweitor mit Klemmen-bezeichnungen und Zählpfeilrich-tungen der Klemmenspannungen und Klemmenströme in Kettenbepfeilung

Die Kettengleichungen lauten mit der Kettenbepfeilung für ein Zweitor

$$\begin{aligned} U_1 &= A_{11} \cdot U_2 + A_{12} \cdot I_2 \\ I_1 &= A_{21} \cdot U_2 + A_{22} \cdot I_2 \end{aligned} \tag{3.5.7}$$

bzw. in Matrixschreibweise mit der Kettenmatrix $\underline{A}$

$$\begin{pmatrix} U_1 \\ I_1 \end{pmatrix} = \underline{A} \cdot \begin{pmatrix} U_2 \\ I_2 \end{pmatrix}. \tag{3.5.8}$$

Auch die Kettenparameter weisen verschiedenen Einheiten auf. Die Parameter A_{11} und A_{22} sind dimensionslos, der Parameter A_{12} hat die Einheit Ω und der Parameter A_{21} die Einheit S.

Berechnung und Messung der Matrixelemente

Wie in Kapitel 3.2 gezeigt wurde, lassen sich die Leitwertparameter eines Zweitors aus der Mes-sung der komplexen Amplitude eines Klemmenstroms und einer Klemmenspannung unter der Bedingung eines Kurzschlusses an jenem Tor, an dem die Spannung nicht zu ermitteln ist, berechnen.

Nach Kapitel 3.3 kann man bei gegebener Netzwerkstruktur die Leitwertparameter eines Zweitors mit den bekannten Verfahren der Netzwerkanalyse unter der Bedingung eines Kurzschlusses an einem Tor berechnen.

Bei der Berechnung bzw. der Messung der Parameter der anderen Strom-Spannungs-Matrizen ist sinngemäß vorzugehen. Allerdings wird zur Bestimmung einiger bzw. aller Matrixelemente der Matrizen aus Kapitel 3.5 satt des Kurzschlusses ein Leerlauf an einem Tor notwendig. Aus der ersten Reihen-Parallel-Gleichung ergibt sich z. B.

$$P_{11} = \frac{I_1}{U_1}\Bigg|_{\substack{I_2 = 0 \\ (\text{Leerlauf})}} \quad , \quad P_{12} = \frac{I_1}{I_2}\Bigg|_{\substack{U_1 = 0 \\ (\text{Kurzschluß})}} \tag{3.5.9}$$

An dieser Stelle soll die in der Hochfrequenztechnik bevorzugte Verwendung der Leitwertparameter begründet werden:
Bei der Messung der Zweitorparameter läßt sich im Hochfrequenzbereich ein Kurzschluß erheblich genauer (also idealer) realisieren als ein Leerlauf. Aus diesem Grund wird in der Hochfrequenztechnik die Beschreibung eines Zweitors mit den Leitwertparametern vorgezogen.

Die gemessenen Leitwertparameter können bei Bedarf in die Parameter der anderen Strom-Spannungs-Matrizen umgerechnet werden, sofern diese Matrizen existieren. Umrechnungsvorschriften sind der Literatur, z. B. /3.3, S. 148ff/, zu entnehmen.

3.6   Verwendung der unterschiedlichen Strom-Spannungs-Matrizen

Bei der Zusammenschaltung mehrerer Zweitore können sowohl die Eingangstore als auch die Ausgangstore entweder parallel oder in Reihe geschaltet werden. Außerdem ist eine Kettenschaltung von Zweitoren möglich, indem das Ausgangstor eines Zweitors an das Eingangstor des in der Kette folgenden Zweitors geschaltet wird. Je nach Art der Verschaltung wählt man den am besten geeigneten Matrixtyp zur Berechnung der Vierpolparameter des resultierenden Zweitors aus denjenigen der Einzelzweitore.

Parallelschaltung der Tore 1 und 2

Abb. 3.6.1 zeigt zwei Zweitore (Leitwertmatrizen $\underline{Y}_A$ und $\underline{Y}_B$), die an beiden Toren parallel geschaltet sind. Für die Leitwertmatrix $\underline{Y}_{Ges}$ des resultierenden Zweitors gilt

$$\underline{Y}_{Ges} = \underline{Y}_A + \underline{Y}_B. \tag{3.6.1}$$

Die Leitwertmatrix des aus der Parallelschaltung resultierenden Zweitors ergibt sich demnach aus der Summe der Leitwertmatrizen der Einzelnetzwerke.

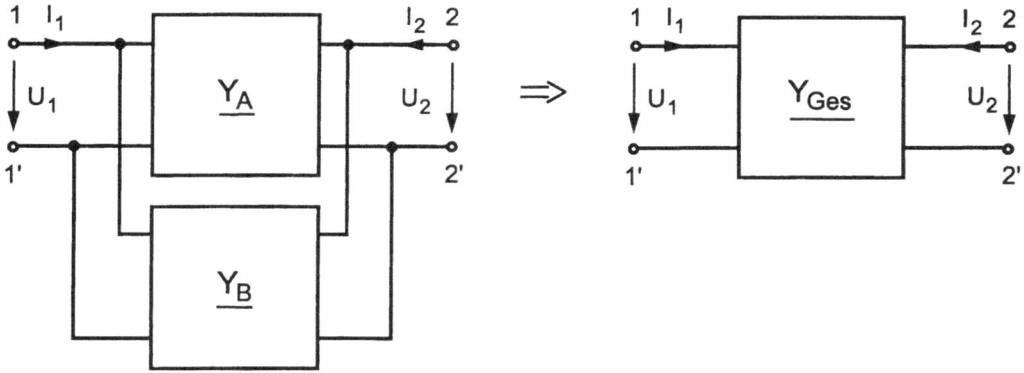

Abb. 3.6.1:   Parallelschaltung der Zweitore mit den Leitwertmatrizen $\underline{Y}_A$ und $\underline{Y}_B$ an beiden Toren

Reihenschaltung der Tore 1 und 2

Abb. 3.6.2 zeigt zwei Zweitore (Widerstandsmatrizen $\underline{Z}_A$ und $\underline{Z}_B$), die an beiden Toren in Reihe geschaltet sind. Für die Widerstandsmatrix $\underline{Z}_{Ges}$ des resultierenden Zweitors gilt

$$\underline{Z}_{Ges} = \underline{Z}_A + \underline{Z}_B. \tag{3.6.2}$$

Die Widerstandsmatrix des aus der Reihenschaltung resultierenden Zweitors ist demnach gleich der Summe der Widerstandsmatrizen der Teilnetzwerke.

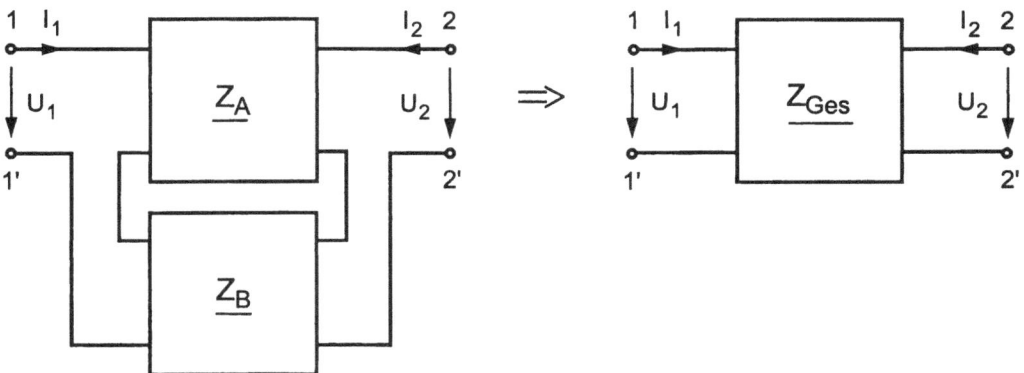

Abb. 3.6.2:   Reihenschaltung der Zweitore mit den Widerstandsmatrizen $\underline{Z}_A$ und $\underline{Z}_B$ an beiden Toren

Reihenschaltung der Tore 1, Parallelschaltung der Tore 2

Zwei Zweitore (Reihen-Parallel-Matrizen H_A und H_B) werden entsprechend Abb. 3.6.3 an den Toren 1 in Reihe und an den Toren 2 parallel geschaltet. Für die Reihen-Parallel-Matrix H_{Ges} des resultierenden Zweitors gilt

$$H_{Ges} = H_A + H_B.$$ (3.6.3)

Man erhält die Reihen-Parallel-Matrix der beschriebenen Zusammenschaltung von zwei Zweitoren demnach als Summe der Reihen-Parallel-Matrizen.

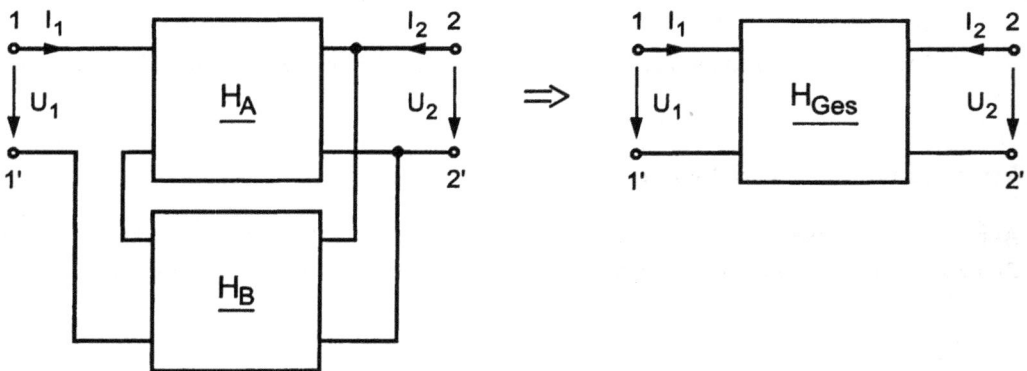

Abb. 3.6.3:   Reihenschaltung der Tore 1, Parallelschaltung der Tore 2 von Zweitoren mit den Reihen-Parallel-Matrizen H_A und H_B

Parallelschaltung der Tore 1, Reihenschaltung der Tore 2

Werden zwei Zweitore (Parallel-Reihen-Matrizen P_A und P_B) an den Toren 1 parallel und an den Toren 2 in Reihe geschaltet so gilt für die Parallel-Reihen-Matrix P_{Ges} des resultierenden Zweitors

$$P_{Ges} = P_A + P_B.$$ (3.6.4)

Die-Parallel-Reihen-Matrix der Zusammenschaltung ist gleich der Summe der Parallel-Reihen-Matrizen der Teilnetzwerke.

Kettenschaltung von Zweitoren

Zwei Zweitore (Kettenmatrizen A_A und A_B) werden nach Abb. 3.6.4 in Kette geschaltet. Die Kettenmatrix A_{Ges} des resultierenden Zweitors ergibt sich als Produkt der beiden Teilmatrizen:

$$A_{Ges} = A_A \cdot A_B.$$ (3.6.5)

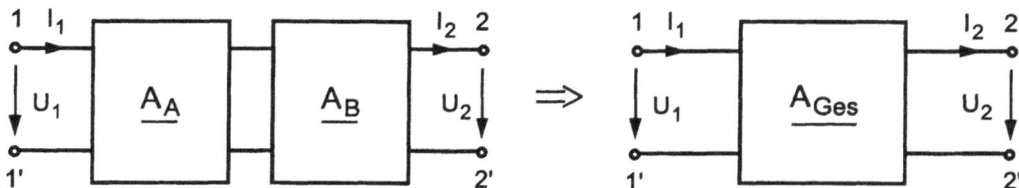

Abb. 3.6.4:   Kettenschaltung der Zweitore mit den Kettenmatrizen $\underline{A}_A$ und $\underline{A}_B$

Die Vorschrift nach Gl. (3.6.5) für die Kettenschaltung von Zweitoren gilt nur dann, wenn, wie in Abb. 3.6.4 gezeigt, die Kettenbepfeilung angewendet wird.

Vorgehensweise bei der Zusammenschaltung von Zweitoren

Zur Berechnung einer Strom-Spannungs-Matrix eines beliebig strukturierten Zweitors kann dieses in einfachere Teilzweitore zerlegt werden. Diese können an den Toren beliebig parallel oder in Reihe geschaltet sein oder aber es kann eine Kettenschaltung vorliegen. Zweckmäßigerweise wird die Zerlegung so vorgenommen, daß zunächst eine Strom-Spannungs-Matrix für jedes Teilzweitor leicht bestimmt werden kann. Anschließend werden die Teilzweitore sukzessive nach den oben angegebenen Regeln zusammengefaßt. Hierzu werden entsprechend der Art der Zusammenschaltung die Strom-Spannungs-Matrizen der zusammenzufassenden Zweitore in die benötigte Form gebracht und addiert bzw. bei Kettenschaltung multipliziert. Abschließend wird die sich für das Gesamtzweitor ergebende Matrix noch in die gewünschte Strom-Spannungs-Matrix umgerechnet.

Die Vorgehensweise wird ausführlich in /3.3, S. 53ff/ dargestellt und anhand von Beispielen verdeutlicht. Die Strom-Spannungs-Matrizen einfach strukturierter passiver Zweitore sind in /3.2, S. 25ff/ aufgelistet. Strom-Spannungs-Matrizen aktiver Zweitore werden in /3.2, S. 43ff/ angegeben, so daß eine sinnvolle Zerlegung eines Zweitors in Teilzweitore erleichtert wird.

3.7   Betriebsgrößen des beschalteten Zweitors

Das Zweitor nach Abb. 3.7.1 wird am Tor 1 mit einer Quelle mit der Leerlaufspannung U_S und der Quelleninnenimpedanz Z_S und am Tor 2 mit einer Lastimpedanz Z_L beschaltet. Die in diesem Fall geltenden Beziehungen zwischen den Klemmenspannungen und Klemmenströmen werden als Betriebsgrößen des Zweitors bezeichnet. Sie hängen von den Vierpolparametern des Netzwerks sowie von der Quellen- und Lastimpedanz der Beschaltung ab.

Mit $Y_S = 1/Z_S$, $Y_L = 1/Z_L$, $Y_{e1} = 1/Z_{e1}$, $Y_{e2} = 1/Z_{e2}$ und $\text{Det}[\underline{Y}] = Y_{11} \cdot Y_{22} - Y_{12} \cdot Y_{21}$ ergeben sich die Betriebsgrößen des Zweitors als Funktion der Leitwertparameter zu:

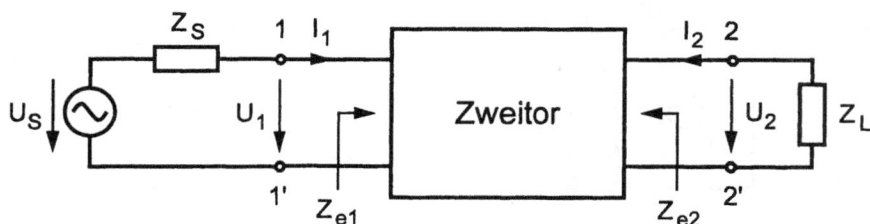

Abb. 3.7.1:   Zur Bestimmung der Betriebsgrößen des beschalteten Zweitors

Eingangsadmittanz Y_{e1} am Tor 1

$$Y_{e1} = \frac{I_1}{U_1} = Y_{11} - \frac{Y_{12}Y_{21}}{Y_{22} + Y_L} = \frac{\text{Det}[\underline{Y}] + Y_{11}Y_L}{Y_{22} + Y_L} \neq Y_{11}. \tag{3.7.1}$$

Man beachte, daß nur im Sonderfall der Rückwirkungsfreiheit des Zweitors, d. h. bei $Y_{12} = 0$, die Eingangsadmittanz Y_{e1} am Tor 1 gleich dem Leitwertparameter Y_{11} ist. Ist ein Zweitor nämlich rückwirkungsfrei, so beeinflußt eine Änderung der Beschaltung an einem Tor nicht die Eingangsadmittanz am anderen Tor.

Eingangsadmittanz Y_{e2} am Tor 2

$$Y_{e2} = \frac{I_2}{U_2} = Y_{22} - \frac{Y_{12}Y_{21}}{Y_{11} + Y_S} = \frac{\text{Det}[\underline{Y}] + Y_{22}Y_S}{Y_{11} + Y_S} \neq Y_{22}. \tag{3.7.2}$$

Die Eingangsadmittanz Y_{e2} am Tor 2 ist nur im Sonderfall $Y_{12} = 0$ gleich dem Leitwertparameter Y_{22}.

Spannungsübertragungsfaktor A_U

Der Spannungsübertragungsfaktor hängt nicht von den Leitwertparametern Y_{11} und Y_{12} ab. Es ist

$$A_U = \frac{U_2}{U_1} = -\frac{Y_{21}}{Y_{22} + Y_L}. \tag{3.7.3}$$

Stromübertragungsfaktor A_I

Für den Stromübertragungsfaktor gilt

$$A_I = \frac{I_2}{I_1} = \frac{Y_{21}Y_L}{\text{Det}[\underline{Y}] + Y_{11}Y_L}. \tag{3.7.4}$$

Betriebsübertragungsfaktor A_B

Der Betriebsübertragungsfaktor ist definiert als

$$A_B = \frac{2U_2}{U_S} \cdot \sqrt{\frac{Z_S}{Z_L}} = -\frac{2Y_{21}\sqrt{Y_S Y_L}}{\text{Det}[\underline{Y}] + Y_{11}Y_L + Y_S(Y_{22} + Y_L)}. \tag{3.7.5}$$

Das Betragsquadrat des Betriebsübertragungsfaktors gibt das Verhältnis der am Tor 2 des Zweitors bei Abschluß mit der Impedanz Z_L abgegebenen Leistung zu der von der Quelle bei Leistungsanpassung maximal verfügbaren Leistung an. Seine Bedeutung wird in Kapitel 4.3 genauer erläutert.

Die in den Gleichungen (3.7.1) bis (3.7.5) angegebenen Zusammenhänge sind der Literatur /3.2, S. 14ff/ entnommen. Auch die Vorschriften zur Berechnung der Betriebsgrößen des beschalteten Zweitors als Funktion der Parameter der anderen Strom-Spannungs-Matrizen können in /3.2, S. 14ff/ nachgelesen werden.

4. Betriebsmatrizen

4.1 Einführung

Im Hochfrequenzbereich lassen sich bei Frequenzen ab ca. 100 MHz Spannungen und Ströme nicht mehr exakt messen. Außerdem sind breitbandige Kurzschlüsse bzw. Leerläufe, wie sie zur Messung der Parameter der Strom-Spannungs-Matrizen nach Kapitel 3.5 benötigt werden, nicht mehr realisierbar. Eine eindeutige Beschreibung eines Zweitors ist in diesem Fall nur noch bei einer definierten Beschaltung mit Quelle und Last möglich.

Zur Charakterisierung eines Mehrtors im oberen Hochfrequenzbereich werden deshalb die aus der Leitungstheorie stammenden Wellengrößen „hinlaufende normierte Welle" und „rücklaufende normierte Welle" verwendet. In der Netzwerktheorie werden die Größen als Streuvariablen bezeichnet. Sie sind zwar mit den Spannungen und Strömen an den Toren verknüpft. Zusätzlich gehen allerdings auch die Impedanzen, mit denen die Tore beschaltet sind, in die Verknüpfung ein.

Die Streuvariablen eines Mehrtores können im Hochfrequenzbereich relativ einfach mit Leistungs- und Phasenmessungen bestimmt werden.

4.2 Allgemeine Definition der Streuvariablen

Die Definition der Streuvariablen soll anhand des in Abb. 4.2.1 gezeigten beschalteten Zweitores vorgenommen werden. Der Einfachheit halber wird angenommen, daß das Zweitor am Tor 1 mit einer Quelle mit der Leerlaufspannung U_{01} und dem reellen Innenwiderstand R_{01} und am Tor 2 mit einem ebenfalls reellen Abschlußwiderstand R_{02} beschaltet sein soll. Die Eingangsimpedanzen des Zweitors sollen ebenfalls reell sein, d. h. $Z_{e1} = R_{e1}$, $Z_{e2} = R_{e2}$. Im verallgemeinerten Fall sind auch komplexe Quellen- und Abschlußimpedanzen Z_{01} und Z_{02} sowie komplexe Eingangsimpedanzen Z_{e1} und Z_{e2} zulässig.

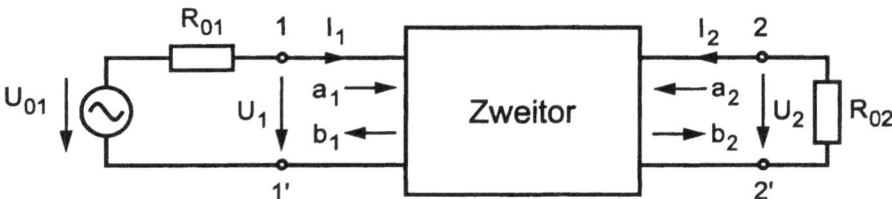

Abb. 4.2.1:   Zur Definition der Streuvariablen des beschalteten Zweitors

Die Streuvariablen an den Toren 1 und 2 des in Abb. 4.2.1 gezeigten beschalteten Zweitores sind in diesem Fall entsprechend Gl. (4.2.1) definiert. Die in der Definition der Streuvariablen auftretenden Widerstände R_{01} bzw. R_{02} werden auch als Bezugswiderstände oder als Bezugsimpedanzen an den Toren 1 bzw. 2 bezeichnet.

$$a_1 = \frac{1}{2} \cdot \left(\frac{U_1}{\sqrt{R_{01}}} + I_1 \sqrt{R_{01}} \right), \qquad a_2 = \frac{1}{2} \cdot \left(\frac{U_2}{\sqrt{R_{02}}} + I_2 \sqrt{R_{02}} \right),$$

$$b_1 = \frac{1}{2} \cdot \left(\frac{U_1}{\sqrt{R_{01}}} - I_1 \sqrt{R_{01}} \right), \qquad b_2 = \frac{1}{2} \cdot \left(\frac{U_2}{\sqrt{R_{02}}} - I_2 \sqrt{R_{02}} \right). \tag{4.2.1}$$

4.2.1 Bedeutung der Streuvariablen

Streuvariablen am Tor 1

Aus einem Maschenumlauf am Tor 1 folgt

$$U_{01} = I_1 R_{01} + U_1. \tag{4.2.2}$$

Setzt man Gl. (4.2.2) in die Definitionsgleichungen für die Streuvariablen a_1 und b_1 nach Gl. (4.2.1) ein, so ergibt sich

$$a_1 = \frac{1}{2} \cdot \frac{U_{01}}{\sqrt{R_{01}}}, \quad |a_1|^2 = \frac{1}{R_{01}} \cdot \left| \frac{U_{01}}{2} \right|^2. \tag{4.2.3}$$

Die verfügbare Quellenleistung P_{v1}, d. h. die Leistung, die von der Quelle bei Leistungsanpassung maximal am Tor 1 an das Zweitor abgegeben werden kann, ist

$$P_{v1} = \frac{1}{2} \cdot \frac{|U_1|^2}{R_{e1}} = \frac{1}{2R_{01}} \cdot \left| \frac{U_{01}}{2} \right|^2, \tag{4.2.4}$$

da bei Leistungsanpassung

$$U_1 = \frac{1}{2} \cdot U_{01}, \quad R_{e1} = R_{01} \tag{4.2.5}$$

gilt. Damit wird

$$P_{v1} = \frac{1}{2} \cdot |a_1|^2. \tag{4.2.6}$$

Das Betragsquadrat der Streuvariablen a_1 ist demnach ein Maß für die verfügbare Leistung P_{v1} der Quelle.

Für die Streuvariable b_1 wird mit Gl. (4.2.2) und Gl. (4.2.5) aus der Definition der Streuvariablen nach Gl. (4.2.1)

$$b_1 \begin{cases} = 0, & \text{falls } R_{e1} = R_{01} \\ \neq 0, & \text{falls } R_{e1} \neq R_{01} \end{cases}. \tag{4.2.7}$$

Bei Leistungsanpassung am Tor 1 wird die Streuvariable b_1 nach Gl. (4.2.7) gleich Null. Gilt hingegen der allgemeinere Fall $R_{e1} \neq R_{01}$, so ist die am Tor 1 aufgenommene Leistung P_1

$$P_1 = \frac{1}{2} \cdot \frac{|U_1|^2}{R_{e1}}. \tag{4.2.8}$$

Für die Spannung U_1 und den Strom I_1 gilt

$$U_1 = U_{01} \cdot \frac{R_{e1}}{R_{e1} + R_{01}}, \tag{4.2.9}$$

$$I_1 = \frac{U_{01}}{R_{e1} + R_{01}}. \tag{4.2.10}$$

Mit Gl. (4.2.9) wird die Differenz der verfügbaren Leistung und der am Tor 1 tatsächlich aufgenommenen Leistung

$$P_{v1} - P_1 = \frac{1}{2R_{01}} \cdot \left|\frac{U_{01}}{2}\right|^2 - \frac{1}{2R_{e1}} \cdot |U_1|^2 = \frac{1}{2} \cdot |U_{01}|^2 \cdot \left[\frac{1}{4R_{01}} - \frac{R_{e1}}{(R_{e1} - R_{01})^2} \right]. \tag{4.2.11}$$

Diese Leistungsdifferenz bezeichnet man als die am Tor 1 reflektierte Leistung P_{r1}. Die Umformung der Gl. (4.2.11) führt auf

$$P_{r1} = P_{v1} - P_1 = \frac{1}{2} \cdot |U_{01}|^2 \cdot \frac{(R_{e1} + R_{01})^2 - 4R_{01}R_{e1}}{4R_{01}(R_{e1} + R_{01})^2}, \tag{4.2.12}$$

$$P_{r1} = \frac{1}{2R_{01}} \cdot \left|\frac{U_{01}}{2}\right|^2 \cdot \frac{(R_{e1} - R_{01})^2}{(R_{e1} + R_{01})^2}. \tag{4.2.13}$$

Die am Tor 1 reflektierte Leistung ergibt sich damit aus der verfügbaren Leistung zu

$$P_{r1} = P_{v1} \cdot \frac{(R_{e1} - R_{01})^2}{(R_{e1} + R_{01})^2}. \tag{4.2.14}$$

Setzt man in Gl. (4.2.1) für die Streuvariable b_1 die Spannung U_1 nach Gl. (4.2.9) und den Strom I_1 nach Gl. (4.2.10) ein, so wird

$$b_1 = \frac{1}{2} \cdot \left[U_{01} \cdot \frac{R_{e1}}{\sqrt{R_{01}} \left(R_{e1} + R_{01} \right)} - U_{01} \cdot \frac{\sqrt{R_{01}}}{R_{e1} + R_{01}} \right]. \tag{4.2.15}$$

Für das Betragsquadrat $|b_1|^2$ gilt dann

$$|b_1|^2 = \left| \frac{U_{01}}{2} \right|^2 \cdot \frac{\left(R_{e1} - R_{01} \right)^2}{R_{01} \left(R_{e1} + R_{01} \right)^2}. \tag{4.2.16}$$

Vergleicht man Gl. (4.2.16) mit Gl. (4.2.13), so erhält man den Zusammenhang

$$P_{r1} = \frac{1}{2} \cdot |b_1|^2. \tag{4.2.17}$$

Die am Tor 1 reflektierte Leistung P_{r1} ist proportional zum Betragsquadrat der Streuvariablen b_1.

Damit ergibt sich die am Tor 1 vom Zweitor aufgenommene Leistung als Differenz der Betragsquadrate der Streuvariablen a_1 und b_1 zu

$$P_1 = P_{v1} - P_{r1} = \frac{1}{2} \cdot \left(|a_1|^2 - |b_1|^2 \right). \tag{4.2.18}$$

Streuvariablen am Tor 2

Für die Spannung U_2 am Widerstand R_{02} ist

$$U_2 = -I_2 R_{02}. \tag{4.2.19}$$

Setzt man Gl. (4.2.19) in die Definitionsgleichungen für die Streuvariablen a_2 und b_2 nach Gl. (4.2.1) ein, so ergibt sich

$$a_2 = 0 \tag{4.2.20}$$

und

$$b_2 = \frac{U_2}{\sqrt{R_{02}}}. \tag{4.2.21}$$

Die am Tor 2 an den Abschlußwiderstand abgegebene Leistung P_2 ist

$$P_2 = \frac{1}{2} \cdot \frac{|U_2|^2}{R_{02}}. \tag{4.2.22}$$

Demnach gilt für die am Tor 2 abgegebene Leistung

$$P_2 = \frac{1}{2} \cdot |b_2|^2. \tag{4.2.23}$$

Das Betragsquadrat des Streuparameters b_2 ist proportional zu der am Tor 2 an den Lastwiderstand R_{02} abgegebenen Leistung.

Man beachte, daß der Streuparameter a_2 des passiv beschalteten Tors 2 nach Gl. (4.2.20) gleich Null ist, obwohl die Eingangsimpedanz R_{e2} am Tor 2 nicht gleich dem Lastwiderstand R_{02} ist. Das Betragsquadrat des Streuparameters a_2 ist demnach kein Maß für die wegen der Fehlanpassung am Tor 2 reflektierte Leistung. Vielmehr ist $|a_2|^2$ proportional zur Leistung, die bei Abweichung des Lastwiderstands vom Bezugswiderstand R_{02} am Tor 2 zusätzlich reflektiert wird.

4.2.2 Zusammenfassung

a) Die Streuvariable a ist ein Maß für die am jeweiligen Tor auf das Mehrtor zulaufende Leistung.

b) Die Streuvariable b ist ein Maß für die am jeweiligen Tor vom Mehrtor weglaufende Leistung.

c) Die Streuvariable a ist gleich Null, wenn das betreffende Tor des Mehrtors quellenfrei und mit derjenigen Impedanz abgeschlossen ist, die in der Definition der Streuvariablen als Bezugsimpedanz gewählt wurde.

d) Die von einem Mehrtor an einem Tor von einer Quelle aufgenommene Leistung ergibt sich als Differenz der auf das Mehrtor zulaufenden Leistung (verfügbare Leistung P_v) und der vom Mehrtor weglaufenden Leistung (reflektierte Leistung P_r).

4.3 Streumatrix

Die elektrischen Eigenschaften des in Abb. 4.3.1 gezeigten beschalteten linearen Zweitores werden eindeutig mit den Zusammenhängen der Streuvariablen a_1, a_2 und b_1, b_2 an den Toren 1 und 2 beschrieben.

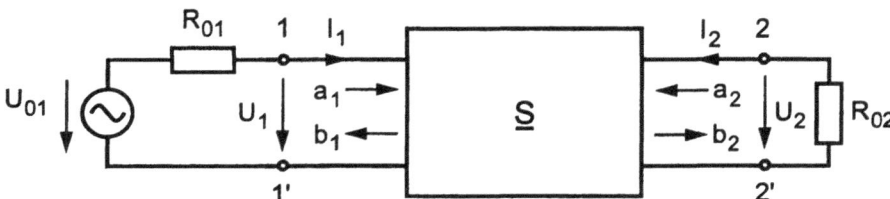

Abb. 4.3.1: Zur Definition der Streumatrix $\underline{S}$ des beschalteten Zweitors

Die beiden Streugleichungen lauten

$$
\begin{aligned}
b_1 &= S_{11} \cdot a_1 + S_{12} \cdot a_2 \\
b_2 &= S_{21} \cdot a_1 + S_{22} \cdot a_2
\end{aligned}
\tag{4.3.1}
$$

bzw. in Matrixschreibweise

$$
\begin{pmatrix} b_1 \\ b_2 \end{pmatrix} = \underline{S} \cdot \begin{pmatrix} a_1 \\ a_2 \end{pmatrix}
\quad \text{mit der Streumatrix} \quad
\underline{S} = \begin{pmatrix} S_{11} & S_{12} \\ S_{21} & S_{22} \end{pmatrix}.
\tag{4.3.2}
$$

Die Parameter S_{11}, S_{12}, S_{21} und S_{22} bezeichnet man als die Streuparameter oder S-Parameter des Zweitors. Sie sind dimensionslos und im allgemeinen komplex.

Bei den Streuparametern handelt es sich um eine Beschreibung des Netzwerks im beschalteten Zustand. Dieser Besonderheit wird auch durch die Bezeichnung der Streumatrix als einer Betriebsmatrix Rechnung getragen. Bei der Angabe der Streuparameter ist deshalb auch die Beschaltung mit den Widerständen R_{01} und R_{02}, für die die Streuparameter gelten, von Bedeutung. Bei abweichender Beschaltung weist das Netzwerk andere Streuparameter auf.

4.3.1 Bedeutung der Streuparameter

Streuparameter S_{11}

Es ist nach Gl. (4.3.1)

$$
S_{11} = \left. \frac{b_1}{a_1} \right|_{a_2 = 0}.
\tag{4.3.3}
$$

Die Bedingung $a_2 = 0$ ist nach den Gleichungen (4.2.19) und (4.2.20) erfüllt, wenn das Tor 2, wie in Abb 3.3.1 gezeigt, mit dem Bezugswiderstand R_{02} beschaltet wird. Es gilt

$$
S_{11} = \frac{\dfrac{U_1}{\sqrt{R_{01}}} - I_1 \sqrt{R_{01}}}{\dfrac{U_1}{\sqrt{R_{01}}} + I_1 \sqrt{R_{01}}} = \frac{\dfrac{U_1}{I_1} - R_{01}}{\dfrac{U_1}{I_1} + R_{01}}.
\tag{4.3.4}
$$

Das Verhältnis U_1/I_1 beschreibt die im allgemeinen komplexe Eingangsimpedanz Z_{e1} am Tor 1, so daß

$$
S_{11} = \frac{Z_{e1} - R_{01}}{Z_{e1} + R_{01}}
\tag{4.3.5}
$$

gilt. Für das Betragsquadrat folgt

$$\left. |S_{11}|^2 = \frac{|b_1|^2}{|a_1|^2} \right|_{a_2 = 0} = \left. \frac{P_{r1}}{P_{v1}} \right|_{a_2 = 0} . \tag{4.3.6}$$

Das Betragsquadrat des Streuparameters S_{11} gibt das Verhältnis der am Tor 1 reflektierten Leistung P_{r1} zur am Tor 1 verfügbaren Leistung P_{v1} unter der Bedingung, daß das Tor 2 mit dem Bezugswiderstand abgeschlossen ist, an. Der Streuparameter S_{11} wird deshalb als Betriebsreflexionsfaktor oder als Reflexionskoeffizient am Tor 1 bezeichnet.

Streuparameter S_{21}

Nach Gl. (4.3.1) ist

$$S_{21} = \left. \frac{b_2}{a_1} \right|_{a_2 = 0} . \tag{4.3.7}$$

Die Bedingung $a_2 = 0$ ist nach den Gleichungen (4.2.19) und (4.2.20) erfüllt, wenn das Tor 2, wie in Abb 3.3.1 gezeigt, mit dem Bezugswiderstand R_{02} abgeschlossen wird. Es gilt

$$S_{21} = \frac{\dfrac{U_2}{\sqrt{R_{02}}} - I_2 \sqrt{R_{02}}}{\dfrac{U_1}{\sqrt{R_{01}}} + I_1 \sqrt{R_{01}}} = \frac{U_2 - I_2 R_{02}}{U_1 + I_1 R_{01}} \cdot \sqrt{\frac{R_{01}}{R_{02}}} . \tag{4.3.8}$$

Mit

$$U_2 = -I_2 R_{02} \quad \text{und} \quad U_{01} = I_1 R_{01} + U_1 \tag{4.3.9}$$

wird

$$S_{21} = \left. \frac{2U_2}{U_{01}} \cdot \sqrt{\frac{R_{01}}{R_{02}}} \right|_{a_2 = 0} = \left. \frac{U_2}{\frac{1}{2} \cdot U_{01}} \cdot \sqrt{\frac{R_{01}}{R_{02}}} \right|_{a_2 = 0} . \tag{4.3.10}$$

Für das Betragsquadrat folgt

$$\left. |S_{21}|^2 = \frac{|b_2|^2}{|a_1|^2} \right|_{a_2 = 0} = \left. \frac{P_2}{P_{v1}} \right|_{a_2 = 0} . \tag{4.3.11}$$

Das Betragsquadrat des Streuparameters S_{21} gibt das Verhältnis der am Tor 2 bei Abschluß mit dem Bezugswiderstand R_{02} abgebebenen Leistung P_2 zur am Tor 1 verfügbaren Leistung P_{v1} an.

Der Streuparameter S_{21} wird deshalb als Betriebsübertragungsfaktor oder als Transmissions-koeffizient vom Tor 1 zum Tor 2 bezeichnet.

Streuparameter S_{22}

Beschaltet man das Tor 2 des Zweitors nach Abb. 4.3.2 mit einer Quelle mit der Leerlaufspan-nung U_{02} und dem reelen Innenwiderstand R_{02} und das Tor 1 mit dem reellen Abschlußwider-stand R_{01}, so ergibt sich entsprechend der Ableitungen auf den vorhergehenden Seiten

$$S_{22} = \frac{b_2}{a_2}\bigg|_{a_1=0} . \qquad (4.3.12)$$

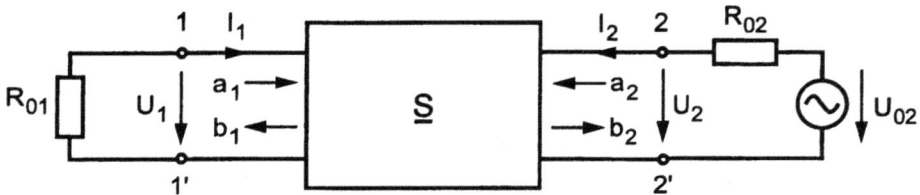

Abb. 4.3.2: Zur Bedeutung der Streuparameter S_{12} und S_{22}

Die Bedingung $a_1 = 0$ ist erfüllt, wenn das Tor 1, wie in Abb 3.3.2 gezeigt, mit dem Bezugs-widerstand R_{01} abgeschlossen wird. Es gilt

$$S_{22} = \frac{\frac{U_2}{\sqrt{R_{02}}} - I_2\sqrt{R_{02}}}{\frac{U_2}{\sqrt{R_{02}}} + I_2\sqrt{R_{02}}} = \frac{\frac{U_2}{I_2} - R_{02}}{\frac{U_2}{I_2} + R_{02}} . \qquad (4.3.13)$$

Das Verhältnis U_2/I_2 beschreibt die im allgemeinen komplexe Eingangsimpedanz Z_{e2} am Tor 2, so daß

$$S_{22} = \frac{Z_{e2} - R_{02}}{Z_{e2} + R_{02}} \qquad (4.3.14)$$

gilt. Für das Betragsquadrat folgt

$$|S_{22}|^2 = \frac{|b_2|^2}{|a_2|^2}\bigg|_{a_1=0} = \frac{P_{r2}}{P_{v2}}\bigg|_{a_1=0} . \qquad (4.3.15)$$

Das Betragsquadrat des Streuparameters S_{22} gibt das Verhältnis der am Tor 2 reflektierten Leistung P_{r2} zur am Tor 2 verfügbaren Leistung P_{v2} unter der Bedingung, daß das Tor 1 mit dem Bezugswiderstand abgeschlossen ist, an. Der Streuparameter S_{22} wird deshalb als Betriebsreflexionsfaktor oder als Reflexionskoeffizient am Tor 2 bezeichnet.

Streuparameter S_{12}

Mit der Beschaltung des Zweitors nach Abb. 4.3.2 ist nach Gl. (4.3.1)

$$S_{12} = \frac{b_1}{a_2}\bigg|_{a_1=0} . \tag{4.3.16}$$

Die Bedingung $a_1 = 0$ ist erfüllt, wenn das Tor 1, wie in Abb 3.3.2 gezeigt, mit dem Bezugswiderstand R_{01} abgeschlossen wird. Es folgt dann mit

$$U_1 = -I_1 R_{01} \quad \text{und} \quad U_{02} = I_2 R_{02} + U_2 \tag{4.3.17}$$

und entsprechend der Ableitung für S_{21} für den Parameter S_{12}

$$S_{12} = \frac{2U_1}{U_{02}} \cdot \sqrt{\frac{R_{02}}{R_{01}}}\bigg|_{a_1=0} = \frac{U_1}{\frac{1}{2} \cdot U_{02}} \cdot \sqrt{\frac{R_{02}}{R_{01}}}\bigg|_{a_1=0} . \tag{4.3.18}$$

Für das Betragsquadrat folgt

$$|S_{12}|^2 = \frac{|b_1|^2}{|a_2|^2}\bigg|_{a_1=0} = \frac{P_1}{P_{v2}}\bigg|_{a_1=0} . \tag{4.3.19}$$

Das Betragsquadrat des Streuparameters S_{12} gibt das Verhältnis der am Tor 1 bei Abschluß mit dem Bezugswiderstand R_{01} abgegebenen Leistung P_1 zur am Tor 2 verfügbaren Leistung P_{v2} an. Der Streuparameter S_{12} wird deshalb als Rückwärts-Betriebsübertragungsfaktor oder als Transmissionskoeffizient vom Tor 2 zum Tor 1 bezeichnet.

4.3.2 Bestimmung der Streuparameter

Berechnung der Streuparameter

Ist die Netzwerkstruktur eines Zweitores vorgegeben, so können die Streuparameter mit Hilfe der Vorschriften der Netzwerkanalyse direkt abgeleitet werden. Als Alternative besteht auch die Möglichkeit, zunächst die Parameter einer Strom-Spannungs-Matrix zu bestimmen und diese in die Streuparameter umzurechnen. Eine genauere Beschreibung dieser Vorgehensweisen sowie die Umrechnungsvorschriften sind in /4.1, S. 235/ und /4.2, S. 101ff/ nachzulesen.

Messung der Streuparameter

Die Messung der Streuparameter geschieht in einer Meßanordnung, die prinzipiell Bild 4.3.1 bzw. Bild 4.3.2 entspricht. Üblicherweise werden die beiden der Messung zugrundeliegenden Bezugswiderstände gleich gewählt, d. h. $R_{01} = R_{02} = R_0$. Der Bezugswiderstand muß mit dem Meßergebnis, den im allgemeinen komplexen Streuparametern, angegeben werden, da er eine Normierungsgröße darstellt und die Streuparameter, gemessen mit anderen Bezugswiderständen, anders lauten würden.

4.4   Betriebsgrößen des beschalteten Zweitors

Sollen die Betriebsgrößen des beschalteten Zweitors als Funktion der Streuparameter angegeben werden, so ist zu unterscheiden, ob das Zweitor mit den bei der Bestimmung der Streuparameter verwendeten Bezugswiderständen R_{01} und R_{02} beschaltet ist oder ob die Beschaltung mit einer Quelleninnenimpedanz $Z_S \neq R_{01}$ und einer Lastimpedanz $Z_L \neq R_{02}$ vorgenommen wird.
Im ersten Fall ergeben sich die Betriebsgrößen direkt aus den Streuparametern des Zweitors. Ist das Zweitor hingegen nicht mit den Bezugswiderständen beschaltet, so gehen die aktuellen Beschaltungsimpedanzen in die Berechnung der Betriebsgrößen ein.

4.4.1   Beschaltung der Tore mit den Bezugswiderständen

Wird ein Zweitor mit denjenigen Bezugswiderständen beschaltet, die bei der Bestimmung der Streuparamter benutzt wurden, so sind die Betriebsgrößen sehr einfach anzugeben. In diesem Fall sind die Streuparameter S_{11} und S_{22} ein direktes Maß für die Eingangsimpedanzen Z_{e1} am Tor 1 und Z_{e2} am Tor 2 bzw. die Eingangsadmittanzen $Y_{e1} = 1/Z_{e1}$ und $Y_{e2} = 1/Z_{e2}$. Der Betriebsübertragungsfaktor A_B ist mit dem Parameter S_{21} direkt gegeben.

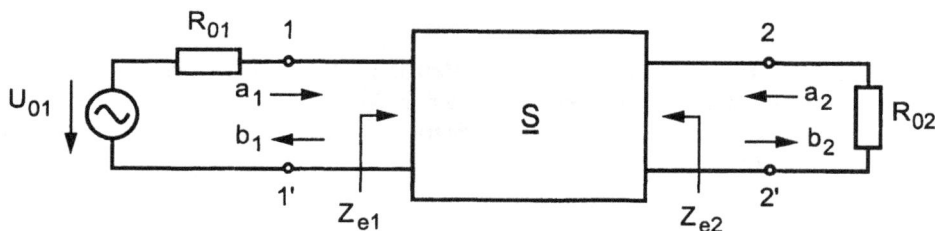

Abb. 4.4.1:   Zur Bestimmung der Betriebsgrößen des mit den Bezugswiderständen beschalteten Zweitors

Mit der Beschaltung des Zweitors nach Abb. 4.4.1 und

$$G_{01} = \frac{1}{R_{01}}, \quad G_{02} = \frac{1}{R_{02}}, \quad Y_{e1} = \frac{1}{Z_{e1}}, \quad Y_{e2} = \frac{1}{Z_{e2}} \tag{4.4.1}$$

gilt:

Eingangsadmittanz Y_{e1} am Tor 1

Die Eingangsadmittanz am Tor 1 ist direkt durch den Parameter S_{11} bestimmt. Es ist

$$Y_{e1} = G_{01} \cdot \frac{1 - S_{11}}{1 + S_{11}}, \quad da \quad S_{11} = \frac{Z_{e1} - R_{01}}{Z_{e1} + R_{01}} = \frac{G_{01} - Y_{e1}}{G_{01} + Y_{e1}}. \tag{4.4.2}$$

Eingangsadmittanz Y_{e2} am Tor 2

Für die Eingangsadmittanz am Tor 2 gilt entsprechend

$$Y_{e2} = G_{02} \cdot \frac{1 - S_{22}}{1 + S_{22}}, \quad da \quad S_{22} = \frac{Z_{e2} - R_{02}}{Z_{e2} + R_{02}} = \frac{G_{02} - Y_{e2}}{G_{02} + Y_{e2}}. \tag{4.4.3}$$

Betriebsübertragungsfaktor A_B vom Tor 1 zum Tor 2

Der Betriebsübertragungsfaktor ist identisch mit dem Parameter S_{21}, es ist also

$$A_B = S_{21}. \tag{4.4.4}$$

Rückwärts-Betriebsübertragungsfaktor A_{Br} vom Tor 2 zum Tor 1

Der Rückwärts-Betriebsübertragungsfaktor ist ein Maß für die Rückwirkung vom Tor 2 zum Tor 1 des Zweitors. Er ist identisch mit dem Parameter S_{12}, d. h.

$$A_{Br} = S_{12}. \tag{4.4.5}$$

4.4.2 Beschaltung der Tore mit Impedanzen, die sich von den Bezugswiderständen unterscheiden

Beschaltet der Anwender das Zweitor, dessen Streuparameter bei bestimmten Bezugswiderständen R_{01} und R_{02} gegeben sind, nach Abb. 4.4.2 an Tor 1 mit einer Quelle mit der Leerlaufspannung U_S und der Quellenimpedanz $Z_S \neq R_{01}$ und an Tor 2 mit einer Lastimpedanz $Z_L \neq R_{02}$, so folgen nach /4.1, S. 260ff/ für die Betriebsgrößen die Gleichungen (4.4.8) bis (4.4.10).

Für die Reflexionsfaktoren r_{e1} am Tor 1 und r_{e2} am Tor 2 eines Mehrtors gilt allgemein mit den Eingangsimpedanzen $Z_{e1} = 1/Y_{e1}$ und $Z_{e2} = 1/Y_{e2}$ an den Toren und den Bezugswiderständen $R_{01} = 1/G_{01}$ und $R_{02} = 1/G_{02}$, mit denen die Tore beschaltet sind,

$$r_{e1} = \frac{Z_{e1} - R_{01}}{Z_{e1} + R_{01}} = \frac{G_{01} - Y_{e1}}{G_{01} + Y_{e1}}, \quad r_{e2} = \frac{Z_{e2} - R_{02}}{Z_{e2} + R_{02}} = \frac{G_{02} - Y_{e2}}{G_{02} + Y_{e2}}. \tag{4.4.6}$$

Damit folgt für die Eingangsadmittanzen Y_{e1} und Y_{e2}

$$Y_{e1} = G_{01} \cdot \frac{1 - r_{e1}}{1 + r_{e1}}, \quad Y_{e2} = G_{02} \cdot \frac{1 - r_{e2}}{1 + r_{e2}}. \tag{4.4.7}$$

Man beachte, daß die Reflexionsfaktoren r_{e1} und r_{e2} im allgemeinen komplex sind, da Z_{e1} und Z_{e2} komplexe Impedanzen sein können.

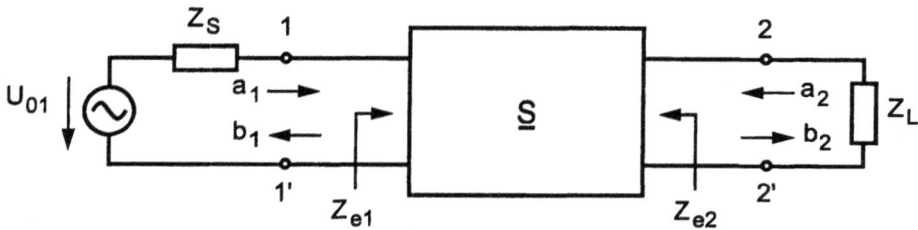

Abb. 4.4.2:   Zur Bestimmung der Betriebsgrößen des mit Impedanzen verschieden von den Bezugswiderständen beschalteten Zweitors

Eingangsadmittanz Y_{e1} am Tor 1

Die Eingangsimpedanz am Tor 1 ist

$$Y_{e1} = G_{01} \cdot \frac{1 - r_{e1}}{1 + r_{e1}} \quad \text{mit} \quad r_{e1} = S_{11} + r_L \cdot \frac{S_{12}S_{21}}{1 - r_L S_{22}} \quad \text{und} \quad r_L = \frac{Z_L - R_{02}}{Z_L + R_{02}}. \tag{4.4.8}$$

Man beachte, daß bei $Z_L = R_{02}$, d. h. bei Abschluß des Tors 2 mit dem Bezugswiderstand R_{02}, der Lastreflexionsfaktor r_L zu Null wird. Gl. (4.4.8) geht dann in Gl. (4.4.2) über. Entsprechende Überlegungen können auch für die folgende Gl. (4.4.9) angestellt werden. Dasselbe Resultat ergibt sich auch bei einem rückwirkungsfreien Zweitor, wenn also $S_{12} = 0$ gilt.

Eingangsadmittanz Y_{e2} am Tor 2

Für die Eingangsimpedanz am Tor 2 gilt

$$Y_{e2} = G_{02} \cdot \frac{1 - r_{e2}}{1 + r_{e2}} \quad \text{mit} \quad r_{e2} = S_{22} + r_S \cdot \frac{S_{12}S_{21}}{1 - r_S S_{11}} \quad \text{und} \quad r_S = \frac{Z_S - R_{01}}{Z_S + R_{01}}. \tag{4.4.9}$$

Betragsquadrat des Betriebsübertragungsfaktors $|A_B|^2$ vom Tor 1 zum Tor 2

Es soll nur das Betragsquadrat des Betriebsübertragungsfaktors angegeben werden, da dieses für die Leistungsübertragung vom Tor 1 zum Tor 2 von Bedeutung ist. Es wird

$$|A_B|^2 = |S_{21}|^2 \cdot \frac{\left(1-|r_S|^2\right)\left(1-|r_L|^2\right)}{\left|\left(1-S_{11}r_S\right)\left(1-S_{22}r_L\right)-S_{12}S_{21}r_Sr_L\right|^2}. \qquad (4.4.10)$$

Die Größe $|A_B|^2$ wird insbesondere bei verstärkenden Zweitoren auch als Übertragungsgewinn G_T (Transducer Gain) bezeichnet. Es ist

$$|A_B|^2 = G_T = \frac{P_2}{P_{v1}} \qquad (4.4.11)$$

das Verhältnis der tatsächlich am Tor 2 abgegebenen Leistung P_2 zur am Tor 1 verfügbaren Leistung P_{v1} bei Beschaltung des Zweitors mit beliebigen Quellen- und Lastimpedanzen.

Weitere Leistungsverstärkungs- bzw. Gewinndefinitionen, wie sie insbesondere bei Hochfrequenzverstärkern verwendet werden, sind im Kapitel 6.6 nachzulesen und der Literatur zu entnehmen, z. B. in /4.1, S. 267ff/.

4.5   Kettenschaltung von Zweitoren

In der Hochfrequenztechnik kommt häufig eine Kettenschaltung von Mehrtoren vor. Sind von den Mehrtoren die einzelnen Strom-Spannungs-Matrizen bekannt, so können diese nach /4.2, S. 148ff/ in die zugehörigen Kettenmatrizen umgerechnet werden. Nach Gl. (3.6.5) ergibt sich die Kettenmatrix der Gesamtanordnung als Produkt der einzelnen Kettenmatrizen. Die Kettenmatrix der Gesamtanordnung kann bei Bedarf wieder in eine der anderen Strom-Spannungs-Matrizen umgerechnet werden.

Die Berechnung der Streumatrix einer Kettenschaltung von Zweitoren, deren einzelne Streumatrizen bekannt sind, kann auf zwei Weisen vorgenommen werden. Man kann entweder die Streumatrizen in Betriebskettenmatrizen umrechnen, diese multiplizieren und das Ergebnis, nämlich die Betriebskettenmatrix der Gesamtanordnung, in die zugehörige Streumatrix zurückrechnen. Das einfachere Verfahren faßt hingegen jeweils zwei Streumatrizen aufeinanderfolgender Zweitore mit einer einfach anzugebenden Rechenvorschrift zu einer Streumatrix zusammen. Wiederholtes Vorgehen liefert schließlich die Streumatrix der Gesamtanordnung.

4.5.1   Berechnung der Kettenschaltung mit der Betriebskettenmatrix

Die bekannten Streumatrizen $\underline{S_A}$ und $\underline{S_B}$ von zwei Zweitoren A und B werden in die Betriebskettenmatrizen $\underline{T_A}$ und $\underline{T_B}$ umgerechnet. Bezüglich der Definition und der Umrechnungsvorschriften soll wegen der Umständlichkeit des Verfahrens nur auf die Literatur, z. B. /4.2, S. 117/, verwiesen werden. Die Betriebskettenmatrix $\underline{T_{Ges}}$ der Kettenschaltung der Zweitore nach Abb. 4.5.1 ergibt sich zu

$$\underline{T}_{Ges} = \underline{T}_A \cdot \underline{T}_B \, .$$ (4.5.1)

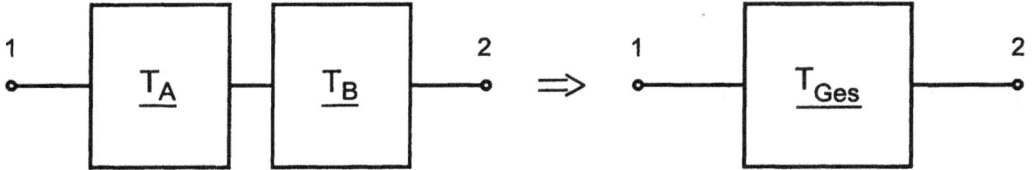

Abb. 4.5.1:   Kettenschaltung der Zweitore mit den Betriebskettenmatrizen $\underline{T}_A$ und $\underline{T}_B$

Die Betriebskettenmatrix $\underline{T}_{Ges}$ kann nun wieder in eine Streumatrix $\underline{S}_{Ges}$ zurückgerechnet werden.

4.5.2   Berechnung der Kettenschaltung mit der Streumatrix

Für die Streumatrix $\underline{S}_{Ges}$ der Kettenschaltung der Zweitore A und B mit den Streumatrizen $\underline{S}_A$ und $\underline{S}_B$ nach Abb. 4.5.2 kann auch eine direkte Lösung angegeben werden.

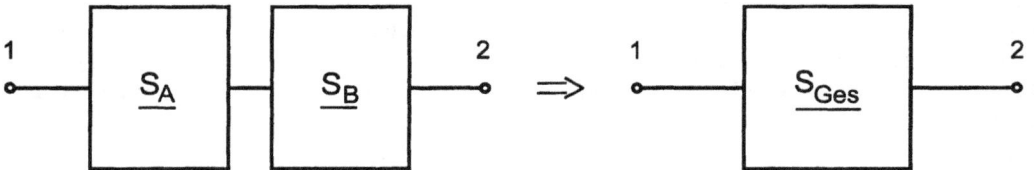

Abb. 4.5.2:   Kettenschaltung der Zweitore mit den Streumatrizen $\underline{S}_A$ und $\underline{S}_B$

Es gilt nach /4.3/ für die Streuparameter der Zusammenschaltung

$$S_{11Ges} = S_{11A} + \frac{S_{12A}S_{21A}S_{11B}}{1 - S_{22A}S_{11B}}, \qquad S_{12Ges} = \frac{S_{12A}S_{12B}}{1 - S_{22A}S_{11B}},$$

(4.5.2)

$$S_{21Ges} = \frac{S_{21A}S_{21B}}{1 - S_{22A}S_{11B}}, \qquad S_{22Ges} = S_{22B} + \frac{S_{12B}S_{21B}S_{22A}}{1 - S_{22A}S_{11B}}.$$

Mit der Vorschrift nach Gl. (4.5.2) läßt sich die Streumatrix für eine Kettenschaltung aus N Zweitoren iterativ berechnen, indem jeweils zwei aufeinanderfolgende Zweitore zu einem Zweitor zusammengefaßt werden.

4.5.3 Beispiel für eine Kettenschaltung

Es sollen der Reflexionsfaktor r_{e1} und die Eingangsimpedanz Z_{e1} eines an seinem Ausgang mit der Lastimpedanz Z_L beschalteten Zweitors berechnet werden. Die Lastimpedanz soll vom Bezugswiderstand R_{02} verschieden sein. Die Streumatrix $\underline{S}$ des Zweitors sowie die Bezugs-widerstände $R_{01} = R_{02} = R_0$ seien bekannt.

Um die Beschaltung des Tors 2 mit einer vom Bezugswiderstand abweichenden Impedanz Z_L wiederzugeben, wird ein Zweitor B mit der Streumatrix $\underline{S}_B$ zum vorhandenen Zweitor in Kette geschaltet. Dieses soll zur besseren Unterscheidbarkeit als Zweitor A, seine Streumatrix mit $\underline{S} = \underline{S}_A$ bezeichnet werden.

Das Zweitor B wird so ausgeführt, daß es die Belastung des Zweitors A mit der Impedanz Z_L repräsentiert. Die Ausführung des Zweitors B und die Kettenschaltung beider Zweitore ist in Abb. 4.5.3 gezeigt.

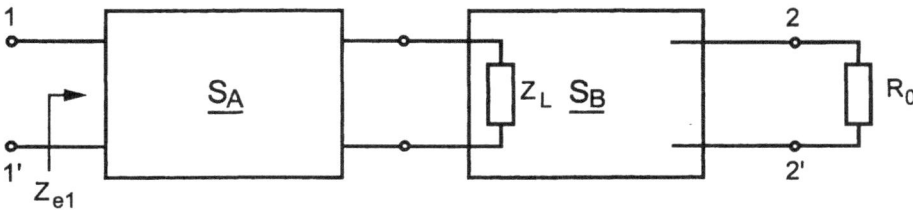

Abb. 4.5.3: Zur Bestimmung der Eingangsimpedanz Z_{e1} eines mit der Impedanzen Z_L beschal-teten Zweitors

Für die Eingangsimpedanzen des Zweitors B gilt

$$Z_{e1B} = Z_L \quad , \quad Z_{e2B} = \infty. \tag{4.5.3}$$

Für die Streumatrix $\underline{S}_B$ ergibt sich mit der Definition der Streuparameter nach den Gleichungen (4.3.5), (4.3.11), (4.3.14) und (4.3.19)

$$\underline{S}_B = \begin{pmatrix} \dfrac{Z_{e1B} - R_0}{Z_{e1B} + R_0} & 0 \\ 0 & \dfrac{Z_{e2B} - R_0}{Z_{e2B} + R_0} \end{pmatrix}. \tag{4.5.4}$$

Damit wird

$$\underline{S}_B = \begin{pmatrix} r_L & 0 \\ 0 & 1 \end{pmatrix} \quad \text{mit} \quad S_{11B} = r_L = \frac{Z_L - R_0}{Z_L + R_0}. \tag{4.5.5}$$

Mit der Vorschrift nach Gl. (4.5.2) für den Streuparameter S_{11Ges} der Kettenschaltung folgt

$$S_{11Ges} = S_{11A} + \frac{S_{12A}S_{21A}S_{11B}}{1 - S_{22A}S_{11B}} = S_{11} + r_L \cdot \frac{S_{12}S_{21}}{1 - r_L S_{22}}. \tag{4.5.6}$$

Da die Gesamtanordnung nun jedoch am Tor 2 mit dem Bezugswiderstand R_0 beschaltet ist, gilt nach Gl. (4.3.5)

$$S_{11Ges} = \frac{Z_{e1} - R_0}{Z_{e1} + R_0}. \tag{4.5.7}$$

Nach Gl. (4.4.2) folgt damit für die Eingangsimpedanz

$$Z_{e1} = R_0 \cdot \frac{1 + S_{11Ges}}{1 - S_{11Ges}}. \tag{4.5.8}$$

Zusammen mit Gl. (4.5.6) entspricht Gl. (4.5.8) der in Kapitel 4.4 ohne Beweis angegebenen Gl. (4.4.8).

Nimmt man $Z_L = R_0$ an, d. h. Abschluß des Zweitors A mit dem Bezugswiderstand, so wird nach Gl. (4.5.5) der Lastreflexionsfaktor r_L zu Null. Damit wird nach Gl. (4.5.6), wie zu erwarten war, $S_{11Ges} = S_{11}$. Die Eingangsimpedanz des mit seinem Bezugswiderstand abgeschlossenen Zweitors berechnet sich direkt aus dem Streuparameter S_{11}, was auch Gl. (4.4.2) zu entnehmen ist.

4.6 Streuparameter eines aktiven Zweitors am Beispiel eines Feldeffekt-transistors

Der Transistorhersteller gibt die an einem bestimmten Transistortyp in einer speziellen Grund-schaltung bei festgelegten Arbeitspunktspannungen und Arbeitspunktströmen und festgelegter Betriebsfrequenz gemessenen Streuparameter in der Form von Kleinsignalparametern an. Die Bezeichnung Kleinsignalparameter weist auch hier wiederum darauf hin, daß die Parameter nur dann gelten, wenn die aussteuernden Wechselspannungen und Wechselströme klein sind im Vergleich zu den Arbeitspunktspannungen und Arbeitspunktströmen.

Aus den vom Transistorhersteller gegebenen Streuparametern sollen die Betriebsgrößen des akti-ven Vierpols berechnet werden. Außerdem soll ein funktionales Kleinsignalersatzschaltbild für den Feldeffekttransistor angegeben werden.

4.6.1 Streuparameter des Mikrowellen-Transistors CFY 10

Die Vorgehensweise soll am Beispiel des Mikrowellen-Transistors CFY 10 vorgestellt werden. Nach /4.1, S. 263/ handelt es sich um einen GaAs-MESFET (Schichtenfolge **M**etall-**S**emicon-ductor, d. h. Schottky-Kontakt) für Verstärkeranwendungen in Sourcegrundschaltung. Die fol-gend genannten Daten sind ebenfalls der Literatur /4.1, S. 263/ entnommen.

Transistorgrundschaltung

Sourcegrundschaltung
- Tor 1: Gate-Source
- Tor 2: Drain-Source

Arbeitspunkt

Drain-Source-Gleichspannung $U_{DS=} = 4$ V
Drain-Gleichstrom $I_{D-} = 10$ mA

Frequenz

Betriebsfrequenz $f = 10$ GHz

Kleinsignalparameter

Reflexionskoeffizient am Tor 1 $|S_{11}| = 0,657$, $\varphi_{S11} = -146,4°$
Transmissionsionskoeffizient vom Tor 2 zum Tor 1 $|S_{12}| = 0,079$, $\varphi_{S12} = 9,7°$
Transmissionsionskoeffizient vom Tor 1 zum Tor 2 $|S_{21}| = 1,783$, $\varphi_{S21} = 55,0°$
Reflexionskoeffizient am Tor 2 $|S_{22}| = 0,657$, $\varphi_{S22} = -61,4°$

Die Streuparameter gelten für den Bezugswiderstand $R_{01} = R_{02} = R_0 = 50\ \Omega$.

4.6.2 Bestimmung der Betriebsgrößen des aktiven Zweitors aus den Streuparametern

Wird das Zweitor mit einer Quelle mit dem Innenwiderstand $R_S = R_0 = 50\ \Omega$ und einem Last-widerstand $R_L = R_0 = 50\ \Omega$ beschaltet, so ergeben sich die Betriebsparameter aus den Gleichungen (4.4.2) bis (4.4.5).

Eingangsadmittanz Y_{e1} am Tor 1

Die Eingangsadmittanz am Tor 1 weist einen kapazitiven Anteil auf. Es ist

$$Y_{e1} = \frac{1}{R_0} \cdot \frac{1-S_{11}}{1+S_{11}} = 33,7\ mS + j \cdot 43,1\ mS,$$

$$(4.6.1)$$

$$Y_{e1} = G_{e1} + j\omega C_{e1} \quad \text{mit} \quad \frac{1}{G_{e1}} = 29,7\ \Omega, \quad C_{e1} = 0,69\ pF.$$

Für den Reflexionsfaktor am Tor 1 ist $r_{e1} = S_{11}$ wegen $R_L = R_0$. Damit gilt für den Betrag des Reflexionsfaktors und nach Gl. (4.3.6) für das Verhältnis der am Tor 1 reflektierten Leistung zur am Tor 1 verfügbaren Leistung

$$\left|r_{e1}\right| = 0,656, \quad \left|r_{e1}\right|^2 = \frac{P_{r1}}{P_{v1}} = 0,43. \tag{4.6.2}$$

43% der von der Quelle verfügbaren Leistung werden am Tor 1 des Zweitors reflektiert und nur 57% werden vom Zweitor aufgenommen.

Eingangsadmittanz Y_{e2} am Tor 2

Die Eingangsadmittanz am Tor 2 besitzt ebenfalls einen kapazitiven Anteil. Es gilt

$$Y_{e2} = \frac{1}{R_0} \cdot \frac{1 - S_{22}}{1 + S_{22}} = 5,52 \text{ mS} + j \cdot 11,2 \text{ mS},$$

$$\tag{4.6.3}$$

$$Y_{e2} = G_{e2} + j\omega C_{e2} \quad \text{mit} \quad \frac{1}{G_{e2}} = 181\,\Omega, \quad C_{e2} = 0,18 \text{ pF}.$$

Betriebsübertragungsfaktor A_B vom Tor 1 zum Tor 2

Da der Betriebsübertragungsfaktor gleich dem S-Parameter S_{21} ist, wird

$$A_B = S_{21} = 1,783 \cdot e^{j55°}. \tag{4.6.4}$$

Nach Gl. (4.3.11) ist

$$\left|S_{21}\right|^2 = \frac{P_2}{P_{v1}} = 3,18. \tag{4.6.5}$$

Mit den Gleichungen (4.6.2) und (4.6.5) wird damit das Verhältnis der am Tor 2 abgegebenen Leistung P_2 zur am Tor 1 aufgenommenen Leistung P_1

$$\frac{P_2}{P_1} = \frac{\dfrac{P_2}{P_{v1}}}{\dfrac{P_1}{P_{v1}}} = \frac{\dfrac{P_2}{P_{v1}}}{\dfrac{P_{v1} - P_{r1}}{P_{v1}}} = \frac{\dfrac{P_2}{P_{v1}}}{1 - \dfrac{P_{r1}}{P_{v1}}} = \frac{3,18}{1 - 0,43} = 5,58. \tag{4.6.6}$$

Das Verhältnis der vom Zweitor am Lastwiderstand (Verbraucher) abgegebenen Leistung zur von der Quelle an das Zweitor abgegebenen Leistung bezeichnet man nach /4.1, S. 267ff/ als die Klemmenleistungsverstärkung oder den Klemmenleistungsgewinn.

Rückwärts-Betriebsübertragungsfaktor A_{Br} vom Tor 2 zum Tor 1

Wird das Zweitor am Tor 2 mit einer Quelle mit dem Innenwiderstand $R_S = R_0$ und am Tor 1 mit einem Lastwiderstand $R_L = R_0$ beschaltet, so ergibt sich der Rückwärts-Betriebsübertragungsfaktor zu

$$A_{Br} = S_{12} = 0{,}079 \cdot e^{j9{,}7°}. \tag{4.6.7}$$

Nach Gl. (4.3.19) gilt für die am Tor 1 an den Lastwiderstand abgegebene Leistung P_1 bezogen auf die am Tor 2 verfügbare Leistung P_{v2}

$$\left| S_{12} \right|^2 = \frac{P_1}{P_{v2}} = 6{,}24 \cdot 10^{-3}. \tag{4.6.8}$$

Aus dem Streuparameter S_{22} folgt nach Gl. (4.3.15) für das Verhältnis der am Tor 2 reflektierten Leistung P_{r2} zur am Tor 2 verfügbaren Leistung P_{v2}

$$\left| S_{22} \right|^2 = \left| r_{e2} \right|^2 = \frac{P_{r2}}{P_{v2}} = 0{,}43. \tag{4.6.9}$$

Eine Vorgehensweise entsprechend der Umrechnungen nach Gl. (4.6.6) ergibt für das Verhältnis der vom Zweitor am Tor 1 abgegebenen Leistung P_1 zur am Tor 2 aufgenommenen Leistung P_2

$$\frac{P_1}{P_2} = \frac{\dfrac{P_1}{P_{v2}}}{1 - \dfrac{P_{r2}}{P_{v2}}} = \frac{6{,}24 \cdot 10^{-3}}{1 - 0{,}43} = 0{,}011. \tag{4.6.10}$$

Die Rückwärts-Klemmenleistungsverstärkung ist ca. um den Faktor 500 niedriger als die (Vorwärts-)Klemmenleistungsverstärkung des Feldeffekttransistors in der gegebenen Schaltungsanordnung. Da für die Rückwärts-Klemmenleistungsverstärkung $P_1/P_2 \ll 1$ gilt, ist es sinnvoller, von einer Rückwärtsdämpfung oder einer Entkopplung des Tors 1 vom Tor 2 zu sprechen.

Der Feldeffekttransistor ist bei der angenommenen Beschaltung an beiden Toren stark fehlangepaßt. So beträgt die Stehwelligkeit am Tor 1 z. B.

$$VSWR_1 = \frac{1 + \left| r_{e1} \right|}{1 - \left| r_{e1} \right|} = 4{,}82 > 1. \tag{4.6.11}$$

Um eine maximale Leistungsverstärkung zu erreichen, müssen zwischen Quelle und Tor 1 des Zweitors sowie zwischen Tor 2 und Lastwiderstand Anpaßzweitore eingefügt werden. Dabei handelt es sich um verlustfreie bzw. verlustarme passive Zweitore, die die Eingangsimpedanzen $Z_{e1} = 1/Y_{e1}$ und $Z_{e2} = 1/Y_{e2}$ auf $R_S = R_L = R_0 = 50\ \Omega$ transformieren. Die genaue Vorgehensweise wird im Kapitel 6.6 beschrieben.

4.6.3 Physikalisches Kleinsignalersatzschaltbild des Feldeffekttransistors für Mikrowellenanwendungen

Prinzipiell können aus den gemessenen Streuparametern eines Feldeffkttransistors die zugehörigen Leitwertparameter bestimmt werden. Wie in Kapitel 3.4 gezeigt wurde, könnte daraus das formale Kleinsignalersatzschaltbild nach Abb. 3.3.1 bzw. das funktionale Kleinsignalersatzschaltbild nach Abb. 3.4.1 abgeleitet werden.

Allerdings ist die beschriebene Darstellung bei Feldeffekttransistoren im Hochfrequenzbereich nicht üblich. Vielmehr wird aus den Streuparametern direkt ein physikalisches Kleinsignalersatzschaltbild gewonnen. Dieses enthält, wie die Abb. 4.6.1 und die Gl. (4.6.13) zeigen, im allgemeinen mehr Schaltelemente, als aus den vier komplexen Streuparametern (acht reelle Daten) berechnet werden können. Die zusätzlichen Freiheitsgrade im physikalischen Kleinsignalersatzschaltbild gestatten es, die Schaltelementeparameter näherungsweise frequenzunabhängig bis in den Mikrowellenfrequenzbereich anzugeben.

Bei Betriebsfrequenzen oberhalb ca. 1 GHz (Mikrowellenbereich) können die Bahnwiderstände an Gate, Drain und Source des Feldeffekttransistors nicht mehr vernachlässigt werden. Ein physikalisches Kleinsignalersatzschaltbild des Feldeffekttransistors, d. h. ein Kleinsignalersatzschaltbild, das aus dem physikalischen Aufbau des Feldeffekttransistors abzuleiten ist, muß die zusätzlichen Bahnwiderstände R_G, R_D und R_S enhalten.

Die Abb. 4.6.1 zeigt das physikalische Kleinsignalersatzschaltbild eines Feldeffekttransistors einschließlich der üblichen Bezeichnungen für die Schaltelemente. Die Stromquelle wird von der Spannung U an der inneren Kapazität c_{GS} gesteuert. In Serie zu dieser Kapazität liegt der Widerstand r_{GS}. Parallel zur Stromquelle befinden sich die Kapazität c_{DS} und der Widerstand r_{DS}. Die Rückwirkung vom Ausgang zum Eingang wird beim Feldeffekttransistor wie schon beim Bipolartransistor von einer Kapazität, in diesem Fall c_{DS}, verursacht. Alle Parameter sind in einem weiten Frequenzbereich frequenzunabhängig. Allerdings ist zu beachten, daß beim Einbau des Feldeffekttransistors Zuleitungsverluste und Zuleitungsinduktivitäten zu berücksichtigen sind, die von Art und Länge der Anschlußleitungen abhängen.

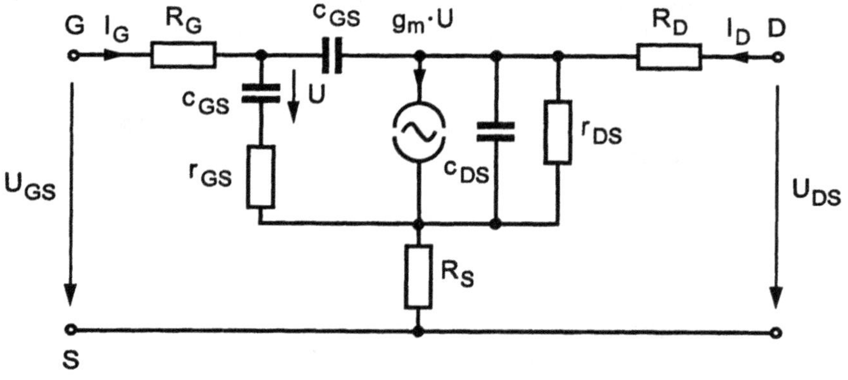

Abb. 4.6.1:   Physikalisches Kleinsignalersatzschaltbild eines Feldeffekttransistors für Mikrowellenanwendungen

Ein Vergleich des physikalischen Kleinsignalersatzschaltbilds eines Zweitors nach Abb. 4.6.1 mit dem formalen Kleinsignalersatzschaltbild nach Abb. 3.3.1 ergibt für die Klemmenspannungen U_{GS} zwischen Gate und Source und U_{DS} zwischen Drain und Source sowie für die Klemmenströme I_G am Gate und I_D an Drain

$$U_{GS} = U_1, \quad U_{DS} = U_2, \quad I_G = I_1, \quad I_D = U_2. \tag{4.6.12}$$

Aus den bei der Betriebsfrequenz $f = 1$ GHz gemessenen Streuparametern wurden die Ersatzschaltelemente des physikalischen Kleinsignalersatzschaltbildes bestimmt. Sie lauten nach /4.1, S. 119/

$$R_G = R_D = R_S = 4,5\,\Omega, \quad r_{GS} = 4,5\,\Omega, \quad r_{DS} = 750\,\Omega,$$

$$c_{GS} = 0,45\,\text{pF}, \quad c_{GD} = 0,03\,\text{pF}, \quad c_{DS} = 0,12\,\text{pF}, \tag{4.6.13}$$

$$g_m = g_{m0} \cdot e^{j\omega\tau_0}, \quad g_{m0} = 38\,\text{mS}, \quad \tau_0 = 5\,\text{ps}.$$

Bei Betriebsfrequenzen, die kleiner als ein Drittel der Transitfrequenz des Feldeffekttransistors sind, d. h. $f < f_T/3$, dürfen die Bahnwiderstände im Kleinsignalersatzschaltbild nach /4.1, S. 118/ vernachlässigt werden. Für die Transitfrequenz eines Feldeffekttransistors gilt näherungsweise nach /4.1, S. 123/

$$f_T \approx \frac{g_m}{2\pi c_{GS}}. \tag{4.6.14}$$

Damit folgt für den MESFET CFY 10 eine Transitfrequenz von

$$f_T \approx 13,4\,\text{GHz}. \tag{4.6.15}$$

5. Oszillatoren

5.1 Vorbemerkungen

In der Hochfrequenztechnik verwendet man vorzugsweise Oszillatoren, die im Idealfall eine sinusförmige Schwingung konstanter Amplitude und konstanter Frequenz erzeugen. Man spricht in diesem Fall von einer harmonischen Schwingung. Grundsätzlich werden Schwingungen dadurch erzeugt, daß man eine resonanzfähige Schaltung mit einem verstärkenden Bauelement entdämpft.

Man unterscheidet in der Hochfrequenztechnik Zweipol- und Vierpoloszillatoren, je nachdem, ob als entdämpfendes Bauelement ein Zweipol oder ein Vierpol Verwendung findet. Es wird aber später gezeigt, daß der Vierpoloszillator auf einen Zweipoloszillator zurückgeführt werden kann.

Bei allen im Kapitel 5 dargelegten Verfahren zur Beschreibung von Oszillatoren sollen immer die beiden Fragen im Vordergrund stehen:
1. Wie erzeugt man praktisch eine ungedämpfte harmonische Schwingung?
2. Wie beeinflussen Schaltungsparameter die Frequenz (und die Amplitude) der Schwingung?

Die in Kapitel 5 behandelten Themen können in einer Reihe von Büchern nachgelesen und vertieft werden, seien es umfassende Lehrbücher der Hochfrequenztechnik mit besonderen Abschnitten zum Thema Oszillatoren oder aber spezielle Bücher oder Zeitschriftenartikel über Oszillatoren. Insbesondere soll hingewiesen werden auf zwei Bücher /5.1, S. 342ff/ und /5.2, S. 279ff/, die ausführliche Beschreibungen von Zweipol- und Vierpoloszillatoren enthalten. Weiterführende Literatur ist in /5.1, S. 430ff/ in einer ausführlichen Literaturliste zu finden. Entwurfsaufgaben zu Oszillatorschaltungen werden in /5.2, S. 279ff/ gestellt und mit Lösungen diskutiert.

5.2 Zweipoloszillatoren

5.2.1 Grundprinzip der Schwingungserzeugung

Das Grundprinzip der Schwingungserzeugung soll anhand der in Abb. 5.2.1 skizzierten resonanzfähigen Schaltung vorgestellt werden.

Zum Zeitpunkt $t = 0$ wird der Schalter umgeschaltet, so daß der auf die Gleichspannung $U_{0=}$ aufgeladene Kondensator mit der Spule und dem Widerstand einen Serienschwingkreis bildet. Die Anwendung der Maschenregel führt für die Spannungen zur Gleichung

$$u_C(t) + u_L(t) + u_R(t) = 0. \tag{5.2.1}$$

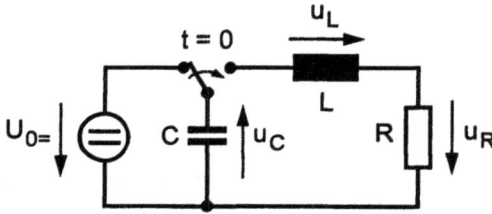

Abb. 5.2.1:
Serienschwingkreis zur Erzeugung einer
sinusförmigen Schwingung

Der Strom i(t) ist in allen Bauelementen der Serienschaltung gleich, d. h.

$$i_C(t) = i_L(t) = u_R(t) = i(t).$$ (5.2.2)

Beachtet man die Zusammenhänge, die zwischen der Spannung an einer Kapazität, einer Induktivität und einem Widerstand und dem zugehörigen Strom durch das jeweilige Element gelten, so folgt unter Beachtung von Gl. (5.2.2) aus Gl. (5.2.1)

$$\frac{1}{C} \cdot \int i(t)\,dt + L \cdot \frac{di(t)}{dt} + R \cdot i(t) = 0.$$ (5.2.3)

Differentiation nach der Zeit und Multiplikation mit L liefert schließlich die homogene lineare Differentialgleichung mit konstanten Koeffizienten

$$\frac{d^2 i(t)}{dt^2} + \frac{R}{L} \cdot \frac{di(t)}{dt} + \frac{1}{LC} \cdot i(t) = 0.$$ (5.2.4)

Setzt man

$$\omega_0^2 = \frac{1}{LC} \quad \text{und} \quad \delta\omega_0 = \frac{R}{L},$$ (5.2.5)

so lautet eine Lösung der Differentialgleichung

$$i(t) = \hat{i}_0 \cdot e^{-\delta\omega_0 t/2} \cdot \sin\left(\sqrt{1 - \frac{\delta^2}{4}} \cdot \omega_0 t\right).$$ (5.2.6)

Gilt für den Betrag der Dämpfung $|\delta| < 2$, so verläuft der Strom i(t) sinusförmig. Die Schwingung
- klingt ab, wenn $0 < \delta < 2$ ist,
- hat eine konstante Amplitude bei $\delta = 0$
- und klingt auf, wenn $-2 < \delta < 0$ ist.

Wird die Schaltung nach Abb. 5.2.1 mit den Bauelementen Kondensator, Spule und Widerstand realisiert, so ist mit R > 0 auch eindeutig $\delta > 0$ und die Amplitude der Schwingung nimmt sinusförmig ab. Selbst wenn der Widerstand aus der Schaltung entfernt wird, enthalten die realen

Bauelemente Kondensator und Spule ohmsche Verluste, die zu einer Bedämpfung des Schwingkreises führen, so daß auch in diesem Fall keine ungedämpfte Schwingung möglich ist. Als Ergebnis der Überlegungen ist festzuhalten, daß mit einem passiven und verlustbehafteten elektrischen Netzwerk wegen $\delta > 0$ nur abklingende, d. h. gedämpfte Schwingungen zu erzeugen sind.

Auf welche Art und Weise läßt sich die Schaltung nach Abb. 5.2.1 erweitern, damit die Dämpfung zu Null wird?

Formal könnte die Schaltung mit einem Zweipol, ausgeführt als Serienwiderstand R_a, zur Schaltung nach Abb. 5.2.2 ergänzt werden. Diese zeigt nur die für $t > 0$ relevante Anordnung.

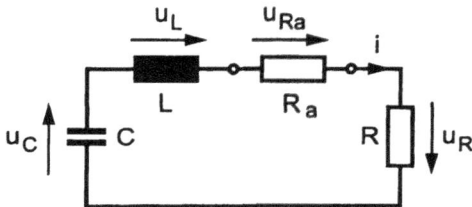

Abb. 5.2.2:
Zusatzbeschaltung des Serienschwingkreises

In der Differentialgleichung Gl. (5.2.4) ist dann der Widerstand R zu ersetzen durch den Gesamtwiderstand $R_{Ges} = R + R_a$. Die Dämpfung δ wird nun gleich Null, wenn $R_{Ges} = 0$ bzw. $R_a = -R$ gilt. Demnach wäre ein negativer Widerstand R_a in die Schaltung einzufügen, der die Dämpfung des positiven ohmschen Widerstands R kompensiert. Wie ein negativer Widerstand mit einem aktiven Bauelement (deshalb auch der Index a) zu realisieren ist, soll später dargestellt werden.

Das Ergebnis der Überlegungen lautet:

Im Serienschwingkreis fließt ein sinusförmiger und ungedämpfter Strom mit konstanter Amplitude, falls die Bedingung

$$R_{Ges} = 0 \tag{5.2.7}$$

erfüllt ist. Dann gilt für die Frequen f_0 der sinusförmigen Schwingung

$$f_0 = \frac{\omega_0}{2\pi} = \frac{1}{2\pi} \cdot \frac{1}{\sqrt{LC}}. \tag{5.2.8}$$

5.2.2 Schwingbedingung

Das Prinzip der Schwingungserzeugung wurde anhand der in Abb. 5.2.1 skizzierten resonanzfähigen Schaltung abgeleitet werden. Es soll noch gezeigt werden, wie die Gleichungen (5.2.7) und (5.2.8) hergeleitet werden können, ohne daß die Schwingungsdifferentialgleichung aufgestellt und gelöst werden muß.

Hierzu verändert man den Serienschwingkreis nach Abb. 5.2.3 und berechnet die Eingangsimpedanz Z_e an der Trennstelle. Man beachte, daß es sich in Abb. 5.2.3 nur um eine gedachte Trennstelle in der Schaltung handeln soll, um die Eingangsimpedanz des Kreises berechnen zu können.

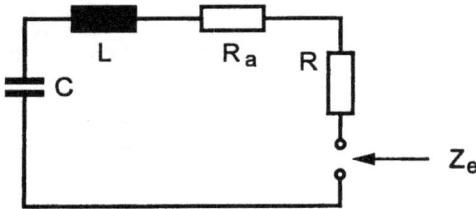

Abb. 5.2.3:
Zur Herleitung der Schwingbedingung
für Zweipoloszillatoren

Es ist

$$Z_e = R + R_a + j\omega L + \frac{1}{j\omega C},$$

$$= R + R_a + j\omega L \cdot \left(1 - \frac{1}{\omega^2 LC}\right).$$

(5.2.9)

Im Schwingkreis nach Abb. 5.2.3 ist eine ungedämpfte harmonische Schwingung möglich, wenn die Eingangsimpedanz Z_e verschwindet. Als Schwingbedingung für Zweipoloszillatoren bezeichnet man deshalb die Bedingung

$$Z_e = 0.$$

(5.2.10)

Da die Eingangsimpedanz im allgemeinen komplex ist, zerfällt Gl. (5.2.10) in zwei Bedingungen, nämlich

$$\text{Re}\{Z_e\} = 0,$$

(5.2.11)

$$\text{Im}\{Z_e\} = 0.$$

(5.2.12)

Aus Gl. (5.2.9) folgt mit der Schwingbedingung nach Gl. (5.2.11) und Gl. (5.2.12) die Bedingung, die für den Widerstand R_a gelten muß, damit eine ungedämpfte Schwingung auftritt, und die für diesen Fall vorhandene Schwingfrequenz f_0 zu

$$\text{Re}\{Z_e\} = 0: \quad R + R_a = 0 \quad \rightarrow \quad R_a = -R,$$

(5.2.13)

$$\text{Im}\{Z_e\} = 0: \quad 1 - \frac{1}{\omega_0^2 LC} = 0 \quad \rightarrow \quad f_0 = \frac{1}{2\pi} \cdot \frac{1}{\sqrt{LC}}.$$

(5.2.14)

Beide Ergebnisse sind identisch mit denjenigen der Gleichungen (5.2.7) und (5.2.8), die sich bei der Lösung der Schwingungsdifferentialgleichung ergeben hatten.

5.2.2.1 Realisierung eines negativen Widerstands

Wie mit einem aktiven Zweipol, der eine Kennlinie mit bereichsweise negativer Steigung aufweist, ein negativer differentieller Widerstand realisiert wird, soll mit der folgenden Abb. 5.2.4 verdeutlicht werden.

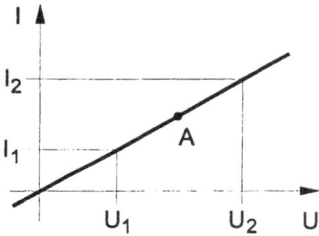

Bauelement 1:   Steigung

$$R_1 = \frac{dU}{dI} = \frac{\Delta U}{\Delta I} = \frac{I_2 - I_1}{U_2 - U_1} > 0, \quad \text{konst.,}$$

da $U_2 > U_1$ und $I_2 > I_1$,

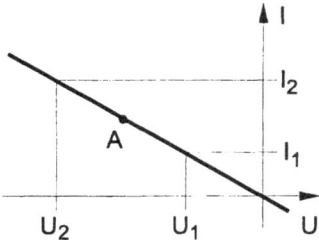

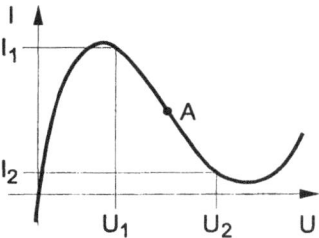

Bauelement 2:   Steigung

$$R_2 = \frac{dU}{dI} = \frac{\Delta U}{\Delta I} = \frac{I_2 - I_1}{U_2 - U_1} < 0, \quad \text{konst.,}$$

da $U_2 < U_1$ und $I_2 > I_1$,

Bauelement 3:   Steigung im Arbeitspunkt

$$R_3 = \frac{dU}{dI} \approx \frac{\Delta U}{\Delta I} = \frac{I_2 - I_1}{U_2 - U_1} < 0,$$

da $U_2 > U_1$ und $I_2 < I_1$.

Abb. 5.2.4:   Zur Realisierung einer Kennlinie mit einem bereichsweise negativen differentiellen Widerstand

Das Bauelement 1 weist einen linearen Zusammenhang zwischen Spannung und Strom auf. Die Steigung der Geraden ist positiv, so daß $R_1 = dU/dI > 0$ wird. Es handelt sich um einen ohmschen Widerstand. Beim Bauelement 2 liegt ebenfalls ein linearer Zusammenhang zwischen Spannung und Strom vor. Allerdings ist die Steigung negativ. Es ist $R_2 = dU/dI < 0$. Das Bauelement 2 würde die Anforderung zur Entdämpfung eines Schwingkreises zwar erfüllen, es existiert jedoch nicht.

Beim Bauelement 3 ist die Steigung $R_3 = dU/dI$ bereichsweise kleiner als Null. Wählt man den Arbeitspunkt innerhalb dieses Bereichs, so ist ein negativer differentieller Widerstand zur Kompensation der Verluste eines Schwingkreises nach Gl. (5.2.13) vorhanden. Bauelemente mit der in Abb. 5.2.4 gezeigten Kennlinie des Bauelements 3 existieren.

5.2.3 Tunneldiodenoszillator

Strom-Spannungs-Kennlinie einer Tunneldiode

Die Tunneldiode (auch Esaki-Diode genannt) ist ein typischer und einfach zu analysierender Vertreter der Zweipole mit einer Strom-Spannungs-Kennlinie, die bereichsweise eine negative Steigung aufweisen. Abb. 5.2.5 zeigt den prinzipiellen Verlauf der Strom-Spannungs-Kennlinie einer Tunneldiode.

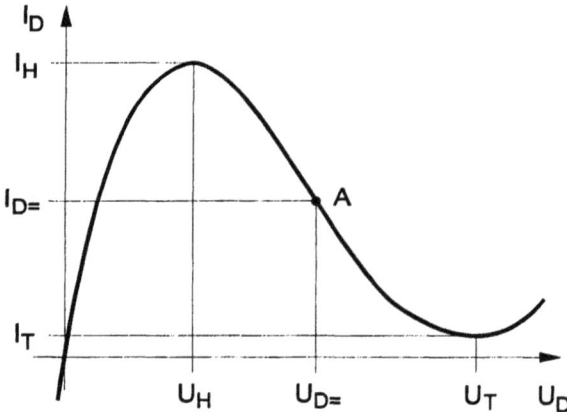

Abb. 5.2.5:
Prinzipieller Verlauf der Strom-Spannungs-Kennlinie einer Tunneldiode

Je nach Halbleitermaterial gelten für die Talspannungen U_T und die Talströme I_T bzw. für die Höckerspannungen U_H und die Höckerströme I_H die in der Tabelle 5.1 angegebenen typischen Zahlenwerte.

Tabelle 5.1: Typische Tal- und Höckerspannungen und Tal- und Höckerströme von Tunneldioden

Halbleitermaterial	Talspannung, -strom	Höckerspannung, -strom
GaAs	$U_T \approx 400\,mV$, $I_T \ll I_H$	$U_H \approx 50\,mV$, $I_H \approx 1 \ldots 20\,mA$
Ge	$U_T \approx 300\,mV$, $I_T \ll I_H$	$U_H \approx 50\,mV$, $I_H \approx 1 \ldots 20\,mA$

Kleinsignalersatzschaltbild einer Tunneldiode

Werden Arbeitspunktgleichspannung $U_{D=}$ und Arbeitspunktgleichstrom $I_{D=}$ nach Abb. 5.2.5 im Kennlinienbereich mit negativer Steigung gewählt, so verhält sich die Tunneldiode im Hochfrequenzbereich nach dem Kleinsignalersatzschatzschaltbild nach Abb. 5.2.6. R_a ist der negative differentielle Widerstand des aktiven Bauelements, C_j die Sperrschichtkapazität. Der Bahnwiderstand R_B repräsentiert die Halbleiter- und Zuleitungsverluste, die Serieninduktivität L_s die Zuleitungsinduktivität des Bauelements. Die Abb. 5.2.6 zeigt ebenfalls das Schaltzeichen für eine Tunneldiode.

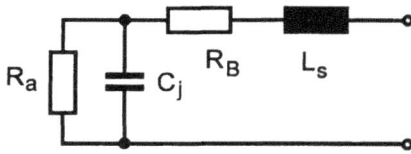

Abb. 5.2.6:
Kleinsignalersatzschaltbild (links) und Schaltzeichen (rechts) einer Tunneldiode

Schaltung eines Tunneldiodenoszillators

Die Tunneldiode wird nach Abb. 5.2.7 mit einer Gleichspannungsquelle zur Arbeitspunkteinstellung und mit einer Zusatzinduktivität L_z zur Einstellung der Schwingfrequenz beschaltet. Die Betriebsspannung U_B ist so zu wählen, daß an der Tunneldiode die gewünschte Arbeitspunktspannung $U_{D=}$ anliegt und der Gleichstrom durch die Diode gleich $I_{D=}$ wird. Der Widerstand R_L ist der Lastwiderstand, an dem die vom Oszillator erzeugte Wechselleistung abgenommen wird.

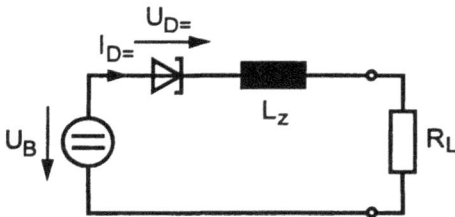

Abb. 5.2.7:
Prinzipschaltbild eines Tunneldiodenoszillators

Kleinsignalersatzschaltbild eines Tunneldiodenoszillators

Mit dem Kleinsignalersatzschaltbild der Tunneldiode nach Abb. 5.2.6 und der Beschaltung nach Abb. 5.2.7 ergibt sich das in Abb. 5.2.8 gezeigte Kleinsignalersatzschaltbild eines Tunneldiodenoszillators. Im Widerstand R_z werden die Verluste der Spule mit der Induktivität L_z berücksichtigt.

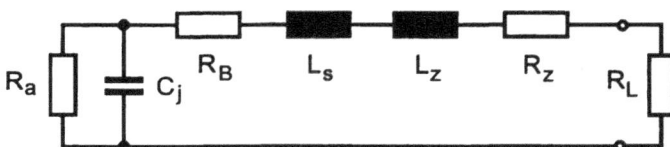

Abb. 5.2.8:
Kleinsignalersatzschaltbild eines Tunneldiodenoszillators

Faßt man die in Serie geschalteten Induktivitäten zu $L = L_s + L_z$ und die ebenfalls in Serie liegenden Widerstände zu $R = R_B + R_z + R_L$ zusammen, so ergibt sich das vereinfachte Kleinsignalersatzschaltbild nach Abb. 5.2.9. In Abb. 5.2.9 ist auch die gedachte Trennstelle eingezeichnet, an der zur Formulierung der Schwingbedingung nach Gl. (5.2.10) bzw. Gl. (5.2.11) und Gl. (5.2.12) die Eingangsimpedanz Z_e berechnet werden soll.

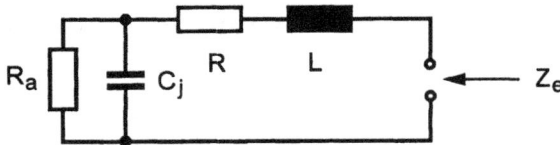

Abb. 5.2.9:
Vereinfachtes Kleinsignalersatzschaltbild eines Tunneldiodenoszillators

Schwingbedingung für den Tunneldiodenoszillator

Für die Eingangsimpedanz Z_e des Tunneldiodenoszillators gilt nach Abb. 5.2.9

$$Z_e = R + j\omega L + \cfrac{1}{\cfrac{1}{R_a} + j\omega C_j} ,$$

$$= R + R_a \cdot \frac{1}{1 + \left(\omega C_j R_a\right)^2} + j \cdot \left[\omega L - \frac{\omega C_j R_a^2}{1 + \left(\omega C_j R_a\right)^2} \right] .$$

(5.2.15)

Mit der Schwingbedingung nach Gl. (5.2.11) folgt

$$\mathrm{Re}\{Z_e\} = 0: \quad \frac{R_a}{1 + \left(\omega C_j R_a\right)^2} = -R .$$

(5.2.16)

Setzt man dies in die zweite Gleichung für die Schwingbedingung, also in Gl. (5.2.12) ein, so erhält man

$$\mathrm{Im}\{Z_e\} = 0: \quad \omega_0 L + \omega_0 C_j R_a R = 0 .$$

(5.2.17)

Aus Gl. (5.2.17) folgt sofort eine Beziehung für den Gesamtverlustwiderstand R und den differentiellen Widerstand R_a der Tunneldiode

$$R_a = -\frac{L}{C_j R} \quad \text{bzw.} \quad R = -\frac{L}{C_j R_a} .$$

(5.2.18)

Setzt man dieses Ergebnis in Gl. (5.2.16) ein, so ergibt sich

$$\frac{R_a}{1+\left(\omega_0 C_j R_a\right)^2} = \frac{L}{C_j R_a}. \tag{5.2.19}$$

Die Gleichung kann nach der Kreisfrequenz ω_0 bzw. der Frequenz f_0 aufgelöst werden, so daß sich als Schwingfrequenz des Tunneldiodenoszillators

$$f_0 = \frac{1}{2\pi} \cdot \frac{1}{\sqrt{LC_j}} \cdot \sqrt{1 - \frac{L}{C_j R_a^2}} = \frac{1}{2\pi} \cdot \frac{1}{\sqrt{LC_j}} \cdot \sqrt{1 - \frac{C_j}{LR^2}}$$

$$= \frac{1}{2\pi} \cdot \frac{1}{\sqrt{LC_j}} \cdot \sqrt{1 - \frac{R}{|R_a|}}. \tag{5.2.20}$$

ergibt. Damit die Schwingfrequenz $f_0 > 0$ wird, muß nach Gl. (5.2.20) $R < |R_a|$ gelten. Mit $R > |R_a|$ ist die Schwingbedingung nach Gl. (5.2.16) grundsätzlich nicht zu erfüllen.

5.2.4 Schaltungsbeispiel eines Tunneldiodenoszillators

Im Arbeitspunkt mit
- $U_{D=} = 250$ mV,
- $I_{D=} = 1$ mA

gilt für die Elemente des Kleinsignalersatzschaltbilds einer Tunneldiode (typische Werte)
- $R_a = -126\ \Omega$,
- $C_j = 2$ pF,
- $L_s = 0{,}35$ nH,
- $R_B = 1\ \Omega$.

Eigenresonanzfrequenz

Wie groß ist die Eigenresonanzfrequenz f_r der Tunneldiode? Wie groß ist in diesem Fall R_L zu wählen, damit der Tunneldiodenoszillator eine ungedämpfte Schwingung erzeugt?
Die Eigenresonanzfrequenz f_r ergibt sich, wenn die Tunneldiode nicht mit zusätzlichen frequenzbestimmenden Bauelementen beschaltet wird. Damit wird

$$L_z = 0 \quad \rightarrow \quad L = L_s,$$

$$f_r = \frac{1}{2\pi} \cdot \frac{1}{\sqrt{LC_j}} \cdot \sqrt{1 - \frac{L_s}{C_j R_a^2}} = 5{,}98\ \text{GHz} \quad \text{nach} \quad \text{Gl.}\,(5.2.20), \tag{5.2.21}$$

$$R = R_L + R_B = -\frac{L_s}{C_j R_a} = 1{,}39\ \Omega \quad \rightarrow \quad R_L = 0{,}39\ \Omega \quad \text{nach} \quad \text{Gl.}\,(5.2.18).$$

Maximale Schwingfrequenz

Wie groß ist die maximale Schwingfrequenz f_{0max} der Tunneldiode?
Bei der maximalen Schwingfrequenz f_{0max} ist ohne zusätzliche Belastung der Tunneldiode gerade noch eine ungedämpfte Schwingung möglich. Sind die Zusatzinduktivität $L_z = 0$ und der Lastwiderstand $R_L = 0$, so folgt

$$L_z = 0 \quad \rightarrow \quad L = L_s, \quad R_L = 0 \quad \rightarrow \quad R = R_B,$$

$$R_B + R_a \cdot \frac{1}{1 + \left(\omega_{0max} C_j R_a\right)^2} = 0 \quad \text{nach} \quad \text{Gl. (5.2.16)}, \tag{5.2.22}$$

$$f_{0max} = \frac{1}{2\pi} \cdot \frac{1}{|R_a| C_j} \cdot \sqrt{\frac{|R_a|}{R_B} - 1} = 7{,}06 \, \text{GHz}.$$

Dimensionierung der Zusatzinduktivität

Wie groß ist die Zusatzinduktivität L_z zu wählen, damit eine ungedämpfte Schwingung der Frequenz $f_0 = 1$ GHz erzeugt wird?

$$L = \frac{C_j}{\left(2\pi f_0 C_j\right)^2 + \frac{1}{R_a^2}} = 9{,}05 \, \text{nH} \quad \text{nach} \quad \text{Gl. (5.2.20)}, \tag{5.2.23}$$

$$L_z = L - L_s \approx 8{,}7 \, \text{nH}.$$

Anmerkung:
Soll die Schwingfrequenz f_0 eines Tunneldiodenoszillators oberhalb der Eigenresonanzfrequenz liegen, d. h. soll $f_r < f_0 < f_{0max}$ gelten, so ist statt der induktiven Beschaltung mit L_z eine kapazitive Beschaltung mit einer Zusatzkapazität C_z vorzunehmen.

Maximaler Lastwiderstand

Wie groß darf der Lastwiderstand R_L maximal sein, wenn die Spulengüte $Q_L = 10$ beträgt?

$$R = -\frac{L}{C_j |R_a|} = 35{,}9 \, \Omega \quad \text{nach} \quad \text{Gl. (5.2.18)},$$

$$Q_L = \frac{\omega_0 L_z}{R_z} = 10 \quad \rightarrow \quad R_z = 5{,}47 \, \Omega, \tag{5.2.24}$$

$$R_L = R - R_B - R_z = 29{,}5 \, \Omega.$$

Anmerkungen:
a) Um ein sicheres Anschwingen des Tunneldiodenoszillators zu gewährleisten, ist $R_L < 29,5\ \Omega$ zu wählen.
b) Bei Mikrowellen-Zweipoloszillatoren mit Halbleiterbauelementen werden im allgemeinen sehr niederohmige Belastungen R_L benötigt. Insbesondere für Schwingfrequenzen nahe der Eigenresonanzfrequenz des Bauelements muß der Lastwiderstand so klein sein, daß dem Oszillator ein Transformationsnetzwerk zur Impedanzanpassung an die Folgestufe nachgeschaltet werden muß.

Arbeitspunkteinstellung

Man wähle die Betriebsspannung U_B so, daß sich ein stabiler Arbeitspunkt ergibt. Es sei $R_{z=} = 1,5\ \Omega$ der Gleichstromwiderstand der Wicklung der Zusatzinduktivität.

Nach Abb. 5.2.10 sind je nach Wahl des Gleichstromwiderstands der Beschaltung $R_= = R_{z=} + R_L$ unterschiedliche Arbeitsgeraden möglich:
Wählt man $R_= > |R_a|$, so ist die Steigung der Arbeitsgeraden betragsmäßig kleiner als der Betrag der Steigung der Tunneldiodenkennlinie im Arbeitspunkt. In diesem Fall sind zwei weitere stabile Arbeitspunkte (Schnittpunkte der Arbeitsgeraden mit der Tunneldiodenkennlinie) vorhanden, so daß die Einstellung des gewünschten Arbeitspunkts im Kennlinienbereich mit negativer Steigung beim Einschalten des Oszillators nicht sichergestellt ist.
Wird hingegen $R_= < |R_a|$ gewählt, so ist die Steigung der Arbeitsgeraden betragsmäßig größer als der Betrag der Steigung der Tunneldiodenkennlinie im Arbeitspunkt. Es ist nur der gewünschte Arbeitspunkt möglich.

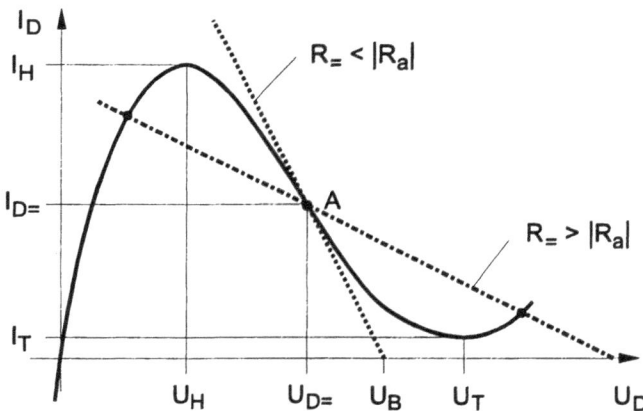

Abb. 5.2.10
Strom-Spannungs-Kennlinie
einer Tunneldiode mit möglichen
Arbeitsgeraden

Somit lauten die Bedingungen für einen stabilen Arbeitspunkt und für die Betriebsspannung U_B

$$R_= = R_L + R_{z=} < |R_a|,$$

$$R_= = 31,0\,\Omega < 126\,\Omega = |R_a|, \tag{5.2.25}$$

$$U_B = U_{D=} + R_= I_{D=} = 281\,mV.$$

5.2.5 Aktive Zweipole zur Schwingungserzeugung

Aktive Zweipole zur Schwingungserzeugung sind entweder Halbleiterbauelemente oder Laufzeitröhren. Bei den Laufzeitröhren handelt es sich um Elektronenröhren (Vakuumröhren). Mit Halbleitern sind zwar nur geringere Ausgangsleistungen zu erzielen, allerdings ist bei diesen Bauelementen auch der Schaltungsaufwand eines Oszillators wesentlich kleiner als bei Verwendung einer Laufzeitröhre (keine Heizleistung, geringe Kühlungsprobleme bei Halbleiteroszillatoren). Aktive Zweipole werden, wie schon das Beispiel des Tunneldiodenoszillators gezeigt hat, vornehmlich in Oszillatoren bei Frequenzen oberhalb ca. 1 GHz eingesetzt. Für eine ausführlichere Beschreibung wird auf die Literatur verwiesen (z. B. /5.1, S. 345ff/).

In den Tabellen 5.2 und 5.3 sind die wichtigsten Halbleiterbauelemente und Laufzeitröhren verzeichnet, die als aktive Zweipole in Oszillatoren Verwendung finden. Die bei einer Frequenz von ca. 10 GHz abgebbaren Leistungen sind ebenfalls angegeben.

Tabelle 5.2: Halbleiterbauelemente für Anwendungen in Zweipoloszillatoren

Bezeichnung	Ausgangsleistung bei f = 10 GHz
Tunneldiode	ca. 2 mW
Gunn-Element	ca. 2 W
Impatt-Diode	ca. 10 W

Tabelle 5.3: Laufzeitröhren für Anwendungen in Zweipoloszillatoren

Bezeichnung	Ausgangsleistung bei f = 10 GHz
Reflexklystron	ca. 300 mW
Vielschlitzklystron	ca. 1 kW
Carcinotron (BWO)	ca. 1 W bis 1 kW
Magnetron	> 1 kW
Gyrotron	ca. 1 MW

5.3 Vierpoloszillatoren

5.3.1 Grundprinzip des Vierpoloszillators

Als Vierpoloszillator bezeichnet man ein Zweitor, das an seinem Ausgang (Tor 2) am Last-widerstand R_L Wechselleistung abgibt, ohne daß an seinem Eingang (Tor 1) Wechselleistung aufgenomen wird.

Grundbedingung für die Erzeugung einer ungedämpften Schwingung ist, wie beim Zweipoloszillator auch, das Vorhandensein eines aktiven Elements im Zweitornetzwerk. Die allgemeine Analyse des Zweitors hinsichtlich seiner oszillatorischen Eigenschaften soll deshalb zunächst anhand des formalen Kleinsignalersatzschaltbilds eines aktiven Zweitors nach Kapitel 3.3 vorgenommen werden. Das Zweitor wird hierzu nach Abb 5.3.1 an Tor 2 mit dem Lastwiderstand $R_L = 1/G_L$ beschaltet.

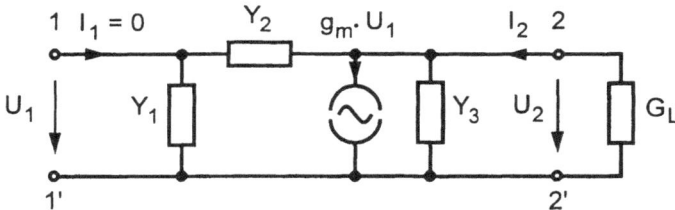

Abb. 5.3.1:
Allgemeines formales Kleinsignalersatzschaltbild eines Vierpoloszillators

Für die am Tor 1 aufgenommene Leistung P_1 und die am Tor 2 abgegebene Leistung P_2 gilt mit den Klemmenspannungen und Klemmenströmen

$$P_1 = \frac{1}{2} \cdot U_1 I_1^* = 0, \quad P_2 = \frac{1}{2} \cdot \frac{|U_2|^2}{R_L} > 0. \tag{5.3.1}$$

5.3.2 Vierpoloszillator als Parallelschaltung von Zweitoren

5.3.2.1 Schwingbedingung 1

Zur Vereinfachung der Analyse des Vierpoloszillators wird die äußere Belastung des Zweitors mit R_L zu einer angenommenen inneren Belastung umgedeutet. Das formale Kleinsignalersatzschaltbild nach Abb. 5.3.2 zeigt die geänderte Zweitorstruktur. Es ist aber festzuhalten, daß die Strukturänderung die Netzwerkeigenschaften nicht beinflußt hat. Allerdings wird jetzt der Klemmenstrom I_2 ebenfalls zu Null.

Nach den in Kapitel 3.3 zusammengefaßten Regeln ergibt sich für die Leitwertmatrix $\underline{Y}$ des Zweitors nach Abb. 5.3.2

$$\underline{Y} = \begin{pmatrix} Y_1 + Y_2 & -Y_2 \\ g_m - Y_2 & Y_2 + Y_3 + G_L \end{pmatrix}.$$

(5.3.2)

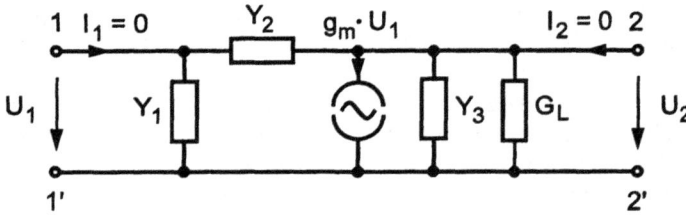

Abb. 5.3.2:
Formales Kleinsignalersatzschaltbild eines Vierpol-
oszillators mit innerer
Belastung

Die Leitwertgleichungen lauten

$$\begin{pmatrix} I_1 \\ I_2 \end{pmatrix} = \underline{Y} \cdot \begin{pmatrix} U_1 \\ U_2 \end{pmatrix} = 0,$$

(5.3.3)

da nach der Umstrukturierung für beide Klemmenströme $I_1 = I_2 = 0$ gilt.

Eine Lösung der homogenen Gleichungssystems nach Gl. (5.3.3) mit $U_1 \neq 0$ und $U_2 \neq 0$ trotz $I_1 = I_2 = 0$ existiert nur dann, wenn die Determinante der Leitwertmatrix die Bedingung

$$\text{Det}[\underline{Y}] = 0$$

(5.3.4)

mit

$$\text{Det}[\underline{Y}] = Y_{11} Y_{22} - Y_{12} Y_{21}$$

(5.3.5)

erfüllt. Die Gl. (5.3.4) ist eine von mehreren Möglichkeiten, nach denen ein elektrisches Netz-werk hinsichtlich seiner Eigenschaften, eine sinusförmige, ungedämpfte Schwingung zu erzeu-gen, analysiert werden kann. Gl. (5.3.4) soll deshalb als Schwingbedingung 1 bezeichnet werden.

Setzt man die Leitwertparameter ein, so ergibt sich

$$\text{Det}[\underline{Y}] = (Y_1 + Y_2)(Y_2 + Y_3 + G_L) + Y_2(g_m - Y_2),$$

(5.3.6)

$$= Y_1(Y_2 + Y_3 + G_L) + Y_2(g_m + Y_3 + G_L).$$

Im allgemeinen sind alle Admittanzen Y_i komplex, so daß mit $Y_i = G_i + j \cdot B_i$ eine komplexe Glei-chung entsteht. Die Bedingung nach Gl. (5.3.5) zerfällt in die beiden Gleichungen

$$Re\{Det[\underline{Y}]\}= 0, \tag{5.3.7}$$

$$Im\{Det[\underline{Y}]\}= 0. \tag{5.3.8}$$

Gl. (5.3.4) muß nicht unbedingt in Real- und Imaginärteil zerlegt werden, sondern kann auch nach Betrag und Phase betrachtet werden.

Ist das mit der Leitwertmatrix $\underline{Y}$ beschriebene Netzwerk nicht als Oszillator geeignet, so haben die Gleichungen (5.3.7) und (5.3.8) keine Lösung. Existiert hingegen eine Lösung der Gleichungen, dann können mit den zwei Gleichungen auch zwei unbekannte Parameter der Schaltung so bestimmt werden, daß eine ungedämpfte Schwingung erzeugt wird. Sind z. B. alle Admittanzen Y_i des Netzwerks und der Lastwiderstand R_L bekannt, so sind aus den Gleichungen (5.3.7) und (5.3.8) der Steuerparameter g_m als Maß für die Verstärkung des aktiven Elements und die Frequenz f_0, bei der die sinusförmige Schwingung konstanter Amplitude entsteht, zu berechnen.

Versuch 1:   Aktives Zweitor mit ohmscher Belastung

Als aktives Zweitor wird der Hochfrequenztransistor BF 240 mit der Arbeitspunkteinstellung nach Kapitel 3.4 gewählt. Damit gelten auch die in Kapitel 3.4 angegeben Kleinsignalparameter und das funktionale Kleinsignalersatzschaltbild nach Abb 3.4.1. Der Transistor wird an seiner Kollektorklemme wechselstrommäßig mit dem Lastwiderstand R_L beschaltet. Es ergibt sich dann das Kleinsignalersatzschaltbild der Gesamtschaltung nach Abb. 5.3.3. Man beachte, daß der Lastwiderstand R_L wie in Abb. 5.3.2 als innere Belastung eingezeichnet ist, um die Schaltungsanalyse hinsichtlich ihrer Oszillatoreigenschaften nach Gl. (5.3.4) bzw. nach den Gleichungen (5.3.7) und (5.3.8) durchführen zu können.

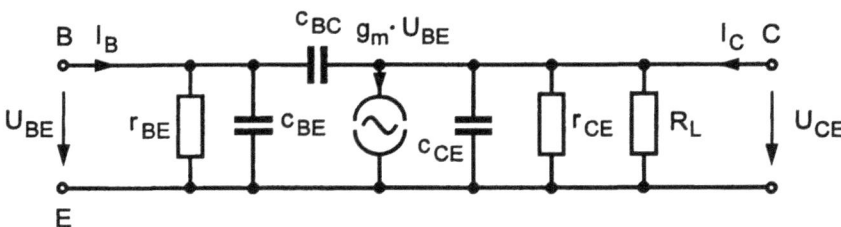

Abb. 5.3.3:   Funktionales Kleinsignalersatzschaltbild des Bipolartransistors BF 240 mit zusätzlicher ohmscher Belastung an der Kollektorklemme

Für die Determinante der Leitwertmatrix der Gesamtschaltung ergibt sich

$$Det[\underline{Y}] = \left[\frac{1}{r_{BE}} + j\omega(c_{BE} + c_{BC})\right]\cdot\left[\frac{1}{r_{CE}} + \frac{1}{R_L} + j\omega(c_{BC} + c_{CE})\right]$$
$$+ j\omega c_{BC}(g_m - j\omega c_{BC}). \tag{5.3.9}$$

Mit $g_{BE} = 1/r_{BE}$, $g_{CE} = 1/r_{CE}$ und $G_L = 1/R_L$ folgt daraus

$$\text{Det}[\underline{Y}] = g_{BE}(g_{CE} + G_L) - \omega^2(c_{BE} + c_{BC})(c_{BC} + c_{CE}) + \omega^2 c_{BC}^2$$
$$+ j\omega \left[g_{BE}(c_{BC} + c_{CE}) + (c_{BE} + c_{BC})(g_{CE} + G_L) + c_{BC}g_m \right].$$

$$(5.3.10)$$

Die Zerlegung nach Real- und Imaginärteil liefert

$$\text{Re}\{\text{Det}[\underline{Y}]\} = g_{BE}(g_{CE} + G_L) - \omega^2(c_{BE}c_{BC} + c_{BE}c_{CE} + c_{BC}c_{CE})$$

$$(5.3.11)$$

und

$$\text{Im}\{\text{Det}[\underline{Y}]\} = \omega \left[c_{BE}(g_{CE} + G_L) + c_{BC}(g_{BE} + g_{CE} + G_L + g_m) + c_{CE}g_{BE} \right].$$

$$(5.3.12)$$

Alle Schaltungsparameter sind positiv. Deshalb ist zwar die Bedingung $\text{Re}\{\text{Det}[\underline{Y}]\} = 0$ nach Gl. (5.3.7) für die Gl. (5.3.11) bei einer Kreisfrequenz $\omega = \omega_0 = 2\pi f_0 > 0$ zu erfüllen. Allerdings existiert für die Bedingung $\text{Im}\{\text{Det}[\underline{Y}]\} = 0$ nach Gl. (5.3.8) für die Gl. (5.3.12) nur die triviale Lösung $\omega = 0$.

Somit ist die vorgeschlagene Schaltung nicht als Oszillator zu gebrauchen. Allerdings war auch nicht zu erwarten, daß der Transistor mit ohmscher Belastung und ohne weitere Beschaltung außer der Beschaltung zur Arbeitspunkteinstellung von sich aus schwingen würde. Wäre dies der Fall gewesen, so könnte mit dem Transistor z. B. nicht ohne weitere Schaltungsmaßnahmen ein stabiler Verstärker aufgebaut werden.

Versuch 2: Aktives Zweitor mit ohmscher Belastung und mit Zusatzbeschaltung, beste-hend aus einem passivem Zweitor

Es soll zunächst der Einfachheit halber vom formalen Kleinsignalersatzschaltbild eines aktiven Zweitors nach Abb 3.3.1 ausgegangen werden. Das aktive Zweitor (Index a) wird mit einem passiven Zweitor (Index p) beschaltet, für dessen formales Ersatzschaltbild eine π-Schaltung aus drei Admittanzen gewählt wird. Wie Abb. 5.3.4 zeigt, sind beide Zweitore an den Toren 1 und 2 parallel geschaltet.

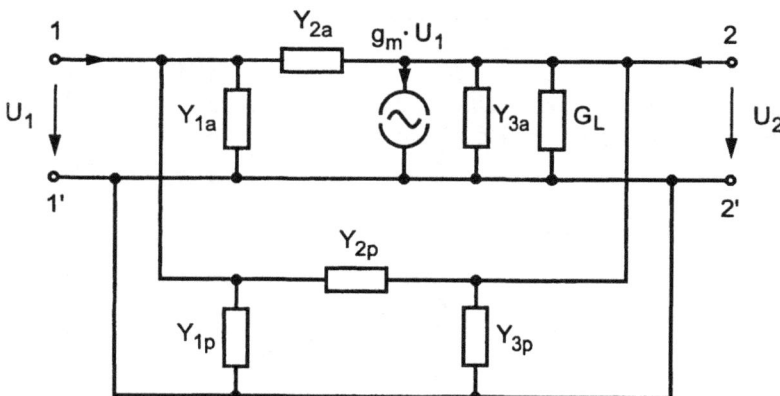

Abb. 5.3.4:
Parallelschaltung eines aktiven und eines passiven Zweitors

Das Kleinsignalersatzschaltbild nach Abb. 5.3.4 kann umstrukturiert werden, indem die Admittanzen Y_{1p}, Y_{2p} und Y_{3p} entlang der Leitungsverbindungen verschoben werden. Man erhält das Kleinsignalersatzschaltbild nach Abb. 5.3.5.

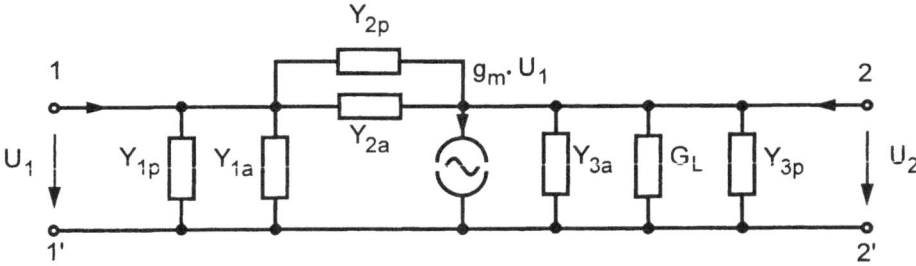

Abb. 5.3.5: Kleinsignalersatzschaltbild nach Verschiebung der Elemente des passiven Zweitors

Faßt man die in Abb. 5.3.5 jeweils parallel geschalteten Admittanzen zusammen, so erhält man das formale Kleinsignalersatzschaltbild des Gesamtnetzwerks nach Abb. 5.3.6. Dieses ist identisch mit dem für die Herleitung der Schwingbedingung 1 benutzten allgemeinen formalen Kleinsignalersatzschaltbild eines Vierpoloszillators nach Abb. 5.3.2.

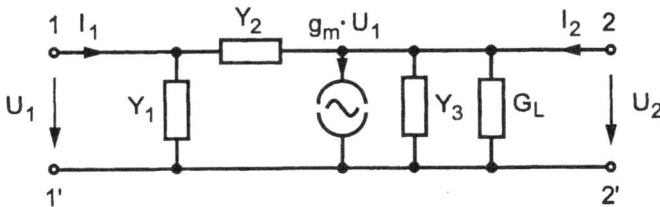

Abb. 5.3.6:
Formales Kleinsignalersatzschaltbild nach Zusammenfassung der jeweils parallel geschalteten Admittanzen

Für die Admittanzen Y_1, Y_2 und Y_3 gilt

$$Y_1 = Y_{1a} + Y_{1p} \, ,$$
$$Y_2 = Y_{2a} + Y_{2p} \, ,$$
$$Y_3 = Y_{3a} + Y_{3p} \, .$$

$$(5.3.13)$$

Das Kleinsignalerstzschaltbild nach Abb. 5.3.6 ist identisch mit dem formalen Kleinsignalersatzschaltbild eines aktiven Zweitors nach Abb. 3.3.1. Die Leitwertmatrix kann daher mit den in Kapitel 3.3 angegebenen Regeln bestimmt werden.

Es soll an dieser Stelle noch gezeigt werden, wie die Leitwertmatrix des Gesamtnetzwerks, das aus der Parallelschaltung eines aktiven und eines passiven Zweitors besteht, mit der Vorschrift für die Parallelschaltung zweier Zweitore nach Gl. (3.6.1) berechnet werden kann. Es ist

$$\underline{Y_a} = \begin{pmatrix} Y_{1a} + Y_{2a} & -Y_{2a} \\ g_m - Y_{2a} & Y_{2a} + Y_{3a} + G_L \end{pmatrix} \tag{5.3.14}$$

die Leitwertmatrix des aktiven Zweitors und

$$\underline{Y_p} = \begin{pmatrix} Y_{1p} + Y_{2p} & -Y_{2p} \\ Y_{2p} & Y_{2p} + Y_{3p} \end{pmatrix} \tag{5.3.15}$$

die Leitwertmatrix des passiven Zweitors. Die Leitwertmatrix des Gesamtnetzwerks ist nach Gl. (3.6.1) gleich der Summe der Matrizen der Teilnetzwerke, d. h.

$$\underline{Y} = \begin{pmatrix} Y_1 + Y_2 & -Y_2 \\ g_m - Y_2 & Y_2 + Y_3 + G_L \end{pmatrix} \tag{5.3.16}$$

mit Y_1, Y_2 und Y_3 nach Gl. (5.3.13).

Das Ergebnis nach Gl. (5.3.16) erhält man natürlich auch, wenn man die Regeln zur Bestimmung der Leitwertparameter aus der Netzwerkstruktur aus Kapitel 3.3 direkt auf das Kleinsignalersatzschaltbild des Gesamtnetzwerks nach Abb. 5.3.6 anwendet.

Für die Schwingbedingung 1 nach Gl. (5.3.4) folgt

$$\text{Det}[\underline{Y}] = \text{Det}\left[\underline{Y_a} + \underline{Y_p} \right] = 0. \tag{5.3.17}$$

Die Determinante der Leitwertmatrix lautet

$$\text{Det}[\underline{Y}] = \left(Y_{11a} + Y_{11p} \right)\left(Y_{22a} + Y_{22p} \right) - \left(Y_{12a} + Y_{12p} \right)\left(Y_{21a} + Y_{21p} \right),$$

$$\begin{aligned}\text{Det}[\underline{Y}] &= Y_{11a}Y_{22a} + Y_{11a}Y_{22p} + Y_{11p}Y_{22a} + Y_{11p}Y_{22p} \\ &\quad - Y_{21a}Y_{12a} - Y_{21a}Y_{12p} - Y_{21p}Y_{12a} - Y_{21p}Y_{12p},\end{aligned} \tag{5.3.18}$$

$$\text{Det}[\underline{Y}] = \text{Det}\left[\underline{Y_a}\right] + Y_{11a}Y_{22p} + Y_{22a}Y_{11p} - Y_{12a}Y_{21p} - Y_{21a}Y_{12p} - \text{Det}\left[\underline{Y_p}\right].$$

Der für den allgemeinen Fall eines beliebigen Zweitors abgeleitete Ausdruck für die Determinante der Leitwertmatrix ist zunächst ausgesprochen nichtssagend. Es sind deshalb auch keinerlei Schlußfolgerungen auf mögliche Strukturen für Oszillatorschaltungen daraus abzuleiten.

5.3.2.2   Prinzip des LC-Oszillators

Der noch allgemeine und unübersichtliche Ausdruck für die Schwingbedingung 1 nach Gl. (5.3.18) wird nun unter idealisierten Bedingungen genauer betrachtet. Das aktive Zweitor

wird soweit vereinfacht, daß nach Abb. 5.3.7 nur noch die gesteuerte Quelle und der Lastwiderstand zu den Oszillatoreigenschaften beitragen. Das passive Zweitor wird als verlustfrei angenommen. Es besteht dann, wie Abb. 5.3.8 zeigt, aus einer π-Schaltung dreier Reaktanzen.

Für die Leitwertmatrizen des aktiven und des passiven Zweitors gilt

$$\underline{Y_a} = \begin{pmatrix} 0 & 0 \\ g_m & G_L \end{pmatrix}, \quad \underline{Y_p} = \begin{pmatrix} jB_1 + jB_2 & -jB_2 \\ -jB_2 & jB_2 + jB_3 \end{pmatrix}. \tag{5.3.19}$$

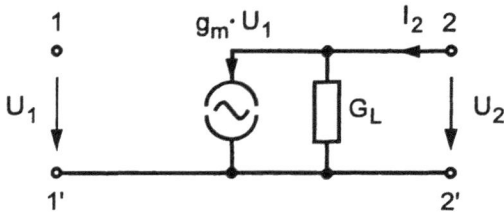

Abb. 5.3.7:
Idealisiertes Kleinsignalersatzschaltbild des aktiven Zweitors

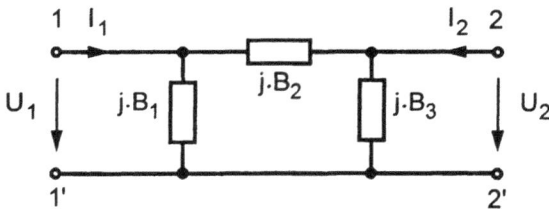

Abb. 5.3.8:
Idealisiertes Ersatzschaltbild
des passiven Zweitors

Werden die beiden Zweitore an den Toren 1 und 2 parallel geschaltet, so gelten die Herleitungen
des Kapitels 5.3.1. Setzt man die Leitwertparameter der Gesamtschaltung in Gl. (5.3.18) ein, so
erhält man

$$\text{Det}[\underline{Y}] = j(B_1 + B_2)G_L + jB_2 g_m - B_1 B_2 - B_1 B_3 - B_2 B_3. \tag{5.3.20}$$

Damit lautet die Schwingbedingung 1 nach Gl. (5.3.7) und Gl. (5.3.8)

$$\text{Re}\{\text{Det}[\underline{Y}]\} = B_1 B_2 + B_1 B_3 + B_2 B_3 = 0, \tag{5.3.21}$$

$$\text{Im}\{\text{Det}[\underline{Y}]\} = (B_1 + B_2)G_L + B_2 g_m = 0. \tag{5.3.22}$$

Ersetzt man schließlich noch in beiden Gleichungen die drei Suszeptanzen B_i durch die Reaktanzen X_i mit $B_i = -1/X_i$ und $i = 1, 2, 3$, so wird

$$X_1 + X_2 + X_3 = 0, \tag{5.3.23}$$

$$X_1(G_L + g_m) + X_2 G_L = 0. \tag{5.3.24}$$

Diskussion der Ergebnisse

Die Gleichungen (5.3.23) und (5.3.24) stellen die Schwingbedingung 1 für einen Oszillator dar, der aus der Parallelschaltung eines idealisierten aktiven Zweitors und einem passiven Reaktanzzweitor besteht. Alle ohmschen Verluste der realen Oszillatorschaltung sind im Lastwiderstand R_L repräsentiert. Da das passive Zweitor verlustfrei ist, kann es nur aus Induktivitäten und Kapazitäten bestehen. Aus den Gleichungen (5.3.23) und (5.3.24) sollen einige Bedingungen für die Netzwerkstruktur des passiven Zweitors abgeleitet werden:

Voraussetzungsgemäß gilt für den die Gesamtverluste darstellenden Leitwert G_L und den Steuerparameter g_m der Stromquelle
- $G_L > 0$ und $g_m > 0$.

Die Elemente des passiven Netzwerks sind verlustfrei. Jedes Element besteht aus einem idealen Kondensator, einer idealen Spule oder aus einer Zusammenschaltung aus beiden Bauteiltypen. Die Reaktanzen X_1, X_2 und X_3 sind demnach induktiv oder kapazitiv und lauten
- $X_i = \omega L_i$ oder $X_i = -1/\omega C_i$ mit $i = 1, 2, 3$.

a) Aus
- $G_L + g_m > 0$ und $G_L > 0$

  folgt für die Vorzeichen der Reaktanzen X_1 und X_2 aus Gl. (5.3.24)

$$\text{sign}(X_1) \neq \text{sign}(X_2) \,. \tag{5.3.25}$$

b) Da
- $G_L + g_m > G_L$

  gilt, folgt für die Beträge der Reaktanzen ebenfalls aus Gl. (5.3.24)

$$|X_1| < |X_2| \,. \tag{5.3.26}$$

c) Da aber wegen des gerade abgeleiteten Zusammenhangs $|X_1| < |X_2|$ für die Beträge der Reaktanzen das Vorzeichen der Summe der Reaktanzen X_1 und X_2 gleich dem Vorzeichen der Reaktanz X_1 sein muß, d. h. $\text{sign}(X_2) = \text{sign}(X_1 + X_2)$, wird nach Gl. (5.3.23)

$$\text{sign}(X_3) \neq \text{sign}(X_1 + X_2) \,. \tag{5.3.27}$$

d) Wenn für die Beträge der Reaktanzen $|X_1| < |X_2|$ gilt und die Reaktanzsumme $X_1 + X_2$ ein anderes Vorzeichen als die Reaktanz X_3 hat, so folgt schließlich als letzter Zusammenhang für die Vorzeichen der Reaktanzen X_1 und X_3

$$\text{sign}(X_3) = \text{sign}(X_1) \,. \tag{5.3.28}$$

Die zwei wichtigsten Ergebnisse sind in den Gleichungen (5.3.25) und (5.3.28) formuliert. Es ist festzuhalten:
1. Da die Reaktanzen X_1 und X_3 gleiche Vorzeichen haben müssen, weisen sie beide entweder induktives oder aber kapazitives Verhalten bei der Schwingfrequenz auf.
2. Die Reaktanz X_2 hat ein anderes Vorzeichen als die Reaktanz X_1. Die Reaktanz X_2 ist deshalb kapazitiv, wenn die Reaktanzen X_1 und X_3 induktiv sind. X_2 ist hingegen induktiv, wenn X_1 und X_3 kapazitiv sind.

5.3.2.3   Systematik der LC-Oszillatoren

Bei LC-Oszillatoren wird als passives Zweitor eine π-Schaltung, bestehend aus Spulen und Kondensatoren, verwendet. Die Analyse der Oszillatorschaltung ist ohne großen Rechenaufwand nach Gl. (5.3.23) und Gl. (5.3.24) möglich, wenn man das aktive Zweitor stark idealisiert betrachtet und die Verluste des parallelgeschalteten passiven Netzwerks vernachlässigt werden.

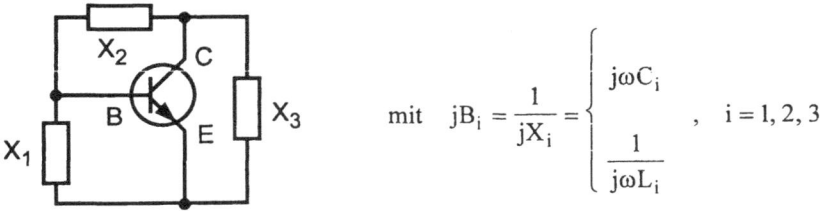

$$\text{mit} \quad jB_i = \frac{1}{jX_i} = \begin{cases} j\omega C_i \\[2mm] \dfrac{1}{j\omega L_i} \end{cases}, \quad i = 1, 2, 3$$

Abb. 5.3.9:   Prinzipschaltung eines LC-Oszillators

Unabhängig von der Grundschaltung des Bipolar- oder Feldeffekttransistors gilt für die gezeigte Prinzipschaltung nach Abb. 5.3.9 die in der Tabelle 5.4 angegebene Systematik für LC-Oszillatoren. Es können daraus auch weitere Oszillatortypen (z. B. mit Parallelschwingkreisen) abgeleitet werden. Für die Reaktanzen des passiven Netzwerks muß aber immer gelten:
- X_1, X_3 kapazitiv, X_2 induktiv oder
- X_1, X_3 induktiv, X_2 kapazitiv.

Sind die Impedanzen X_1 und X_3 des passiven LC-Netzwerks kapazitiv, so spricht man von einer kapazitiven Dreipunktschaltung. Verhalten sich X_1 und X_3 hingegen induktiv, so liegt eine induktive Dreipunktschaltung vor.

Tabelle 5.4:   Systematik der LC-Oszillatoren

X_1	$-\dfrac{1}{\omega C_1}$		ωL_1	
X_2	ωL_2	$\omega L_2 - \dfrac{1}{\omega C_2} > 0$	$-\dfrac{1}{\omega C_2}$	$\omega L_2 - \dfrac{1}{\omega C_2} < 0$
$X_1 + X_2$	induktiv		kapazitiv	
X_3	$-\dfrac{1}{\omega C_3}$		ωL_3	
Osz.-Typ	Colpitts-Oszillator	Clapp-Oszillator	Hartley-Oszillator	Lampkin-Oszillator

Hinweis

Die in der Tabelle 5.4 angegebene Systematik der LC-Oszillatoren gilt auch für
- ein reales aktives Zweitor, das endliche komplexe Eingangsimpedanzen und eine Rückwirkung aufweist, und für
- ein reales passives Zweitor mit Verlusten.

Die Systematik hängt auch nicht vom gewählten aktiven Bauelement und von der Grundschaltung, in der das aktive Bauelement betrieben wird, ab. Eine genauere Darstellung zu den Möglichkeiten der Arbeitspunkteinstellung eines Bipolartransistors in den drei Grundschaltungen ist in /5.1, S. 385f/ angegeben. Allerdings muß gegebenenfalls die allgemeinere Darstellung der Schwingbedingung 1 nach Gl. (5.3.18) zur Analyse oder Synthese einer Oszillatorschaltung herangezogen werden.

5.3.2.4 Schaltungsbeispiel eines Clapp-Oszillators

A. Aktives Zweitor

Als aktives Zweitor wird der Feldeffekttransistor 2N 4416 in Source-Grundschaltung verwendet. Nach Herstellerangaben /5.1, S. 119/ handelt es sich um einen n-Kanal-Si-Sperrschicht-FET (JFET) für Hochfrequenzanwendungen. Ein Feldeffekttransistor hat im Vergleich zum Bipolartransistor den Vorteil einer hohen Eingangsimpedanz. Die Idealisierung des Kleinsignalersatzschaltbildes nach Abb. 5.3.7 ist deshalb für einen Feldeffekttransistor eher gerechtfertigt als für einen Bipolartransistor.

Transistorgrundschaltung

Sourcegrundschaltung
- Tor 1: Gate-Source
- Tor 2: Drain-Source

Arbeitspunkt

Drain-Source-Gleichspannung	$U_{DS=} = 15$ V
Gate-Source-Gleichspannung	$U_{GS=} \approx -1$ V
Drain-Gleichstrom	$I_{D=} = 15$ mA

Die Arbeitspunkteinstellung geschieht nach Abb. 5.3.10 mit den Widerständen R_D, R_S und R_G. Die Gleichstromgegenkopplung an der Sourceklemme dient zur Stabilisierung des Arbeitspunkts und zur Erzeugung der bezogen auf die Sourceklemme negativen Gatespannung. Wegen des vernachlässigbar kleinen Gate-Gleichstromes fließt auch durch den Widerstand R_G kein Strom, so daß dieser hochohmig ausgeführt werden kann und trotzdem am Gate gleichstrommäßig praktisch Massepotential anliegt.

Mit den vorgegebenen Werten für den Drain-Gleichstrom und die Gate-Source-Spannung wird der Widerstand $R_S = 66,7 \ \Omega \approx 68 \ \Omega$ berechnet. Bei einer Betriebsspannung $U_B = 31$ V folgt mit der gegebenen Drain-Source-Gleichspannung die Spannung $U_{D=} = 15$ V am Arbeitswiderstand R_D. Für diesen ergibt sich mit dem spezifizierten Drain-Gleichstrom ein Drainwiderstand von $R_D = 1$ kΩ. Für den Gatewiderstand wird $R_G = 1$ MΩ gewählt.

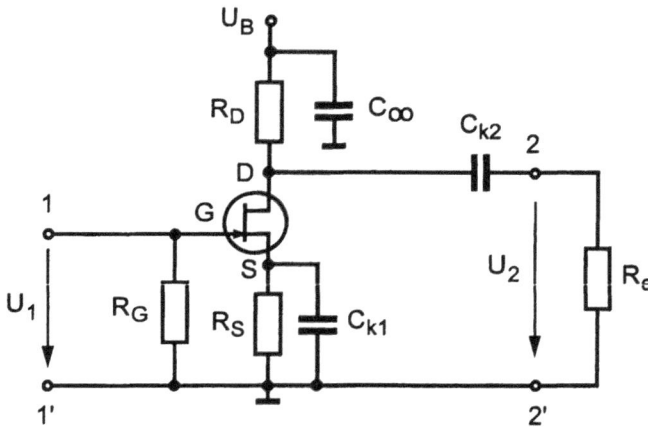

Abb. 5.3.10:
Schaltbild des aktiven
Zweitors

Der Kondensator mit der Kapazität C_∞ realisiert einen breitbandigen Kurzschluß für Wechsel-strom zwischen der Betriebsspannungsklemme und Masse. Die Kondensatoren mit den Kapazitä-ten C_{k1} und C_{k2} sind so bemessen, daß sie bei der Betriebsfrequenz der Schaltung einen Kurz-schluß darstellen.
Die am Tor 2 angeschlossene Belastung habe den Eingangswiderstand $R_e = 690\ \Omega$.

Kleinsignalersatzschaltbild

Für die Kleinsignalparameter des Feldeffekttransistors 2N 4416 gilt im oben angegebenen Arbeitspunkt nach /5.1, S. 119/:
- Gate-Source-Widerstand $r_{GS} = 20\ \Omega$,
- Gate-Source-Kapazität $c_{GS} = 3,2$ pF,
- Gate-Drain-Kapazität $c_{GD} = 0,8$ pF,
- Steilheit $g_m = 7,5$ mS,
- Drain-Source-Widerstand $r_{DS} = 20$ kΩ,
- Drain-Source-Kapazität $c_{DS} = 1,2$ pF.

Die Parameter beschreiben den Feldeffekttransistor im Frequenzbereich unterhalb ca. einem Drittel der Transitfrequenz. Es gilt dann das physikalische Kleinsignalersatzschaltbild nach Abb. 4.6.1, allerdings unter Vernachlässigung der Bahnwiderstände.
Die Transitfrequenz kann auch mit den Kleinsignalparametern abgeschätzt werden. Es gilt nähe-rungsweise nach /5.1, S. 123/

$$f_T \approx \frac{g_m}{2\pi c_{GS}}. \tag{5.3.29}$$

Mit Gl. (5.3.29) ergibt sich die Transitfrequenz zu $f_T \approx 373$ MHz.

Für Frequenzen, die wiederum sehr viel kleiner als die Transitfrequenz sind, also z. B. für $f \le 1$ MHz, kann der Feldeffekttransistor mit dem einfacheren Kleinsignalersatzschaltbild nach Abb. 5.3.11 beschrieben werden. Es enthält nur die eingangsseitige Gate-Source-Kapazität c_{GS}

und die spannungsgesteuerte Stromquelle mit dem Innenwiderstand r_{DS}. Alle anderen Elemente im Kleinsignalersatzschaltbild nach Abb. 4.6.1 einschließlich der Rückwirkung sind bei Frequenzen unter 1 MHz vernachlässigbar.

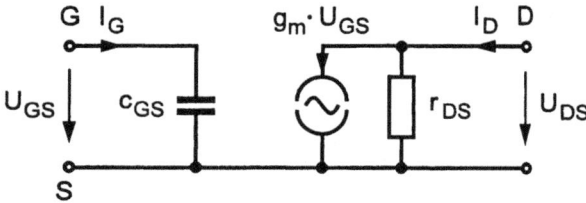

Abb. 5.3.11:
Vereinfachtes Kleinsignalersatz-schaltbild des Feldeffekttransistors 2N 4416 für Frequenzen bis ca. 1 MHz

Es ergibt sich das Kleinsignalersatzschaltbild des aktiven Zweitors nach Abb. 5.3.12.

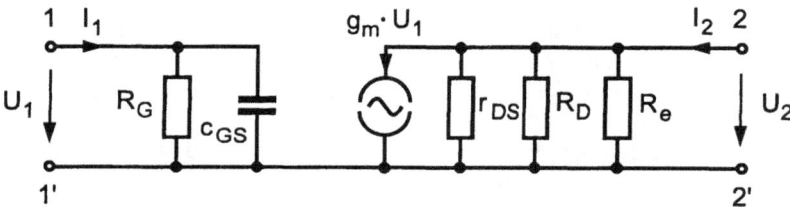

Abb. 5.3.12:
Kleinsignalersatz-schaltbild des aktiven Zweitors

Faßt man die parallel geschalteten Widerstände r_{DS}, R_D und R_e zum Lastwiderstand R_L zusammen, so erhält man $G_L = 1/R_L = 2,5$ mS. Der große Widerstand R_G und die kleine Kapazität c_{GS} sollen als Leerlauf angesehen werden. Das Kleinsignalersatzschaltbild des aktiven Zweitors ist damit in guter Näherung identisch mit dem idealisierten Kleinsignalersatzschaltbild nach Abb. 5.3.7. Nach der Dimensionierung der vollständigen Oszillatorschaltung wird die Gültigkeit der Vernachlässigungen und Näherungen überprüft.

B. Passives Zweitor

Das passive Zweitor eines Clapp-Oszillators besteht nach Kapitel 5.3.2.3 aus zwei Kondensatoren und einem Serienschwingkreis. Es ist in Abb. 5.3.13 wiedergegeben.

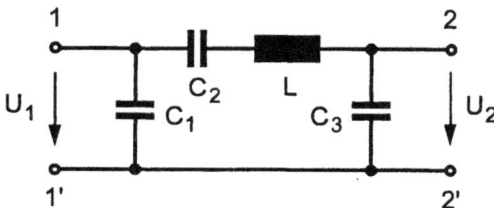

Abb. 5.3.13:
Schaltbild des passiven Zweitors

Für die Imaginärteile der Impedanzen des passiven Zweitors gilt

$$X_1 = -\frac{1}{\omega C_1}, \quad X_2 = \omega L - \frac{1}{\omega C_2}, \quad X_3 = -\frac{1}{\omega C_3}. \tag{5.3.30}$$

C. Clapp-Oszillator

Schaltbild

Um die möglichen Freiheitsgrade bei der Wahl der Kapazitäten C_1, C_2 und C_3 einzuschränken, wird im folgenden $C_1 = C_2 = C$, $C_3 = C/n$ angenommen. Nach der Parallelschaltung von aktivem und passivem Zweitor ergibt sich das Schaltbild des Clapp-Oszillators nach Abb. 5.3.14.

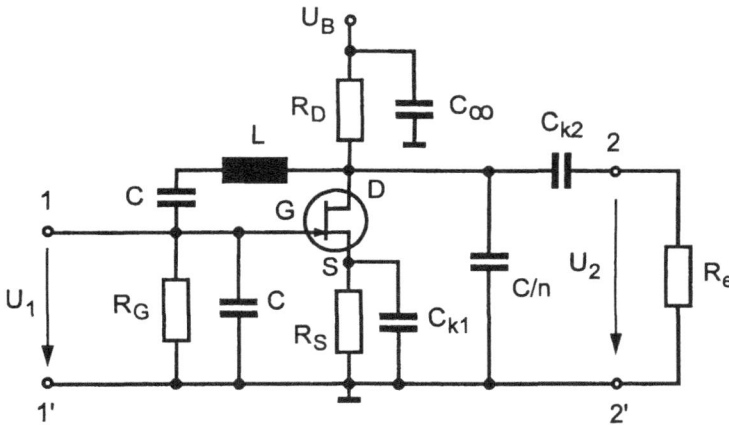

Abb. 5.3.14:
Schaltbild des Clapp-Oszillators

Kleinsignalersatzschaltbild

Abb. 5.3.15 zeigt das bei der Parallelschaltung aus aktivem und passivem Zweitor resultierende Kleinsignalersatzschaltbild des Clapp-Oszillators.

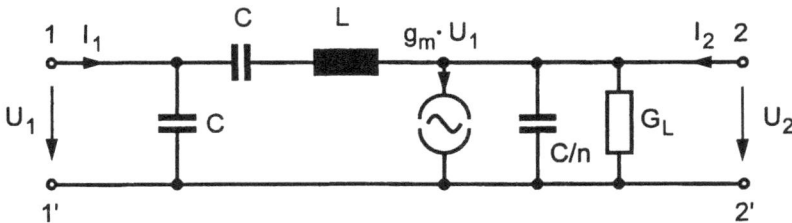

Abb. 5.3.15:
Kleinsignalersatzschaltbild des Clapp-Oszillators

Analyse der Oszillatorschaltung

Die Analyse der Schaltung hinsichtlich ihrer Eigenschaften, eine ungedämpfte sinusförmige Schwingung zu erzeugen, erfolgt mit der Schwingbedingung 1. Aus der Realteilbedingung nach Gl. (5.3.23) ergibt sich

$$-\frac{1}{\omega_0 C} + \left(\omega_0 L - \frac{1}{\omega_0 C}\right) - \frac{n}{\omega_0 C} = 0. \tag{5.3.31}$$

Aufgelöst nach der Schwingfrequenz f_0 des Oszillators folgt daraus

$$f_0 = \frac{\omega_0}{2\pi} = \frac{1}{2\pi} \cdot \sqrt{\frac{n+2}{LC}}. \tag{5.3.32}$$

Die Imaginärteilbedingung nach Gl. (5.3.24) liefert

$$-\frac{1}{\omega_0 C} \cdot (G_L + g_m) + \left(\omega_0 L - \frac{1}{\omega_0 C}\right) \cdot G_L = 0. \tag{5.3.33}$$

Unter Berücksichtigung des Ergebnisses aus Gl. (5.3.32) berechnet sich daraus der Faktor n zu

$$n = \frac{g_m}{G_L} = g_m R_L. \tag{5.3.34}$$

Der Clapp-Oszillator weist im Vergleich mit dem Colpitts-Oszillator zwei wesentliche Vorzüge auf:
1. Die Serienkapazität C_2 im Rückkoppelzweig verhindert einen Gleichstromkurzschluß zwischen Gate und Drain des Feldeffekttransistors bei der Beschaltung des aktiven Zweitors mit dem passiven Zweitor.
2. Damit die beim realen aktiven Zweitor vorhandenen arbeitspunktabhängigen Eingangskapazitäten an den Toren 1 und 2 die Schwingfrequenz nicht nennenswert beeinflussen, sind die Kapazitäten C_1 und C_3 möglichst groß zu wählen. Bei gegebener Schwingfrequenz hätte dies eine kleine und nur ungenau zu realisierende Induktivität L des Colpitts-Oszillators zur Folge. Durch die zusätzliche Serienschaltung der Kapazität C_2 kann die Induktivität jedoch hinreichend groß gewählt werden, da die effektiv wirksame Induktivität $L_{eff} = L \cdot [1-(1/\omega_0^2 L C_2)]$ kleiner ist als die Induktivität L des Bauelements.

Zahlenbeispiel

Es soll eine Schwingung mit der Frequenz $f_0 = 100$ kHz erzeugt werden. Gewählt werden die Kapazitäten $C_1 = C_2 = C = 100$ nF.
Aus Gl. (5.3.32) folgt dann für die Induktivität $L = 126,7$ µH. Mit den gegebenen Zahlenwerten für den Leitwert G_L und den Steuerparameter g_m ergibt sich nach Gl. (5.3.34) der Faktor n = 3. Damit ist die Kapazität $C_3 = C/n = 33,3$ nF ≈ 33 nF zu wählen.
Für die Impedanzen des passiven Zweitors berechnet man bei der Schwingfrequenz f_0 nach Gl. (5.3.30) $X_1 = -15,9\ \Omega$, $X_2 = 63,7\ \Omega$ und $X_3 = -47,8\ \Omega$. Da $|X_1| \ll R_G$ gilt, ist die Annahme

eines Leerlaufs anstelle des Gatewiderstands R_G gerechtfertigt. Die Vernachlässigung der Kapazitäten c_{GS} und c_{DS} des Feldeffekttransistors, die im Kleinsignalersatzschaltbild parallel zu den Kondensatoren C_1 und C_3 auftreten würden, war ebenfalls erlaubt, da $C_1 \gg c_{GS}$ und $C_3 \gg c_{DS}$ gewählt wurden.

Anmerkungen

a) Man beachte, daß der Faktor n nicht zwingend ganzzahlig sein muß.
b) Im Widerstand R_L sind alle ohmschen Verluste der Oszillatorschaltung enthalten. Da in einer realen Schaltung aber außer den oben für die idealisierte Oszillatorschaltung angenommenen ohmschen Widerständen R_D, R_e und r_{DS} noch weitere Verlustwiderstände auftreten können (z. B. endlicher Eingangswiderstand des aktiven Zweitors, wechselstrommäßig wirksame Widerstände zur Arbeitspunkteinstellung, Spulen- und Kondensatorverluste im passiven Zweitor) werden die Gesamtverluste des realen Oszillators größer sein. Dies hat einen Verlustwiderstand R_L zur Folge, der kleiner ist als der unter idealisierten Bedingungen ermittelte. Damit liefert auch die Gl. (5.3.33) nur einen oberen Grenzwert für den Faktor n.
Bei der Dimensionierung einer Oszillatorschaltung ist deswegen der Einfluß der zusätzlichen Verluste auf den Widerstand abzuschätzen und in R_L zu berücksichtigen. Für die praktisch vorhandene Belastung wird damit gelten $R_{L Prakt} < R_L$.
Stattdessen kann auch ein Kapazitätsverhältnis n_{Prakt} gewählt werden, das kleiner als der unter idealisierten Bedingungen aus Gl. (5.3.33) berechnete Faktor n ist. Entsprechend ist dann auch zur Dimensionierung des Oszillators hinsichtlich der Schwingfrequenz nach Gl. (5.3.31) der Wert $n_{Prakt} < n$ einzusetzen.

5.3.2.5 Kleinsignalersatzschaltbilder im Hochfrequenzbereich

Die Analyse oder Synthese eines Clapp-Oszillators wird aufwendiger, wenn kein extrem vereinfachtes, sondern das tatsächlich im Hochfrequenzbereich geltende Kleinsignalersatzschaltbild des aktiven Bauelements verwendet und die Verluste des passiven Zweitors berücksichtigt werden. In diesem Fall ist eine Berechnung der Oszillatorschaltung von Hand allerdings nicht mehr sinnvoll.

Feldeffekttransistor

Im Hochfrequenzbereich gilt für einen Feldeffekttransistor im allgemeinen das physikalische Kleinsignalersatzschaltbild nach Abb. 4.6.1 in Kapitel 4.6. Bei Betriebsfrequenzen, die kleiner als ein Drittel der Transitfrequenz des Feldeffekttransistors sind, d. h. $f < f_T/3$, dürfen die Bahnwiderstände im Kleinsignalersatzschaltbild vernachlässigt werden, so daß als Vereinfachung das Kleinsignalersatzschaltbild nach Abb. 5.3.16 verwendet werden kann.

Für den Feldeffekttransistor 2N 4416 in Source-Grundschaltung gelten z. B. im Arbeitspunkt mit $U_{DS=} = 15$ V, $I_{D=} = 15$ mA, $U_{GS=} \approx -1$ V die schon weiter oben genannten Elemente des Kleinsignalersatzschaltbilds für Frequenzen bis ca. $f_T/3 \approx 125$ MHz:

$$r_{GS} = 20\,\Omega, \quad r_{DS} = 20\,k\Omega, \quad g_m = 7{,}5\,mS, \tag{5.3.35}$$
$$c_{GS} = 3{,}2\,pF, \quad c_{GD} = 0{,}8\,pF, \quad c_{DS} = 1{,}2\,pF.$$

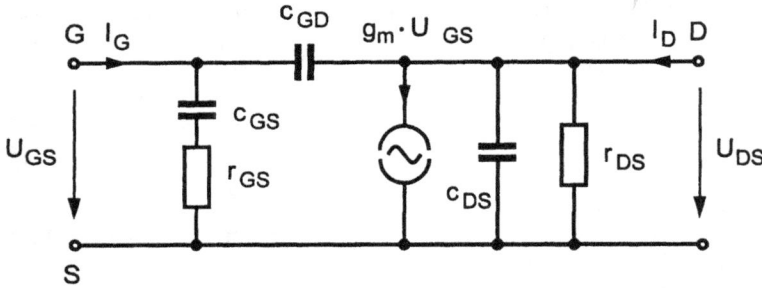

Abb. 5.3.16:
Vereinfachtes Klein-
signalersatzschaltbild
eines Feldeffekttran-
sistors für Hochfre-
quenzanwendungen

Passives Zweitor am Beispiel des Clapp-Oszillators

Berücksichtigt man die Verluste der Kondensatoren und der Spule, so ist die Schaltung des passiven Zweitors in Abb. 5.3.13 zu erweitern zum Ersatzschaltbild nach Abb. 5.3.17.

Die Kondenator- und Spulenverluste können mit den Bauelementgüten beschrieben werden. Es
gilt für die Güte eines Bauelements

$$Q = \frac{|\text{Im}\{Z\}|}{\text{Re}\{Z\}}, \tag{5.3.36}$$

wenn für das Ersatzschaltbild des Bauelements eine Serienschaltung aus Verlustwiderstand und
Reaktanz gewählt wurde, d. h. $Z = R + jX$.

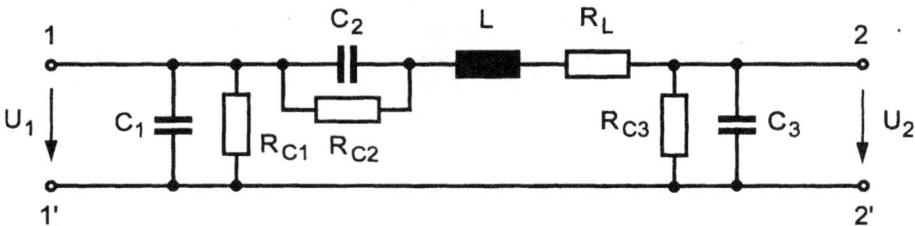

Abb. 5.3.17:   Ersatzschaltbild des passiven Zweitors

Ist hingegen eine Parallelschaltung aus Verlustwiderstand und Reaktanz mit $Y = G + jB$ als
Ersatzschaltbild gegeben, so gilt für die Güte

$$Q = \frac{|\text{Im}\{Y\}|}{\text{Re}\{Y\}}. \tag{5.3.37}$$

Mit den gewählten Ersatzschaltbildern für Spule und Kondensator gilt somit

$$Q_L = \frac{\omega L}{R_L}, \quad Q_C = \omega C R_C. \tag{5.3.38}$$

Man beachte, daß die Bauelementgüte normalerweise frequenzabhängig ist. Ist die Güte nur bei einer Frequenz bekannt, die nicht mit der Betriebsfrequenz der Schaltung übereinstimmt, so kann man in erster Näherung davon ausgehen, daß der Verlustwiderstand R_L einer Spule bzw. der Verlustwiderstand R_C eines Kondensators frequenzunabhängig sind. Das bedeutet, daß die Güte näherungsweise proportional zur Frequenz ist.

5.3.2.6 Beispiel eines LC-Oszillators in einem UKW-Rundfunkempfänger

Die Ausführung einer LC-Oszillatorschaltung in einem UKW-Rundfunkempfänger soll anhand des im Anhang, Kapitel 8.2, wiedergegebenen Schaltbilds genauer betrachtet werden.

Aktives Zweitor

Als aktives Zweitor wird der Bipolartransistor BF 324 in Basisgrundschaltung verwendet. Die Arbeitspunkteinstellung ist in Abb. 5.3.18 gezeigt, die alle für den Betrieb des Transistors notwendigen Gleichstromwege enthält. Nach dem Umzeichnen der Schaltung und Weglasssen des nur als Vorwiderstand dienenden Widerstands R_{39} erkennt man den Spannungsteiler bestehend aus den Widerständen R_{31} und R_{23} zur Einstellung der Basisgleichspannung. Der Emitterwiderstand R_{36} dient zur Serienstromgegenkopplung und damit zur Stabilisierung des Arbeitspunkts. Da es sich beim verwendeten Transistor T_6 um einen pnp-Typ handelt, sind die Anschlüsse von Betriebsspannung U_B und Masse im Vergleich zu einem npn-Typ vertauscht.

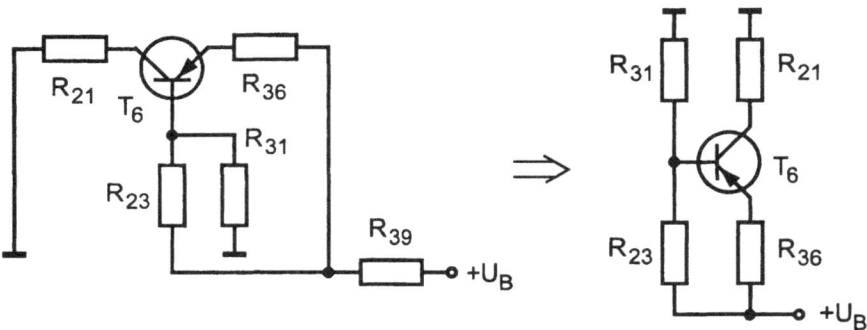

Abb. 5.3.18: Arbeitspunkteinstellung am pnp-Transistor

Beschaltung mit dem passiven Zweitor

Die Beschaltung des Transistors mit dem passiven Zweitor ist in Abb. 5.3.19 in Form eines prinzipiellen Wechselstromersatzschaltbildes angegeben.
Der Basisspannungsteiler aus den Widerständen R_{31} und R_{23} wird bei der Schwingfrequenz des Oszillators mit einem Kondensator $C_{25} = 470$ pF kurzgeschlossen und erscheint deshalb nicht

mehr im Ersatzschaltbild. Dasselbe gilt für den Widerstand R_{14}, der vom parallelgeschalteten Kondensator C_{12} praktisch kurzgeschlossen wird. Die Gegenkopplung am Emitter des Transistors ist wechselstrommäßig ebenfalls unwirksam.

Die Abstimmung der Oszillatorfrequenz mit der Abstimmspannung U_{Abst} erfolgt über Kapazitätsdioden im Parallelschwingkreis. Dieser muß zur Erfüllung der Schwingbedingung 1 bei der Schwingfrequenz induktiv sein, d. h. unterhalb seiner Resonanzfrequenz betrieben werden. Die Auskopplung des Oszillatorsignals mit der Spannung U_0 geschieht über eine Teilankopplung an der Spule des Parallelschwingkreises.

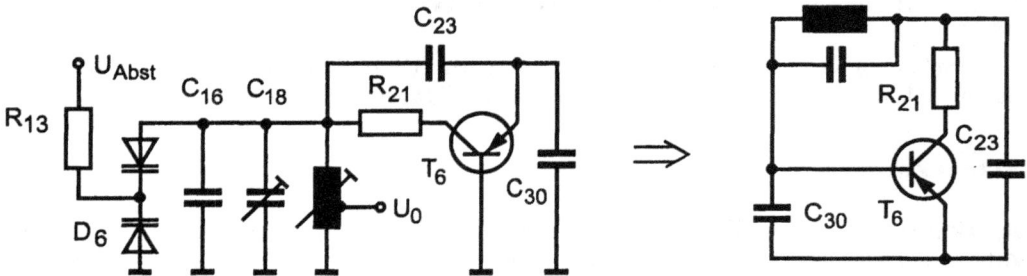

Abb. 5.3.19:   Wechselstromersatzschaltbild des LC-Oszillators

5.3.3   Vierpoloszillator als Kettenschaltung von Zweitoren

5.3.3.1   Schwingbedingung 2

Ausgehend von der Parallelschaltung eines aktiven und eines passiven Zweitors kann ein Vierpoloszillator auch als eine rückgekoppelte Kettenschaltung zweier Zweitore nach Abb. 5.3.20 angesehen werden.
Das neu eingeführte Tor 3 ist identisch mit dem Tor 1. Man beachte auch, daß beim Umdrehen des passiven Zweitors das zunächst linke Tor 1 zum rechten Tor und das rechte Tor 2 zum linken Tor wird.

Die Herleitung der Schwingbedingung 2 basiert auf der Überlegung, daß die Verstärkung des aktiven Zweitors von der Dämpfung des in Kette geschalteten passiven Zweitors kompensiert werden muß, damit bei der eingezeichneten Rückkopplung ein stabiler Betrieb der Oszillatorschaltung gewährleistet ist.
Mit den im allgemeinen komplexen Spannungsübertragungsfaktoren

$$V = |V| \cdot e^{j\varphi_V} = \frac{U_2}{U_1} \quad \text{und} \quad k = |k| \cdot e^{j\varphi_k} = \frac{U_3}{U_2} \qquad (5.3.39)$$

gilt

$$k \cdot V = \frac{U_3}{U_2} \cdot \frac{U_2}{U_1}. \qquad (5.3.40)$$

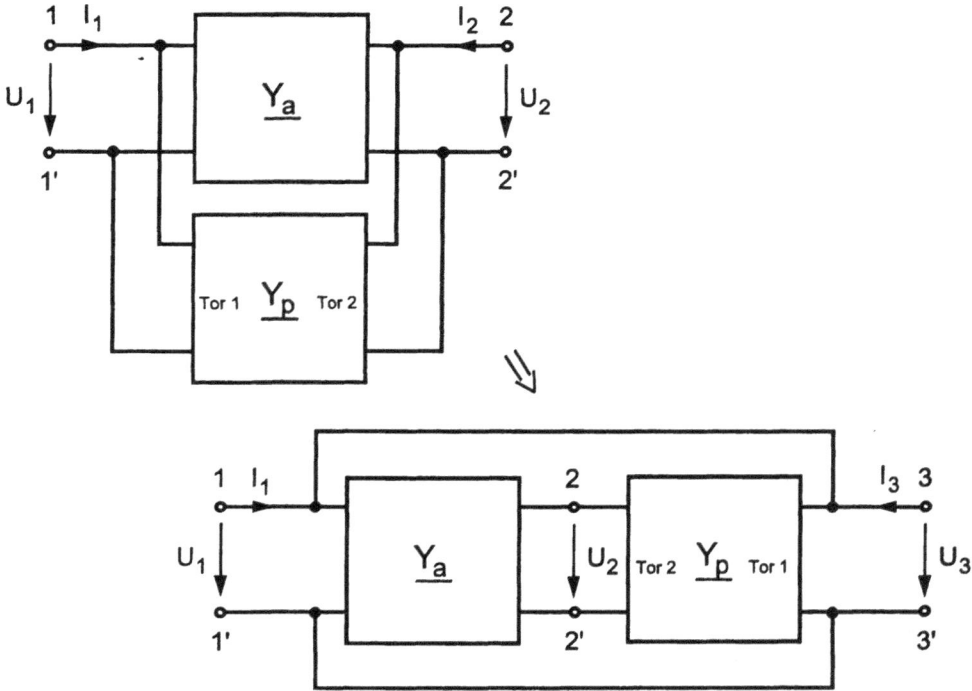

Abb. 5.3.20: Umstrukturierung der Parallelschaltung zweier Zweitore zu einer Kettenschaltung der Zweitore mit Rückkopplung

Soll die Anordnung eine Schwingung erzeugen, deren Amplitude trotz der Rückkopplung vom Ausgang des passiven auf den Eingang des aktiven Zweitors weder auf- noch abklingt, so muß die Gesamtverstärkung gleich Eins sein. Formal bedeutet dies, daß an der zunächst nicht rückgekoppelten Kettenschaltung der beiden Zweitore die Spannungen U_3 und U_1 gleich sein müssen. Beim Schließen der Rückkoppelschleife ändern sich die Verhältnisse in der Schaltung dann nicht. Gilt $U_1 = U_3$, so wird aus Gl. (5.3.40) die Schwingbedingung 2 mit

$$k \cdot V = \frac{U_1}{U_2} \cdot \frac{U_2}{U_1} = 1. \tag{5.3.41}$$

Diese komplexe Gleichung wird nach Betrag und Phase zerlegt und liefert die zwei Gleichungen

$$|k \cdot V| = 1: \quad |k| \cdot |V| = 1, \tag{5.3.42}$$

$$\text{arc}(k \cdot V) = 0: \quad \varphi_k + \varphi_V = n \cdot 360°, \quad n = 0, \pm 1, \pm 2, \cdots. \tag{5.3.43}$$

Ist das mit den Spannungsübertragungsfaktoren V und k beschriebene Netzwerk nicht als Oszillator geeignet, so haben die Gleichungen (5.3.42) und (5.3.43) keine Lösung. Existiert hingegen eine Lösung der Gleichungen, dann können mit den zwei Gleichungen auch zwei unbekannte Parameter der Schaltung so bestimmt werden, daß eine ungedämpfte Schwingung erzeugt wird.

Die Gleichungen (5.3.42) und (5.3.43) stellen eine den Gleichungen (5.3.7) und (5.3.8) äquivalente Formulierung der Schwingbedingung dar. Ob zur Analyse eines Vierpoloszillators die Schwingbedingung 1 oder aber die Schwingbedingung 2 gewählt wird, hängt nur von Zweckmäßigkeitsgesichtspunkten ab. Prinzipiell können beide Darstellungen verwendet werden, da sie auf dieselbe Lösung führen.

Die komplexe Gl. (5.3.41) kann auch nach Real- und Imaginärteil zerlegt werden, wenn damit die Analyse einer gegebenen Oszillatorschaltung einfacher durchzuführen ist.

5.3.3.2   Schaltungsbeispiel eines Wien-Oszillators

Das passive frequenzbestimmende Zweitor eines Oszillators muß nicht unbedingt aus verschiedenen Typen von Energiespeichern, wie Spulen und Kondensatoren, bestehen. Spulen sind im Vergleich zu den anderen Bauteilen insbesondere bei niedrigen Frequenzen groß und schwer.

Mit Netzwerken aus Widerständen und Kondensatoren lassen sich kleine und leichte und damit integrierbare Oszillatoren aufbauen. In der Praxis verwendet man als passive Netzwerke die RC-Abzweigschaltung (Kettenschaltung von mindestens drei RC-Tiefpaß- oder RC-Hochpaßgliedern), den Wien-Spannungsteiler, die überbrückte T-Schaltung und die Doppel-T-Schaltung.

Abb. 5.3.21 zeigt das Schaltbild eines Wien-Oszillators.

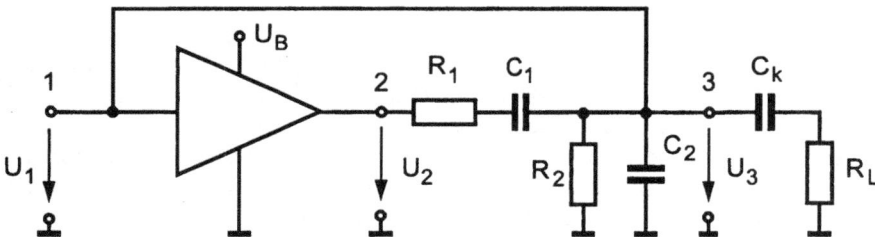

Abb. 5.3.21:   Schaltbild des Wien-Oszillators

Als aktives Zweitor wird ein Verstärker mit dem Leerlauf-Spannungsübertragungsfaktor V_0, den Eingangswiderständen R_{e1} an Tor 1 und R_{e2} an Tor 2 verwendet. Das passive Zweitor besteht aus einem Wien-Spannungsteiler. Die Serienschaltung des Widerstands R_1 mit dem Kondensator C_1 bildet die Impedanz Z_1, die Parallelschaltung von R_2 und C_2 die Impedanz Z_2 des Spannungsteilers. Über einen Koppelkondensator ist der Lastwiderstand R_L angeschlossen. Das Kleinsignalersatzschaltbild des Wien-Oszillators ist in Abb. 5.3.22 dargestellt.

Zur Analyse der Oszillatorschaltung mit Hilfe der Schwingbedingung 2 nach Gl. (5.3.41) sind die Spannungsübertragungsfaktoren V und k des aktiven und des passiven Zweitors zu bestimmen. Es ist zu beachten, daß das aktive Zweitor am Tor 2 mit dem passiven Zweitor belastet wird. Der Spannungsübertragungsfaktor V des aktiven Zweitors ist demnach nicht gleich dem Leerlauf-Spannungsübertragungsfaktor V_0. Als Belastung des passiven Zweitors tritt außer dem Lastwiderstand R_L auch der Eingangswiderstand R_{e1} des aktiven Zweitors auf. Deshalb muß auch R_{e1} bei der Berechnung des Spannungsübertragungsfaktors k berücksichtigt werden.

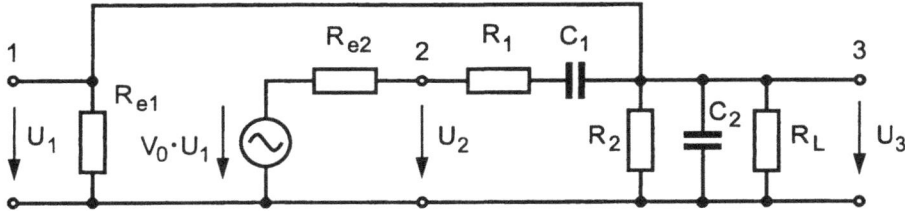

Abb. 5.3.22:   Kleinsignalersatzschaltbild des Wien-Oszillators

Faßt man die Parallelschaltung der Widerstände R_{e1}, R_2 und R_L zum Widerstand R_p und die Serienschaltung der Widerstände R_{e2} und R_1 zu R_s zusammen, so erhält man das vereinfachte Kleinsignalersatzschaltbild nach Abb. 5.3.23.

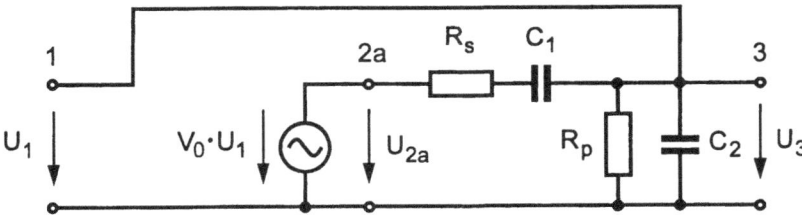

Abb. 5.3.23:   Vereinfachtes Kleinsignalersatzschaltbild des Wien-Oszillators

Das Tor 2 ist nun kein zugängliches Tor mehr. Indem die Eingangswiderstände R_{e1} und R_{e2} dem passiven Zweitor zugeschlagen werden, erhält man als aktives Zweitor eine ideale spannungs-gesteuerte Spannungsquelle mit dem Eingangstor 1 und dem ersatzweisen Ausgangstor 2a.

Die Spannungsübertragungsfaktoren V und k sind jetzt leicht anzugeben. Es gilt

$$V = \frac{U_{2a}}{U_1} = V_0 \qquad\qquad (5.3.44)$$

und

$$k = \frac{U_3}{U_{2a}} = \frac{Z_2}{Z_1 + Z_2} = \frac{1}{1 + Z_1 Y_2} \qquad\qquad (5.3.45)$$

$$\text{mit} \quad Z_1 = R_s + \frac{1}{j\omega C_1}, \quad Y_2 = \frac{1}{R_p} + j\omega C_2 .$$

Setzt man die beiden Beziehungen in Gl. (5.3.41) ein, so erhält man

$$\frac{1}{1+\left(R_s+\dfrac{1}{j\omega_0 C_1}\right)\left(\dfrac{1}{R_p}+j\omega_0 C_2\right)}\cdot V_0 = 1. \tag{5.3.46}$$

Nach Ausmultiplizieren und Zerlegen in Real- und Imaginärteil wird daraus

$$1+\frac{R_s}{R_p}+\frac{C_2}{C_1}=V_0, \tag{5.3.47}$$

$$\omega_0 C_2 R_s - \frac{1}{\omega_0 C_1 R_p}=0. \tag{5.3.48}$$

Sind die Bauelementeparameter des Netzwerks bekannt, dann erlauben die beiden Gleichungen eine Berechnung der für den Oszillatorbetrieb benötigten Lerrlauf-Spannungsverstärkung V_0 und der sich dann einstellenden Schwingfrequenz $f_0 = \omega_0/2\pi$.

Zahlenbeispiel

Die Eingangswiderstände des Verstärkers betragen $R_{e1} = R_{e2} = 50\,\Omega$. Die Kondensatoren sind mit $C_1 = C_2 = 10$ nF gegeben. Für die anderen Widerstände gilt $R_1 = 500\,\Omega$, $R_2 = \infty$ (Leerlauf) und $R_L = 50\,\Omega$. Damit folgt $R_s = 550\,\Omega$, $R_p = 25\,\Omega$.
Aus Gl. (5.3.47) läßt sich die für einen stabilen Oszillatorbetrieb notwendige Leerlauf-Spannungsverstärkung berechen zu $V_0 = 24$. Nach Gl. (5.3.48) wird die Schwingfrequenz des Oszillators zu $f_0 = 135{,}7$ kHz.

Hinweis

Zur Analyse einer Oszillatorschaltung nach der Schwingbedingung 2 entsprechend Gl. (5.3.41) ist unbedingt zu beachten, daß bei der Ermittlung der Spannungsübertragungsfaktoren die Belastung des aktiven Zweitors durch die Eingangsimpedanz des passiven Zweitors und des passiven Zweitors durch die Eingangsimpedanz des aktiven Zweitors berücksichtigt werden muß. Nur für den Sonderfall einer sehr hohen Eingangs- und sehr niedrigen Ausgangsimpedanz des aktiven Zweitors (z. B. Operationsverstärker) hängt der Spannungsübertragungsfaktor des einen Zweitors nicht von den Eigenschaften des zweiten Zweitors ab.

Im Hochfrequenzbereich ist dieser Zustand im allgemeinen allerdings nicht gegeben. So weisen z. B. aktive Zweitore mit Transistorverstärkern Ein- und Ausgangsimpedanzen mit kapazitiven Anteilen auf. Diese wirken sich auf den Spannungsübertragungsfaktor des passiven, frequenzbestimmenden Zweitors und damit auf die sich einstellende Schwingfrequenz des Oszillators aus.

5.3.4 Reduzierung des Vierpoloszillators auf einen Zweipoloszillator

5.3.4.1 Schwingbedingung 3

Betrachtet man das formale Kleinsignalersatzschaltbild eines Vierpoloszillators mit innerer Belastung nach Abb. 5.3.2, so kommt man zum Schluß, daß am Vierpoloszillator eigentlich nur das Tor 2 als zugängliches Tor benötigt wird, da an diesem Tor der Lastwiderstand R_L angeschlossen und Wechselleistung abgenommen wird. Das Tor 1 hingegen ist unnötig. Abb. 5.3.24 zeigt das formale Kleinsignaleratzschaltbild der mit diesen Überlegungen vom Zweitor auf ein Eintor reduzierten Oszillatorschaltung.

Während ein Zweitor beispielsweise mit den vier komplexen Leitwertparametern vollständig beschrieben wird, genügt für ein Eintor bzw. Zweipol ein komplexer Parameter, z. B. die Eingangsadmittanz am Tor, zur vollständigen Charakterisierung der elektrischen Eigenschaften.

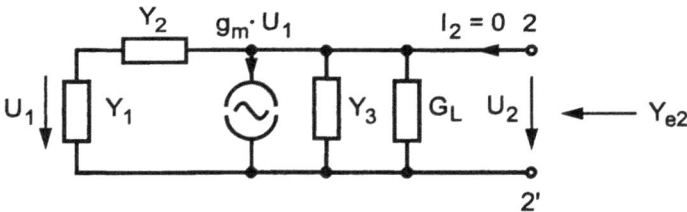

Abb. 5.3.24:
Formales Kleinsignalersatzschaltbild eines auf ein Eintor (Zweipol) reduzierten Vierpoloszillators mit innerer Belastung

Für die Eingangsadmittanz am Tor 2 eines am Tor 1 mit der Admittanz Y_S beschalteten Zweitors gilt nach Gl. (3.7.2)

$$Y_{e2} = \frac{\text{Det}[\underline{Y}] + Y_{22}Y_S}{Y_{11} + Y_S}. \tag{5.3.49}$$

Ist das Tor 1 nicht beschaltet, so ist $Y_S = 0$ und es wird

$$Y_{e2} = \frac{\text{Det}[\underline{Y}]}{Y_{11}}. \tag{5.3.50}$$

Der Leitwertparameter Y_{11} des Zweitors ist verschieden von Null. Die für den Vierpoloszillator geltende Schwingbedingung 1 nach Gl. (5.3.4) wird damit nach der Reduzierung des Vierpoloszillators auf einen Zweipoloszillator zur Schwingbedingung 3 mit

$$Y_{e2} = 0. \tag{5.3.51}$$

Die komplexe Gl. (5.3.51) liefert bei einer Zerlegung in Real- und Imaginärteil die Gleichungen

$$\mathrm{Re}\{Y_{e2}\} = 0, \tag{5.3.52}$$

$$\mathrm{Im}\{Y_{e2}\} = 0, \tag{5.3.53}$$

so daß auch mit diesem Verfahren zwei Gleichungen zur Bestimmung der Oszillatoreigenschaften zur Verfügung stehen. Gleichwertige Aussagen liefert auch eine Betrachtung der Gl. (5.3.51) nach Betrag und Phase.

Das Vorgehen der Torzahlreduktion bietet insbesondere dann Vorteile, wenn ein Netzwerkanalyseprogramm zur Charakterisierung der Oszillatoreigenschaften herangezogen wird, das
-    von einem Zweitor zwar die Leitwertparameter, nicht aber die Determinante der Leitwertmatrix ermittelt,
-    von einem Eintor hingegen die Eingangsadmittanz am einzig vorhandenen Tor bestimmt (im obigen Fall $Y_e = Y_{e2}$).

In diesem Fall kann mit der Simulation des Eintors sofort die Schwingbedingung 3 nach Gl. (5.3.51) ohne zusätzliche Zwischenrechnung überprüft werden.

5.3.5   Zusammenfassung

Von den Verfahren, die zur Analyse eines Vierpoloszillators zur Verfügung stehen, wurden in den Kapiteln 5.3.1 bis 5.3.4 die drei wichtigsten vorgestellt.

Schwingbedingung 1

-    Oszillator als Zweitor, das aus der Parallelschaltung eines aktiven und eines passiven Zweitors entsteht,
-    Bestimmung der Leitwertmatrix des Gesamtzweitors,

$$\text{Schwingbedingung 1:} \qquad \mathrm{Det}[\underline{Y}] = 0. \tag{5.3.54}$$

Schwingbedingung 2

-    Oszillator als Zweitor, das aus der Kettenschaltung eines aktiven und eines passiven Zweitors und einer Rückkopplung vom Ausgang des passiven zum Eingang des aktiven Zweitors entsteht,
-    Bestimmung der Spannungsübertragungsfaktoren des aktiven und des passiven Zweitors unter Berücksichtigung der Belastungen im rückgekoppelten Zustand,

$$\text{Schwingbedingung 2:} \qquad k \cdot V = 1. \tag{5.3.55}$$

Schwingbedingung 3

- Reduzierung des Vierpoloszillators auf einen Zweipoloszillator mit nur einem zugänglichen Tor,
- Bestimmung der Eingangsadmittanz am zugänglichen Tor,

$$\text{Schwingbedingung 3:} \qquad Y_e = 0. \qquad\qquad (5.3.56)$$

Hinweis

Die drei Verfahren sind gleichwertig. Sie liefern für eine gegebene Oszillatorschaltung identische Ergebnisse. Die Auswahl des Verfahrens zur Analyse eines Oszillators hängt von den Gegebenheiten ab (z. B. Netzwerkstruktur, Netzwerkanalyseprogramm). Zu beachten ist, daß bei allen Verfahren die Belastung der Oszillatorschaltung mit der Eingangsimpedanz der angeschlossenen Folgeschaltung in die Rechnung einbezogen werden muß.

Anmerkungen

Die bisherigen Überlegungen zu Zwei- und Vierpoloszillatoren liefern mit der Auswertung der Schwingbedingung Auskunft über
- die prinzipielle Fähigkeit einer elektronischen Schaltung zur Schwingungserzeugung,
- die bei gegebener Beschaltung notwendige Verstärkung des aktiven Elements (aktiver Widerstand R_a, Steilheit g_m des Transistors, Spannungsverstärkung V_0 des Verstärkers),
- die sich einstellende Schwingfrequenz f_0.
Über die sich einstellende Schwingungsamplitude ergeben sich keine Informationen.

Die Berechnung der Schwingungsamplitude ist mit einer Betrachtung des Oszillators als lineare Schaltung grundsätzlich nicht möglich. Vielmehr muß zur Bestimmung des Anschwingverhaltens und des Einschwingens auf eine stabile Amplitude eine Schaltungsanalyse unter Einbeziehung des nichtlinearen Verhaltens des aktiven Elements vorgenommen werden. In /5.3, S. G45f/ wird beispielsweise einführend beschrieben, wie die Schwingungsamplitude eines Wien-Robinson-Oszillators unter Berücksichtigung der Nichtlinearität des Verstärkers näherungsweise aus der Lösung einer nichtlinearen Differentialgleichung, der sogenannten van der Polschen-Differentialgleichung, zu ermitteln ist.

Praktisch dimensioniert man einen Oszillator so, daß die Verstärkung des aktiven Elements geringfügig größer als die Dämpfung durch die Schaltungsverluste ist. Damit kann sich aus dem immer in der Schaltung vorhandenen breitbandigen Rauschen eine Schwingung bei der Frequenz aufschaukeln, die durch die frequenzbestimmenden Bauelemente des Oszillators vorgegeben ist. Mit zunehmender Amplitude wird die nichtlineare Kennlinie des aktiven Elements immer stärker ausgesteuert und die Parameter des Ersatzschaltbildes ändern sich mit dem Übergang vom Kleinsignal- in den Großsignalbetrieb.
In der Regel nimmt die Verstärkung des aktiven Elements mit zunehmender Aussteuerung kontinuierlich ab, so daß sich bei einer bestimmten Amplitude ein stabiler Zustand einstellt, in dem Verstärkung und Dämpfung sich kompensieren. Da in diesem Zustand schon ein merklicher Bereich der nichtlinearen Kennlinie ausgesteuert wird, ist die Schwingung nicht mehr sinusförmig, sondern enthält bereits Oberschwingungen. Sollen die Oberschwingungsanteile in einem

sinusförmigen Signal sehr klein sein, so muß eine Aussteuerung der Kennlinie in den nichtlinearen Bereich vermieden werden. Die Einstellung einer stabilen Schwingungsamplitude geschieht in diesem Fall mit einer zusätzlichen Schaltung zur Amplitudenregelung im Oszillator.

Verwendet man allerdings in einem Oszillator eine aktive Schaltung, deren Kennlinie über den gesamten Aussteuerbereich näherungsweise linear verläuft, so ist die erzeugte Schwingung nicht mehr sinusförmig. Wegen der abrupt einsetzenden Begrenzung aufgrund der endlichen Versorgungsspannung wird die Kurvenform der Schwingung eher rechteckförmig sein. Auch in diesem Fall kann eine harmonische Schwingung nur mit einer zusätzlichen Schaltung zur Amplitudenregelung erzeugt werden.

5.3.6   Typen von Vierpoloszillatoren

Vierpoloszillatoren werden im allgemeinen nach der Art der frequenzbestimmenden Bauelemente bezeichnet.

LC-Oszillator

Die frequenzbestimmenden Elemente im Oszillator sind Spulen und Kondensatoren. Im Mikrowellenbereich werden statt der konzentrierten Bauelemente auch verteilte, d. h. Leitungsbauelemente verwendet. Je nach Länge der Leitung und Art des Abschlusses (Leerlauf oder Kurzschluß) weist eine Stichleitung nämlich eine kapazitive oder induktive Eingangsimpedanz auf. Einzelheiten können z. B. in /5.1, S. 309ff/ nachgelesen werden.

Man unterscheidet folgende Oszillatortypen:
- festfrequent (Fixed frequency oscillator),
- mechanische Frequenzabstimmung, z. B. C-Variation mit Drehkondensator (Mechanically tuned oscillator),
- elektronische Frequenzabstimmung, z. B. C-Variation mit Kapazitätsdiode (Electronically tuned oscillator, Voltage controlled oscillator, VCO).

Abb. 5.3.25 zeigt das Chipfoto eines monolithisch integrierten Oszillators in Mikrostreifenleitungstechnik. Das verwendete Halbleitermaterial ist GaAs.

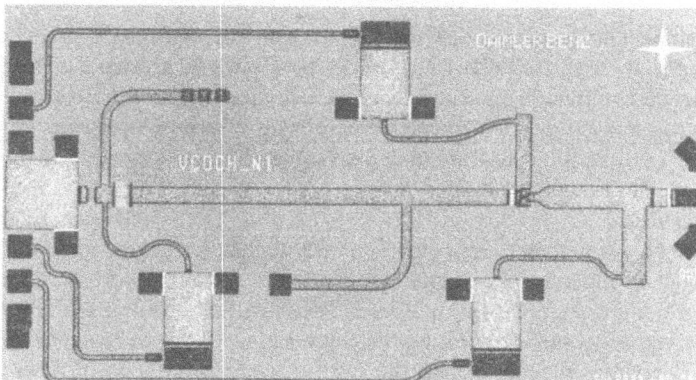

Abb. 5.3.25:
Monolithisch integrierter VCO in Mikrostreifenleitungstechnik, Frequenzbereich 37,5 GHz - 38,5 GHz

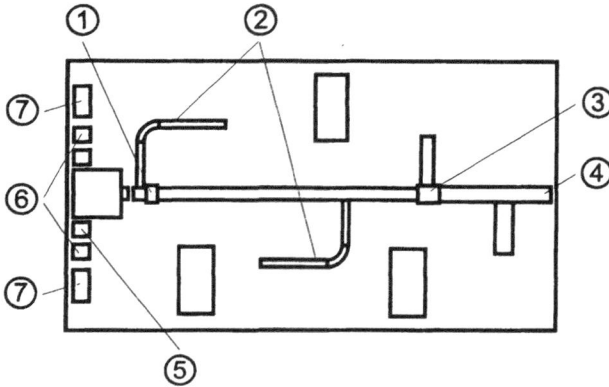

Abb. 5.3.26:
Anordnung der Bauelemente im
monolithisch integrierten VCO
nach Abb. 5.3.25

Die Abb. 5.3.26 dient zur Beschreibung der Bauelementeanordnung im VCO nach Abb. 5.3.25.
Die Frequenz des Oszillators ist im Bereich 37,5 GHz $\leq$ f $\leq$ 38,5 GHz elektronisch abstimmbar.
Die Abstimmung erfolgt mit einer Spannung, welche die Kapazität eines Sperrschichtvarak-
tors (1) verändert. Alle übrigen frequenzbestimmenden Bauelemente sind als Leitungsstücke (2)
ausgeführt Als aktives Bauelement wird ein MESFET (3) verwendet. Ausgangsklemme (4) ist
der mittlere Anschluß ganz rechts. Steuerspannung (5), Betriebsspannung (6) und Masse (7)
werden an den dunkel zu sehenden Punkten am linken Rand angeschlossen. Die großen rechteckigen Flächen sind Abblockkondensatoren. Die Abmessungen der Schaltung betragen ca.
2,7 mm x 1,5 mm.

RC-Oszillator

Als frequenzbestimmende Elemente werden Widerstände und Kondensatoren im Oszillator
eingesetzt. Die Unterscheidung von Oszillatortypen hinsichtlich ihrer Frequenzabstimmung
geschieht wie bei LC-Oszillatoren.

Quarzoszillator (Crystal oscillator, XO)

Quarzoszillatoren enthalten als frequenzbestimmendes Bauteil einen Schwingquarz. Sie zeichnen
sich durch hohe Frequenzkonstanz aus und werden im MHz-Bereich eingesetzt (siehe auch
Kapitel 5.4).

Dielektrisch stabilisierter Oszillator (Dielectric resonator oscillator, DRO)

Im dielektrisch stabilisierten Oszillator wird ein dielektrischer Resonator mit hoher Güte als frequenzbestimmendes Bauteil verwendet. Dieser Oszillatortyp zeichnet sich durch hohe Frequenzkonstanz im GHz-Bereich aus.

In der Abb. 5.3.27 ist das Foto eines dielektrisch stabilisierten Oszillators in Mikrostreifenleitungstechnik zu sehen. Als Trägermaterial wurde Aluminiumoxidkeramik (Al_2O_3-Keramik)
verwendet, auf der die Schaltung in hybrider Technik integriert ist.

 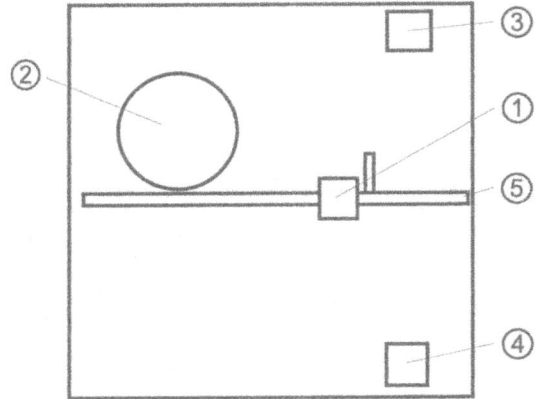

a)   b)

Abb. 5.3.27:   Hybrid integrierter DRO in Mikrostreifenleitungstechnik, Frequenz 24,25 GHz
                   a) Chipfoto,   b) Anordnung der Bauelemente

Zur Verdeutlichung der Bauelementeanordnung ist in Abb. 5.3.27 zusätzlich eine Skizze mit den
wichtigsten Strukturen auf dem Keramiksubstrat des DRO gezeigt. Als aktives Bauelement (1)
dient ein GaAs-MESFET, der in eine Vertiefung in der Keramik eingesetzt ist. Die Schwingfrequenz des Oszillators beträgt 24,25 GHz. Sie wird mit dem links zu sehenden zylinderförmi-
gen dielektrischen Resonator (2) stabilisiert. Dieser besteht aus einem Keramikmaterial hoher
Güte. Als Anschlüsse für Betriebsspannung (3) und Masse (4) dienen die quadratischen Flächen
am oberen und unteren Rand der Keramik. Der Ausgang des Oszillators befindet sich rechts (5).
Die Kantenlänge des quadratischen Al_2O_3-Substrats beträgt ca. 9 mm.

5.4   Quarzoszillatoren

Die Wirkungsweise des Quarzes als elektromechanischer Wandler und Resonator beruht auf dem
piezoelektrischen Effekt: Wird auf eine in geeigneter Weise aus einem Quarzkristall herausge-
schnittene Platte ein mechanischer Druck oder Zug ausgeübt, so entstehen elektrische Ladungen.
Dieser Sachverhalt wird als direkter piezoelektrischer Effekt bezeichnet. Umgekehrt verursachen
Ladungen, die auf die Platte aufgebracht werden, ein mechanisches Ausdehnen oder Zusam-
menziehen. Man spricht vom reziproken piezoelektrischen Effekt.

Als Schwingquarze werden scheiben-, linsen-, stab- und ringförmige Quarzgeometrien verwendet. Beim Schneiden aus dem Quarzkristall werden bestimmte Orientierungen zu den Kristall-
achsen und bestimmte Abmessungsverhältnisse eingehalten, um besondere Temperatureigen-
schaften und Schwingungsformen zu erhalten. Gebräuchliche Bezeichnungen sind z. B. AT-
Schnitt, CT-Schnitt usw.

Je nach Schnittwinkel sind eine oder mehrere Schwingungsformen des Quarzes möglich. Man unterscheidet Biege-, Längs-, Flächen- und Dickenschwinger, die je nach erforderlicher Schwingfrequenz eingesetzt werden. So sind z. B. für einen Biegeschwinger in seiner Grundschwingung Frequenzen bis minimal ca. 10 kHz möglich, Dickenschwinger sind bei Betrieb in der Grundschwingung bis zu maximalen Frequenzen von 25 MHz realisierbar. Zur Erzeugung von Frequenzen bis ca. 200 MHz werden Dickenschwinger im Oberton betrieben, d. h. man sorgt mit einer geeigneten Oszillatorbeschaltung dafür, daß der Quarz in einer mechanischen Oberschwingung angeregt wird.

Der Vorteil des Quarzes als frequenzbestimmendes Element in einem Oszillator liegt darin, daß cr neben einer hohen Güte über einen großen Temperaturbereich hinweg einen sehr kleinen Temperaturkoeffizienten der Frequenz besitzt. Hierbei verhalten sich Quarze verschiedener Schnitte allerdings sehr unterschiedlich.

Eine ausführliche Beschreibung der Quarzachsen und -schnitte, der Schwingungsformen und des Temperaturgangs von Schwingquarzen ist in /5.1, S. 391ff/ nachzulesen.

5.4.1 Quarzersatzschaltbild und Quarzresonanzen

Um von den elektrischen Eigenschaften des Schwingquarzes einen Eindruck zu vermitteln, wird für Frequenzen in der Umgebung der Resonanzfrequenzen ein elektrisches Ersatzschaltbild nach Abb. 5.4.1 angegeben. Beim Anlegen einer Wechselspannung an die Elektroden 1 und 2 entspricht das Verhalten des mechanischen Schwingers näherungsweise dem gezeigten Resonanzkreis. Die dynamische Induktivität L_{1Q} bildet zusammen mit der dynamischen Kapazität C_{1Q} und dem dynamischen Verlustwiderstand R_{1Q} einen Serienschwingkreis, dem die statische Kapazität C_{0Q} parallel geschaltet ist.

Die dynamischen Ersatzgrößen lassen sich aus den mechanischen, geometrischen und piezoelektrischen Größen des Quarzresonators berechnen. Es ergeben sich Induktivitäten L_{1Q} zwischen 100 µH und 1000 H, das Kapazitätsverhältnis C_{0Q}/C_{1Q} liegt in einer Größenordnung von 100 bis 1000. Wegen des sehr geringen Dämpfungswiderstands beträgt die Güte zwischen 10^4 und 10^6.

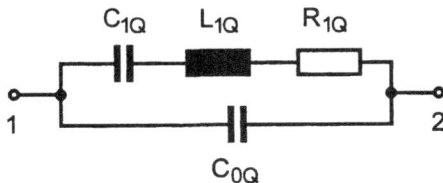

Abb. 5.4.1:
Elektrisches Ersatzschaltbild des
Schwingquarzes in der Umgebung
der Resonanzfrequenzen

Zur Berechnung der Resonanzfrequenzen wird die Admittanz zwischen den Klemmen 1 und 2 des Ersatzschaltbilds betrachtet. Es ist

$$Y_{12} = j\omega C_{0Q} + \cfrac{1}{R_{1Q} + j\left(\omega L_{1Q} - \cfrac{1}{\omega C_{1Q}}\right)} = G + jB.$$

(5.4.1)

Die Resonanzbedingung ist durch das Verschwinden des Imaginärteils B gegeben. Mit den in der Praxis gültigen Näherungen

$$\frac{2R_{1Q}^2 C_{0Q}}{L_{1Q}} < 1 \quad \text{und} \quad \frac{4R_{1Q}^2 C_{0Q}^2}{L_{1Q}C_{1Q}} < 1$$

(5.4.2)

ergeben sich die Parallel- und die Serienresonanzfrequenzen überschlagsmäßig zu

$$f_p \approx \frac{1}{2\pi} \cdot \frac{1}{\sqrt{L_{1Q}C_{1Q}}} \cdot \sqrt{1 + \frac{C_{1Q}}{C_{0Q}} \cdot \left(1 - \frac{R_{1Q}^2 C_{0Q}}{2L_{1Q}}\right)}$$

(5.4.3)

und

$$f_s \approx \frac{1}{2\pi} \cdot \frac{1}{\sqrt{L_{1Q}C_{1Q}}} \cdot \left(1 + \frac{R_{1Q}^2 C_{0Q}}{2L_{1Q}}\right).$$

(5.4.4)

Mit den Vernachlässigungen

$$\frac{R_{1Q}^2 C_{0Q}}{2L_{1Q}} \ll 1 \quad \text{und} \quad \frac{C_{1Q}}{C_{0Q}} \ll 1$$

(5.4.5)

erhält man den relativen Frequenzabstand zwischen Parallel- und Serienresonanzfrequenz zu

$$\frac{f_p - f_s}{f_s} \approx \frac{C_{1Q}}{2C_{0Q}}.$$

(5.4.6)

Die Abb. 5.4.2 gibt den prinzipiellen Verlauf des Wirkleitwerts G und des Blindleitwerts B als Funktion der Frequenz an. Für das Verständnis der Wirkungsweise vieler Oszillatorschaltungen ist wesentlich, daß der Blindleitwert des Schwingquarzes zwischen Serien- und Parallelresonanz negativ ist. Die Quarzimpedanz hat also in diesem Frequenzbereich induktiven Charakter.

Für die Güten bei den Resonanzfrequenzen ergibt sich mit den obigen Näherungen

$$Q_p \approx \frac{1}{R_{1Q}} \cdot \sqrt{\frac{L_{1Q}}{C_{1Q}}} \cdot \sqrt{1 + \frac{C_{1Q}}{C_{0Q}}}$$

(5.4.7)

und

$$Q_s \approx \frac{1}{R_{1Q}} \cdot \sqrt{\frac{L_{1Q}}{C_{1Q}}}. \tag{5.4.8}$$

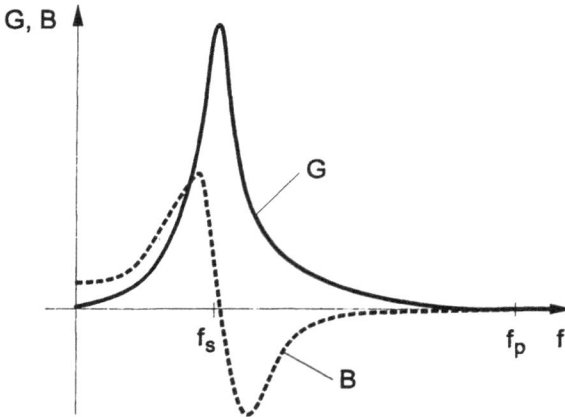

Abb. 5.4.2:
Wirkleitwert G und Blindleitwert B
des Schwingquarzes in der Umgebung
der Resonanzfrequenzen

5.4.2 Schaltungsbeispiele von Quarz-Oszillatoren

Pierce-Oszillator

Als einfaches Beispiel für einen Quarzoszillator soll ein Pierce-Oszillator betrachtet werden. Dieser ergibt sich, wenn im Clapp-Oszillator nach Kapitel 5.3.4 der Serienschwingkreis, der bei der Schwingfrequenz induktiven Charakter hat, durch einen Schwingquarz ersetzt wird. Abb. 5.4.3 zeigt das Schaltbild des Pierce-Oszillators mit einem Feldeffekttransistor als aktivem Element.

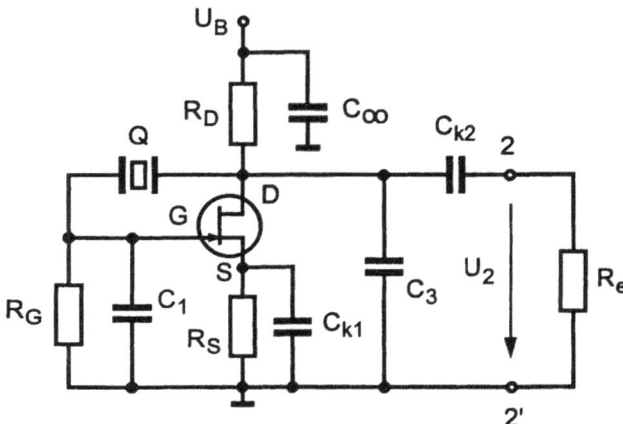

Abb. 5.4.3:
Schaltbild des Pierce-Oszillators

Wertet man die Schwingbedingung 1 nach Gl. (5.3.23) unter Vernachlässigung der Quarzverluste ($R_{1Q} = 0$) aus, so erhält man

$$\frac{1}{\omega_0 C_1} + \frac{1}{\omega_0 C_{0Q} - \dfrac{1}{\omega_0 L_{1Q} - \dfrac{1}{\omega_0 C_{1Q}}}} + \frac{1}{\omega_0 C_3} = 0. \tag{5.4.9}$$

Setzt man für die sogenannte Last- oder Bürdekapazität

$$C_L = \frac{C_1 C_3}{C_1 + C_3}, \tag{5.4.10}$$

so kann man Gl. (5.4.9) nach der Schwingfrequenz des Quarzoszillators auflösen zu

$$f_0 = f_s \sqrt{1 + \frac{C_{1Q}}{C_{0Q} + C_L}}. \tag{5.4.11}$$

Ein Vergleich der Gl. (5.4.11) mit den Gleichungen (5.4.3) und (5.4.4) zeigt, daß die Schwingfrequenz f_0 zwischen der Serienresonanzfrequenz f_s und der Parallelresonanzfrequenz f_p des Quarzes liegt. Die Schwingfrequenz hängt auch von der Bürdekapazität C_L ab. Somit muß diese beim Schleifen des Quarzes auf eine bestimmte Schwingfrequenz bekannt, d. h. vorgegeben sein.

Nach Herstellerangaben sind die folgenden Werte typische Größen für die Elemente des Ersatzschaltbilds eines Schwingquarzes:

$$L_{1Q} = 37{,}2 \, \text{mH}, \quad C_{1Q} = 0{,}016 \, \text{pF}, \quad R_{1Q} = 38 \, \Omega, \quad C_{0Q} = 35 \, \text{pF}.$$

Mit den Näherungsgleichungen aus Kapitel 5.4.1 ergeben sich dann für diesen Schwingquarz die Resonanzfrequenzen und Güten zu

$$\begin{aligned} f_p &\approx 6{,}5251 \, \text{MHz}, \quad f_s \approx 6{,}5236 \, \text{MHz}, \quad f_p - f_s \approx 1{,}5 \, \text{kHz}, \\ Q_p &\approx 40135, \quad Q_s \approx 40126. \end{aligned} \tag{5.4.12}$$

Im Vergleich zur Güte des Schwingquarzes ist die Güte einer Spule und damit auch die Güte eines Schwingkreises bestehend aus Spule und Kondensator wesentlich kleiner. Sie liegt in der Größenordnung von 100. Die Frequenzstabilität eines Oszillators hängt aber wesentlich von der Güte der Bauelemente in der Rückkoppelschaltung ab. Die Frequenzstabilität ist deshalb beim Pierce-Oszillator sehr viel größer als beim Clapp-Oszillator.

Pierce-Miller-Oszillator

Um zu vermeiden, daß der Quarz auf einem Oberton anstatt auf dem Grundton anschwingt, verwendet man die Pierce-Miller-Schaltung als Abwandlung des Hartley-Oszillators. Abb. 5.4.4 zeigt das Schaltbild des passiven Zweitors.

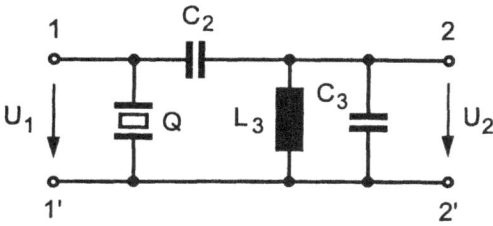

Abb. 5.4.4:
Schaltbild des passiven Zweitors
eines Pierce-Miller-Oszillators

Die zusätzliche Kapazität C_3 ist so zu bemessen, daß die Impedanz des Parallelschwingkreises beim Grundton wie verlangt induktiv ist. Beim Oberton hingegen soll der Parallelschwingkreis aber oberhalb der Parallelresonanz betrieben werden und damit kapazitives Verhalten aufweisen.

Oberton-Oszillatoren

Man ersetzt in der Pierce-Schaltung die Kapazität C_3 wie in Abb. 8.1.5 gezeigt durch einen Parallelschwingkreis, dessen Resonanzfrequenz unterhalb der zu erzeugenden Obertonfrequenz, aber oberhalb der darunter liegenden Obertonfrequenz liegt. Die Impedanz des Kreises ist demnach bei niedrigen Frequenzen induktiv und erst oberhalb der Parallelresonanzfrequenz, wie gewünscht, kapazitiv.

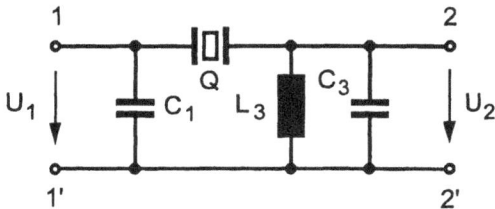

Abb. 5.4.5:
Schaltbild des passiven Zweitors
eines Pierce-Obertonoszillators

Eine weitere Schaltungsmöglichkeit, die speziell für Oberton-Oszillatoren verwendet wird, ist in Abb. 5.4.6 dargestellt.

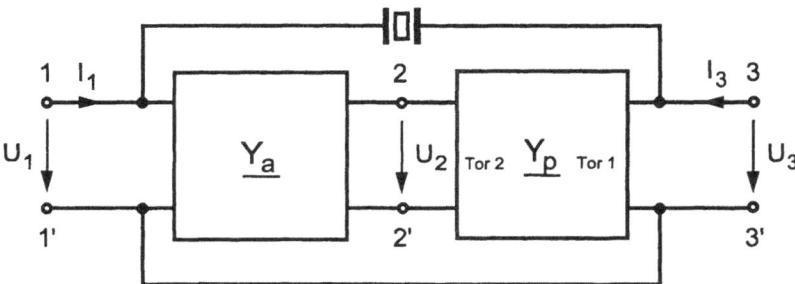

Abb. 5.4.6:   Schwingquarz als Serienelement im Vierpoloszillator

Man geht dabei von einem Oszillator als rückgekoppelter Kettenschaltung aus einem aktiven und einem passiven Zweitor nach Kapitel 5.3.3 aus. Beim Einsetzen eines Schwingquarzes als Serienelement in den Rückkoppelzweig bleiben die Schaltungseigenschaften genau bei der Frequenz unbeeinflußt, bei der die Quarzimpedanz nahe Null ist. Dies ist bei der Serienresonzfrequenz der Fall, so daß der Oszillator genau auf der Serienresonanzfrequenz des Quarzes schwingt.

5.5   Stabilität von Oszillatoren

Von einem idealen harmonischen Oszillator erwartet man eine Ausgangsspannung

$$u_{ideal}(t) = \hat{u}_0 \cdot \cos(\omega_0 t) = \hat{u}_0 \cdot \cos(2\pi f_0 t) = \hat{u}_0 \cdot \cos[\varphi_0(t)] \qquad (5.5.1)$$

mit konstanter Amplitude $\hat{u}_0$, konstanter Frequenz f_0 und damit linear mit der Zeit ansteigender Phase $\varphi_0(t) \sim t$.

Beim realen Oszillator werden allerdings Schwankungen der Amplitude und der Phase bzw. Frequenz auftreten, so daß für die Oszillatorspannung u(t) als Funktion der Zeit

$$u(t) = [\hat{u}_0 + u_i(t)] \cdot \cos[\omega_0 t + \varphi_i(t)] \qquad (5.5.2)$$

gilt. Amplitudenschwankungen werden in $u_i(t)$, Phasenschwankungen in $\varphi_i(t)$ berücksichtigt. Die Schwankungen der Frequenz ergeben sich als Ableitung der Phasenschwankungen mit dem allgemeingültigen Zusammenhang

$$\omega(t) = \frac{d\varphi(t)}{dt} \quad \text{bzw.} \quad f(t) = \frac{1}{2\pi} \cdot \frac{d\varphi(t)}{dt}. \qquad (5.5.3)$$

Unterscheidet man Amplituden- bzw. Frequenzänderungen hinsichtlich ihrer Ursachen, so spricht man von einer Drift, wenn sich Amplitude bzw. Frequenz infolge von Parameterschwankungen gerichtet ändern. Ungerichtete und willkürliche Änderungen von Amplitude bzw. Frequenz werden hingegen von elektronischem Rauschen im Oszillator verursacht. Man schreibt deshalb

$$u_i(t) = u_d(U_B, T, r_L, t, \cdots) + u_n(t), \qquad (5.5.4)$$

$$f_i(t) = f_d(U_B, T, r_L, t, \cdots) + f_n(t). \qquad (5.5.5)$$

Die Spannung $u_d(t)$ und die Frequenz $f_d(t)$ sind Ergebnisse der Drift. $u_n(t)$ und $f_n(t)$ resultieren aus dem Rauschen in der Oszillatorschaltung. Abb. 5.5.1 zeigt das prinzipielle Verhalten der Frequenz eines Oszillators als Funktion der Zeit. Man kann deutlich gerichtete und rauschartige Abweichungen der Frequenz von der Sollfrequenz f_0 unterscheiden.

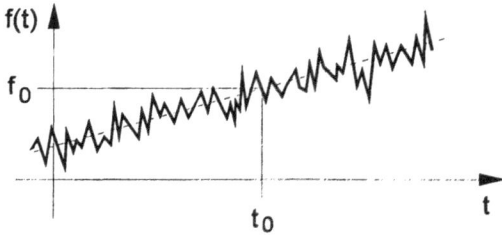

Abb. 5.5.1:
Frequenz eines realen Oszillators
über der Zeit

5.5.1 Amplituden- und Frequenzdrift

Die Spannung u_d und die Frequenz f_d hängen beispielsweise von der Betriebsspannung U_B, der Umgebungstemperatur T, dem Lastreflexionsfaktor r_L und der Änderung der amplituden- und frequenzbestimmenden Schaltungsparameter über der Zeit ab. Letzteren Einfluß bezeichnet man auch als Alterung. Diese Art der Instabilität wird als Langzeitinstabilität der Amplitude bzw. Frequenz oder als Amplituden- bzw. Frequenzdrift bezeichnet. Sie zeichnet sich durch langsame Veränderungen aus und ist in der Umgebung des spezifizierten Arbeitspunkts (Sollbetriebsspannung U_{B0}, Sollumgebungstemperatur T_0, Sollreflexionsfaktor der Last r_{L0}) näherungsweise durch einen linearen Zusammenhang der Form

$$u_d(t) \approx a_U(U_B - U_{B0}) + a_T(T - T_0) + a_r(r_L - r_{L0}) + a_t(t - t_0) \qquad (5.5.6)$$

und

$$f_d(t) \approx k_U(U_B - U_{B0}) + k_T(T - T_0) + k_r(r_L - r_{L0}) + k_t(t - t_0) \qquad (5.5.7)$$

mit den Amplitudenbeiwerten a_U, a_T, a_r und a_t bzw. den Frequenzbeiwerten k_U, k_T, k_r und k_t zu beschreiben. Die Gleichungen (5.5.6) und (5.5.7) zeigen auch, daß die Änderungen von Amplitude bzw. Frequenz auf Grund der Drift bis auf die Alterung rückgängig zu machen sind, indem die spezifizierten Betriebsbedingungen wiederhergestellt werden.

Vom Oszillatorhersteller werden zur Charakterisierung der Amplituden- und Frequenzdrift eines Oszillators entweder die für spezifizierte Betriebsbedingungen geltenden Beiwerte direkt bzw. in normierter Form angegeben. Eine zweite Möglichkeit zur Kennzeichnung der Drift eines Oszillators besteht in der Nennung von den in einem bestimmten Betriebsbereich zu erwartenden Maximalabweichungen von Amplitude und Frequenz.

Die Frequenzdrift eines Oszillators über der Frequenz kann demnach beispielsweise als Absolutwert mit $\Delta f/\Delta T = 5\,\text{MHz/K}$, als Relativwert bezogen auf die Sollfrequenz mit $\Delta f/(f_0 \Delta T) = 0{,}2\,\%/\text{K}$ oder als Maximalabweichung $\Delta f \leq 1\,\text{MHz}$ bei $0°\text{C} \leq T \leq 80°\text{C}$ spezifiziert sein.

5.5.2   Kurzzeitstabilität von Amplitude und Frequenz

5.5.2.1   Amplituden- und Phasenrauschen

Die vom elektronischen Rauschen insbesondere im aktiven Vierpol hervorgerufenen regellosen Amplituden- und Phasenschwankungen werden als Kurzzeitinstabilität der Amplitude bzw. der Frequenz oder als Amplituden- bzw. Phasenrauschen bezeichnet. Um sie meßtechnisch zu bestimmen, werden zunächst die Betriebsbedingungen des Oszillators konstant gehalten und damit die Drift ausgeschaltet. Außerdem ist die Meßzeit klein zu wählen, damit auch die Bauteilealterung noch keinen Einfluß auf Amplitude und Frequenz des Ausgangssignals hat. Je nach Stabilität des Oszillators bedeutet dies, daß die Messung maximal einige Sekunden lang dauern darf. Dann wird die Instabilität der Oszillatorspannung nur noch vom Rauschen der Schaltung hervorgerufen. Die Spannung lautet

$$u(t) = \left[\hat{u}_0 + u_n(t)\right] \cdot \cos\left[\omega_0 t + \varphi_n(t)\right].$$ (5.5.8)

Ein solches Signal kann als Trägerschwingung mit zunächst konstanter Amplitude und Frequenz interpretiert werden, deren Amplitude allerdings mit dem Rauschen $u_n(t)$ und deren Phase mit dem Rauschen $\varphi_n(t)$ moduliert sind. Bei einer Amplituden- oder Phasenmodulation entstehen Seitenbänder oberhalb und unterhalb der Trägerfrequenz, deren Höhe, verglichen mit der Trägeramplitude, ein Maß für die Größe der Modulationssignale und damit im Falle des realen Oszillators für das Rauschen der Amplitude und der Phase sind.

Beide Rauschanteile sind mittels Amplitudendemodulation bzw. Phasendemodulation des modulierten Trägers zu trennen und liegen dann im Niederfrequenzbereich vor. Als Maß für das Amplituden- bzw. Phasenrauschen des Oszillators werden die spektralen Rauschleistungsdichten S_{AM} bzw. S_{PM} nach der Demodulation, bezogen auf die Trägerleistung P_T, angegeben. Es ist mit dem Bezugswiderstand R

$$P_T = \frac{\hat{u}_0^2}{2R}.$$ (5.5.9)

Als spektrale Leistungsdichte bezeichnet man die Leistung in einem Frequenzband der Breite B = 1 Hz. Sie hat deshalb die Einheit W/Hz und kann beispielsweise mit einem Spektrumanalysator gemessen werden, dessen Bandbreite auf B = 1 Hz eingestellt ist. Bei Meßbandbreiten größer als 1 Hz zeigt der Spektrumanalysator die Gesamtleistung innerhalb des Bandes an. Wird diese durch die Bandbreite dividiert, so erhält man die mittlere spektrale Leistungsdichte als Näherungswert. Abb. 5.5.2 zeigt den Amplitudenrauschpegel L_{AM} und den Phasenrauschpegel L_{PM} eines Oszillators in der üblichen logarithmierten Darstellung

$$L_{AM} = 10 \lg \frac{S_{AM}(f_m)}{P_T} \quad \text{in} \quad \text{dBc / Hz},$$ (5.5.10)

$$L_{PM} = 10 \lg \frac{S_{PM}(f_m)}{P_T} \quad \text{in} \quad \text{dBc / Hz}.$$ (5.5.11)

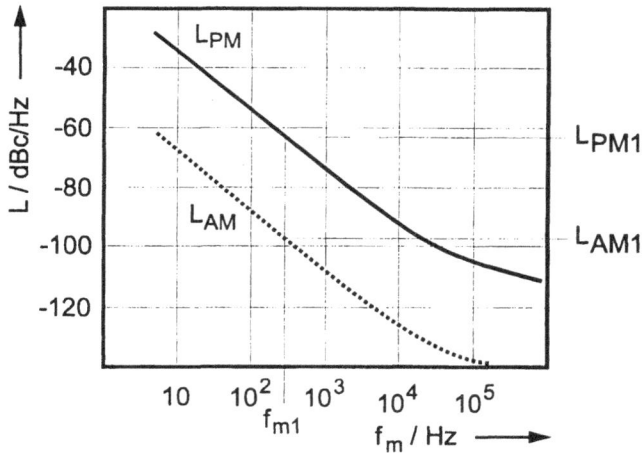

Abb. 5.5.2:
Prinzipielle Darstellung des Amplituden- und Phasenrauschens eines Oszillators

Die spektrale Leistungsdichte hängt von der Frequenz f_m ab, wobei f_m die Ablage von der Frequenz f_0 des idealen Trägers vor der Demodulation ist. Die Pseudoeinheit dBc/Hz weist darauf hin, daß

a)   die Normierung auf die Trägerleistung (Index c für Carrier) durchgeführt wurde,

b)   die spektrale Leistungsdichte S auf eine Leistung P bezogen wurde und der Quotient deshalb nicht dimensionslos ist, sondern die Einheit 1/Hz hat.

Sind Amplituden- und Phasenrauschen eines Oszillators nicht mit den vollständigen Rauschspektren beschrieben, so werden doch zumindest die Pegel L_{PM1} und L_{AM1} bei einer charakteristischen Frequenzablage f_{m1} vom Träger angegeben (vergl. Abb. 5.5.2). Normalerweise ist die spektrale Rauschleistungsdichte der Phase eines Oszillators wesentlich größer als die spektrale Rauschleistungsdichte der Amplitude, so daß oft nur ein Meßwert für den Phasenrauschpegel L_{PM} angegeben wird.

Bestimmung des Amplituden- und Phasenrauschens eines Oszillators

Berechnung:
-   Eine qualitative Aussage insbesondere zur Frequenzstabilität ist aus der Schaltungsstruktur abzuleiten (Phasensteilheit des frequenzbestimmenden Netzwerks).
-   Quantitative Aussagen sind nur dann möglich, wenn das Rauschverhalten der Bauteile bekannt ist oder plausible Annahmen für unbekannte Rauschparameter gemacht werden können (siehe z. B. /5.4/).

Messung:
-   Sie ist prinzipiell mit Amplituden- bzw. Phasendemodulation und Spektrumanalyse möglich.
-   Allerdings wird die Meßeinrichtung bei hochstabilen, d. h. rauscharmen Oszillatoren sehr aufwendig.

In /5.5, S. 144ff/ sind Ursachen und Möglichkeiten zur Charakterisierung der Frequenzinstabilität von Oszillatoren beschrieben. Es werden außerdem Phasenrauschmeßverfahren im Hochfrequenzbereich behandelt.

5.5.2.2   Allan-Varianz

Anstelle der Analyse des Oszillatorrauschens im Frequenzbereich (Seitenbänder auf Grund einer Amplituden- bzw. Phasenmodulation mit Rauschen) kann die Betrachtung auch im Zeitbereich angestellt werden. Eine Meßgröße für die Instabilität eines Oszillators, die Allan-Varianz, ist allerdings nur für die Frequenzschwankungen definiert, da diese bei einem Oszillator das wichtigere Stabilitätskriterium darstellen.

Die Instabilität des Oszillators, hervorgerufen vom Phasenrauschen, läßt sich auch interpretieren als regelloses, also rauschartiges Schwanken der Frequenz um den Sollwert. Als Maß für die Sollfrequenz kann man deshalb den statistischen Mittelwert der Frequenz nach Gl. (5.5.12), als Maß für die Größe der Frequenzschwankungen die Standardabweichung bzw. die Varianz aus einer Frequenzmeßreihe entsprechend Gl. (5.5.13) heranziehen:

$$f_0 = \frac{1}{N} \sum_{j=1}^{N} f_j \, , \tag{5.5.12}$$

$$\sigma^2 = \frac{1}{N-1} \sum_{j=1}^{N} \left(\frac{f_j - f_0}{f_0} \right)^2 = \frac{1}{N-1} \sum_{j=1}^{N} \left(\frac{\Delta f_j}{f_0} \right)^2 . \tag{5.5.13}$$

Zur Bestimmung von Mittenfrequenz und Varianz ist eine statistisch signifikante Zahl N von Frequenzmessungen zu machen. Diese dauern aber so lange, daß sich die Frequenzdrift in den Meßwerten schon bemerkbar machen kann. Die Abweichung des j-ten Meßwerts vom Mittelwert wäre in diesem Fall nicht allein von den ungerichteten Frequenzschwankungen hervorgerufen, sondern auch von der Langzeitinstabilität der Frequenz. Um diesen Fehler bei der Charakterisierung der Kurzzeitinstabilität zu minimieren, wird nach /5.5, S. 156ff/ die Allan-Varianz

$$\sigma_A^2 (\tau) = \frac{1}{2(N-1)} \sum_{j=1}^{N-1} \left(\frac{f_{j+1} - f_j}{f_0} \right)^2 . \tag{5.5.14}$$

berechnet und als Maß verwendet. Es werden nur noch die Differenzen aufeinanderfolgender Meßwerte gebildet, so daß eine langsame Frequenzdrift das Meßergebnis praktisch nicht mehr beeinflußt.

Es stellt sich heraus, daß die Allan-Varianz auch vom Zeitintervall τ abhängt, in dem eine einmalige Frequenzmessung ausgeführt wird. Maßgebend für das Meßintervall ist bei einfachen Frequenzmeßverfahren die Torzeit des Frequenzzählers. Es ist deshalb zu einer gemessenen Allan-Varianz auch die verwendete Meßzeit anzugeben. Vollständig charakterisiert ist die Frequenzstabilität des Oszillators, wenn die Allan-Varianz bzw. die Wurzel aus der Größe (Root-Allan-Varianz) über der Meßzeit nach Abb. 5.5.3 angegeben wird.

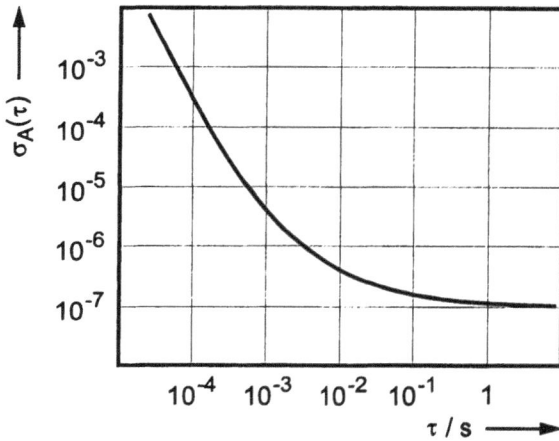

Abb. 5.5.3:
Prinzipielle Darstellung der
Root-Allan-Varianz eines
Oszillators

Zwischen der spektralen Leistungsdichte der Phase $S_{PM}(f_m)$ und der Allan-Varianz $\sigma_A^2(\tau)$ besteht der Zusammenhang

$$\sigma_A^2(\tau) = \frac{1}{(\pi f_0 \tau)^2} \int_0^B S_{PM}(f_m) \sin^4(\pi f_m \tau)\, df_m. \tag{5.5.15}$$

Somit kann nach der Messung einer der beiden Größen die zweite auch rechnerisch ermittelt werden.

5.6   Technische Daten eines Oszillators

Typische technische Daten eines Oszillators sollen anhand eines Beispiels aus einem Datenbuch /5.6, S. 31/ verdeutlicht werden. Die englische Beschreibung und die englischen Bezeichnungen wurden absichtlich beibehalten. Unter frequency pushing versteht man die Änderung der Frequenz eines Oszillators bei Änderungen der Betriebsspannung. Das Stichwort frequency pulling kennzeichnet die Abhängigkeit der Frequenz von der Lastimpedanz.
Die Angaben in eckigen Klammern, welche die Frequenzstabilität betreffen, gelten für die Mittenfrequenz $f = 1,5$ GHz.

Die Abbildungen sind ebenfalls dem Datenbuch /5.6, S. 32/ entnommen. Abb. 5.6.1 gibt die Ausgangsleistung in Abhängigkeit von der Oszillatorfrequenz an, in Abb. 5.6.2 ist die Abstimmcharakteristik dargestellt. Die Abb. 5.6.3 zeigt den Phasenrauschpegel des Oszillators als Funktion der Ablagefrequenz vom Träger bei den Frequenzen 1 GHz und 2 GHz.

Datenblatt des Oszillatorherstellers

Manufacturer: Miteq
Model number: OTV-3B
Description:

The OTV-3B is a fundamental frequency voltage-tuned oscillator with octave tuning bandwidth. The oscillator uses an output buffer amplifier for load isolation and an internal voltage regulator to reduce the effects of power supply variations. Low tuning voltage, high-Q hyperabrupt varactors provide linear frequency tuning and low phase noise.

Technical specifications:

- DC power   15 V, 130 mA
- Frequency range   1 GHz to 2 GHz
- Output power $\geq$ 13 dBm   [20 mW]
- Output power variation $\leq \pm 2$ dB   [12,6 mW to 31,6 mW]
- Load VSWR for proper operation $\leq$ 3:1, 50 Ω
- Tuning characteristics
  * Voltage   0 to 22 V
  * Voltage slope ratio   3:1 typ.
  * Tuning port bandwidth   1 MHz
- Frequency pushing   0,4%/V   [6 MHz/V]
- Frequency pulling   0,25%, VSWR $\leq$ 3:1, all phases   [3,75 MHz]
- Harmonics $\leq$ -20 dBc
- Phase noise $\leq$ -93 dBc/Hz, f_m = 10 kHz
- Temperature stability $\leq$ 167 ppm/°C, -20°C to 70°C   [0,25 MHz/°C]

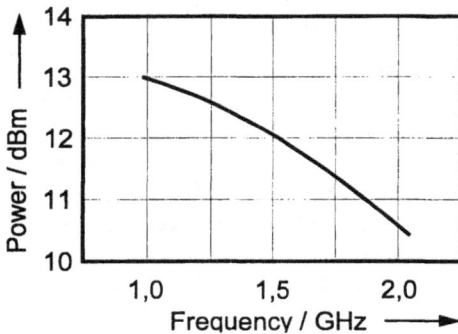

Abb. 5.6.1:
OTV-3B,
typical output power
versus frequency

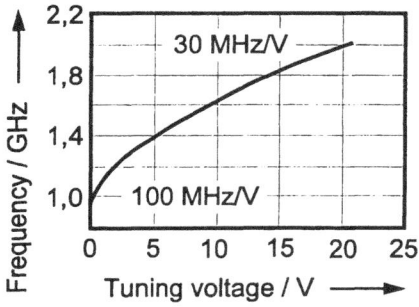

Abb. 5.6.2:
OTV-3B,
typical tuning voltage
versus frequency

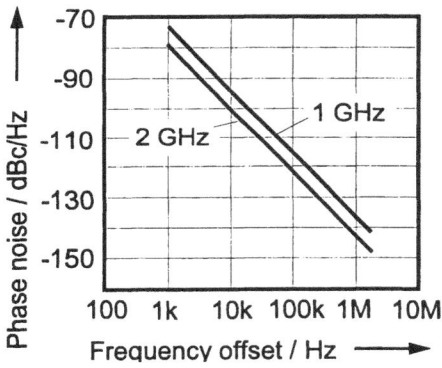

Abb. 5.6.3:
OTV-3B,
typical phase noise power spectral
density versus frequency offset
from carrier

6. Hochfrequenzverstärker

6.1 Klassifizierung von Hochfrequenzverstärkern

Hochfrequenzverstärker sind aktive Ein- oder Mehrtore, die mit Hilfe äußerer Energiequellen hochfrequente Signale verstärken. Man teilt sie ein in Kleinsignalverstärker, für die eine lineare Beschreibung möglich ist, und in Großsignalverstärker, bei denen das verstärkende Bauelement so stark ausgesteuert wird, daß sein nichtlineares Verhalten berücksichtigt werden muß.

Klassifizierung nach Leistung

Kleinsignalverstärker:
  Die Wechselspannungs- und Wechselstromamplituden sind klein im Vergleich zur Gleichspannung und zum Gleichstrom im Arbeitspunkt. Das führt zu
  - einer näherungsweise linearen Aussteuerung der Kennlinie,
  - vom Arbeitspunkt, aber nicht von der Aussteuerung abhängigen Parametern des Ersatzschaltbilds.

Großsignalverstärker:
  Die Wechselspannungs- und Wechselstromamplituden sind nicht mehr klein gegen die Gleichspannung und den Gleichstrom im Arbeitspunkt. Daraus folgen
  - die Aussteuerung der Kennlinie über einen großen, nichtlinearen Bereich,
  - arbeitspunkt- und aussteuerungsabhängige Parameter des Ersatzschaltbilds.

Die Tabelle 6.1 zeigt am Beispiel des Bipolartransistors 2N 3948, wie die Transistorparameter vom Arbeitspunkt und von der Aussteuerung abhängen. Hingewiesen sei insbesondere auf die Eingangsimpedanz, die im Kleinsignalbetrieb kapazitiv ist. Im Großsignalbetrieb weist die Eingangsimpedanz hingegen einen induktiven Anteil auf.

Tabelle 6.1: Vergleich der Klein- und Großsignalparameter eines Bipolartransistors

Typ 2N 3948	Kleinsignal-A-Verstärker $U_{CE=} = 15$ V, $I_{C=} = 80$ mA f = 300 MHz	Leistungs-C-Verstärker $U_{CE=} = 13,6$ V, P = 1 W f = 300 MHz
Eingangswiderstand	9 Ω	38 Ω
Eingangsreaktanz	0,012 µH	21 pF
Ausgangswiderstand	199 Ω	92 Ω
Ausgangskapazität	4,6 pF	5,0 pF
Verstärkung	12,4 dB	8,2 dB

Beide Klassen von Hochfrequenzverstärkern einschließlich der im Kapitel 6 behandelten Themen werden in /6.1, S. 232ff/, /6.2, Abschnitt F/ und /6.3, S. 212ff/ ausführlich dargestellt. Umfangreiche Literaturverweise sind in /6.1, S. 337ff/ zu finden.

6.1.1 Klassifizierung von Kleinsignalverstärkern

Kleinsignalverstärker sind zumeist Zeitore, die je nach Anwendung schmalbandig oder breitbandig die ihnen angebotenen Hochfrequenzsignale verzerrungsarm verstärken. Eine Besonderheit stellen in der Hochfrequenztechnik die Reflexionsverstärker dar. Diese Eintore werden zumeist als Schmalbandverstärker ausgeführt.

Breitbandverstärker

Breitbandverstärker mit Gleichstromkopplung:
- Die untere Grenzfrequenz ist Null.
- Die obere Grenzfrequenz wird von der Transistorgrenzfrequenz und parasitären Kapazitäten der Schaltung bestimmt.
- Bauteilealterung, Änderung der Betriebsspannung und Temperaturdrift führen insbesondere bei mehrstufigen Verstärkern zur Verschiebung des Arbeitspunkts und zur Änderung der Verstärkereigenschaften.

Üblich ist die Verwendung von Differenzverstärkern, falls eine Gleichstromkopplung notwendig ist /6.1, S. 241ff/.

RC-gekoppelte Verstärker /6.1, S. 244ff/:
- Die untere Grenzfrequenz wird durch die RC-Zeitkonstanten der Koppelglieder festgelegt.
- Die obere Grenzfrequenz wird von der Transistorgrenzfrequenz und von parasitären Kapazitäten der Schaltung bestimmt.
- Die Arbeitspunkte aller Verstärkerstufen sind entkoppelt, so daß externe Einflüsse auf die Verstärkereigenschaften gering sind.

Der RC-gekoppelte Verstärker ist der bevorzugte Typ für HF-Breitbandverstärker.

Schmalbandverstärker (Selektivverstärker)

Als Schmalbandverstärker werden meistens RC-gekoppelte Verstärker verwendet, deren Übertragungsbandbreite jedoch von einem oder mehreren Resonanzkreisen bestimmt wird /6.1, S. 248ff/.

Reflexionsverstärker

Reflexionsverstärker werden vorzugsweise im Mikrowellenbereich mit aktiven Zweipolen (z. B. Tunneldiode, Gunn-Element, Impatt-Diode) ausgeführt. Der Verstärker mit nur einem Tor (Zweipol) gibt die ihm zugeführte Leistung an demselben Tor verstärkt wieder ab /6.1, S. 255ff/.

6.2 Kleinsignalersatzschaltbilder des Bipolar- und des Feldeffekttransistors

Für die Verstärkerbauelemente Bipolartransistor und Feldeffekttransistor werden im Hochfrequenzbereich jeweils mehrerere unterschiedlich differenzierte Kleinsignalersatzschaltbilder verwendet. Die Auswahl des Kleinsignalersatzschaltbilds für den Entwurf oder die Analyse einer Verstärkerschaltung richtet sich nach den zur Verfügung stehenden Rechenhilfsmitteln und den Anforderungen an die Genauigkeit einer Berechnung. Nicht vergessen werden darf, daß bei einigen Transistoren die Parameter nur eingeschränkt oder ungenau bekannt sind. In solchen Fällen kann kein komplexes Kleinsignalersatzschaltbild angegeben werden.

In diesem Abschnitt sollen die üblicherweise für Hochfrequenzanwendungen benutzten Kleinsignalersatzschaltbilder von Bipolar- und Feldeffekttransistor kurz besprochen werden. Auch diejenigen Kleinsignalersatzschaltbilder, die in den Kapiteln 3 bis 5 schon Verwendung fanden, sind der Vollständigkeit halber nochmals aufgeführt. Ausgangspunkt soll das allgemeine formale Kleinsignalersatzschaltbild eines aktiven Zweitors sein, daß sich bei der Verwendung von Leitwertparametern zur Beschreibung eines Zweitors besonders gut eignet.

6.2.1 Allgemeines formales Kleinsignalersatzschaltbild eines aktiven Zweitors

Wird ein aktives Zweitor mit seinen Vierpolgleichungen beschrieben, so können daraus nach Kapitel 3.3 formale Kleinsignalersatzschaltbilder, die passive und im allgemeinen komplexe Elemente sowie gesteuerte Quellen enthalten, abgeleitet werden /6.1, S. 232ff/. Insbesondere erhält man aus den Leitwertgleichungen das allgemeine formale Kleinsignalersatzschaltbild nach Abb. 6.2.1.

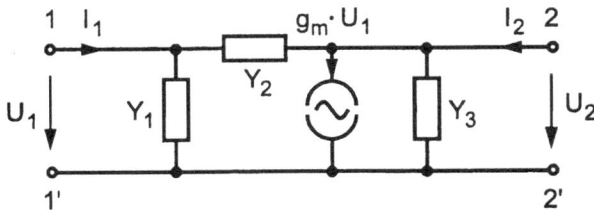

Abb. 6.2.1:
Formales Kleinsignalersatzschaltbild eines aktiven Zweitors

Die zugehörige Leitwertmatrix lautet

$$\underline{Y} = \begin{pmatrix} Y_1 + Y_2 & -Y_2 \\ g_m - Y_2 & Y_2 + Y_3 \end{pmatrix}.$$

$$(6.2.1)$$

6.2.2 Kleinsignalersatzschaltbilder des Bipolartransistors in Emittergrundschaltung

Physikalisches Kleinsignalersatzschaltbild des Bipolartransistors nach Giacoletto

Abb. 6.6.2 zeigt das physikalische Kleinsignalersatzschaltbild des Bipolartransistors nach Giacoletto. Die Ersatzschaltbildelemente sind aus dem physikalischen Aufbau des Bipolartransistors abgeleitet. Sie sind
- arbeitspunktabhängig, jedoch
- nicht frequenzabhängig für Arbeitsfrequenzen kleiner als ca. die halbe Transitfrequenz, d. h. $f \leq f_T/2$. (Bei der Transitfrequenz f_T ist die Stromverstärkung in Emittergrundschaltung $\beta = 1$.)

Allerdings ist das Ersatzschaltbild zu kompliziert, um für Überschlagsrechnungen herangezogen zu werden. Man verwendet es deshalb vorwiegend beim rechnergestützten Schaltungsentwurf. Die Parameter des Ersatzschaltbilds sind meistens nicht in den Transistordatenblättern angegeben. Sie können mit einer Optimierungsrechnung aus den Arbeitspunktdaten und den zugehörigen frequenzabhängigen Kleinsignalparametern berechnet werden..

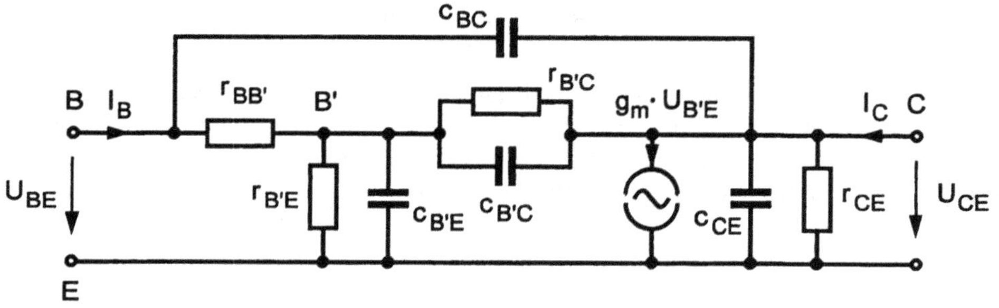

Abb. 6.2.2:   Physikalisches Kleinsignalersatzschaltbild des Bipolartransistors nach Giacoletto

Funktionales Kleinsignalersatzschaltbild des Bipolartransistors

Die Ersatzschaltbildelemente des funktionalen Kleinsignalersatzschaltbilds nach Abb. 6.2.3 werden aus einem Vergleich der Y-Parameter des Bipolartransistors mit den Y-Parametern des allgemeinen formalen Kleinsignalersatzschaltbilds eines aktiven Zweitors bestimmt. Man vergleiche hierzu Kapitel 3.4.

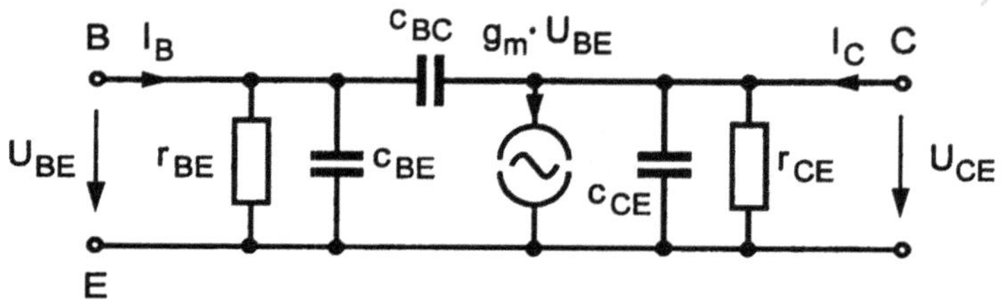

Abb. 6.2.3:
Funktionales Kleinsignalersatzschaltbild des Bipolartransistors für Hochfrequenzanwendungen

Die Ersatzschaltbildelemente sind
- arbeitspunktabhängig und
- frequenzabhängig.

Strenggenommen dürfen Zahlenwerte für die Ersatzschaltbildelemente deshalb nur in der Umgebung der Meßfrequenz und im bei der Messung eingestellten Arbeitspunkt verwendet werden. Allerdings kann man die Ersatzschaltbildelemente als näherungsweise frequenzunabhängig annehmen, solange die maximale Arbeitsfrequenz sehr viel kleiner als die Transitfrequenz ist, d. h. solange $f \ll f_T$ gilt.

Die Leitwertmatrix des Zweitors nach Abb. 6.2.3 lautet

$$\underline{Y} = \begin{pmatrix} \dfrac{1}{r_{BE}} + j\omega \left(c_{BE} + c_{BC} \right) & -j\omega c_{BC} \\[2ex] g_m - j\omega c_{BC} & \dfrac{1}{r_{CE}} + j\omega \left(c_{BC} + c_{CE} \right) \end{pmatrix}. \tag{6.2.2}$$

Vereinfachtes funktionales Kleinsignalersatzschaltbild des Bipolartransistors

Zur einfacheren und übersichtlicheren Behandlung von Transistorschaltungen kann die Basis-Kollektor-Kapazität c_{BC} des Bipolartransistors vernachlässigt werden. Die Abb. 6.2.4 zeigt das vereinfachte funktionale Kleinsignalersatzschaltbild.

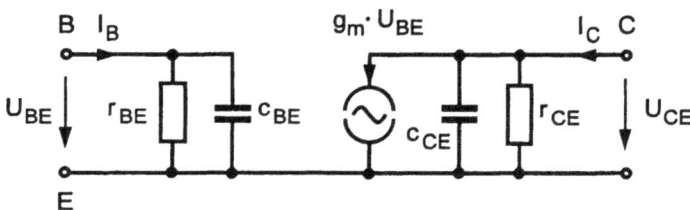

Abb. 6.2.4:
Vereinfachtes funktionales Kleinsignalersatzschaltbild des Bipolartransistors für Hochfrequenzanwendungen

In der Leitwertmatrix veschwindet der Parameter Y_{12}, so daß

$$\underline{Y} = \begin{pmatrix} \dfrac{1}{r_{BE}} + j\omega c_{BE} & 0 \\[2ex] g_m & \dfrac{1}{r_{CE}} + j\omega c_{CE} \end{pmatrix} \tag{6.2.3}$$

gilt. Im Fall $c_{BC} = 0$ wird $Y_{12} = 0$, d. h. das Zweitor ist rückwirkungsfrei. Dann gelten für die Betriebsgrößen des beschalteten Zweitors nach Gl. (3.7.1) bis Gl. (3.7.3) die unten angegebenen Näherungen.

Die Eingangsadmittanz Y_{e1} am Tor 1 ist gleich dem Leitwertparameter Y_{11}. Es gilt also

$$Y_{e1} \approx Y_{11} = \frac{1}{r_{BE}} + j\omega c_{BE}. \tag{6.2.4}$$

Für die Eingangsadmittanz Y_{e2} am Tor 2 folgt genauso

$$Y_{e2} \approx Y_{22} = \frac{1}{r_{CE}} + j\omega c_{CE} \, . \tag{6.2.5}$$

Für den Spannungsübertragungsfaktor A_U wird

$$A_U = -\frac{Y_{21}}{Y_{22} + Y_L} = -\frac{g_m}{\dfrac{1}{r_{CE}} + j\omega c_{CE} + Y_L} \, . \tag{6.2.6}$$

Die Rückwirkungsfreiheit eines Bipolartransistors kann auch gezielt schaltungstechnisch durch Kompensation der Kollektor-Basis-Kapazität hergestellt werden. Man bezeichnet diese Vorgehensweise als Neutralisation. Schaltungstechnische Möglichkeiten zur Aufhebung der Rückwirkung können beispielsweise in /6.1, S. 240/ nachgelesen werden. Allerdings ist die Kompensation nur schmalbandig möglich.

6.2.3   Kleinsignalersatzschaltbilder des Feldeffekttransistors in Sourcegrundschaltung

Physikalisches Kleinsignalersatzschaltbild des Feldeffekttransistors für Mikrowellenanwendungen

Die Ersatzschaltbildelemente des physikalischen Kleinsignalersatzschaltbilds nach Abb. 6.2.5 sind aus dem physikalischen Aufbau des Feldeffekttransistors abgeleitet. Sie sind
- arbeitspunktabhängig, jedoch
- nicht frequenzabhängig.

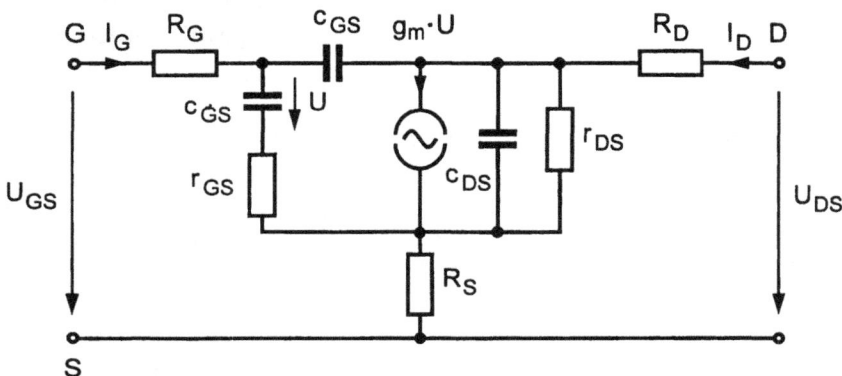

Abb. 6.2.5:   Physikalisches Kleinsignalersatzschaltbild eines Feldeffekttransistors für Mikrowellenanwendungen

Allerdings eignet sich das Ersatzschaltbild aufgrund seiner Komplexität nicht für Überschlagsrechnungen. Es wird deshalb nur bei der Schaltungsberechnung mit dem Digitalrechner verwendet.

Vereinfachtes Kleinsignalersatzschaltbild des Feldeffekttransistors für Hochfrequenzanwendungen

Das Kleinsignalersatzschaltbild nach Abb. 6.2.5 kann für Arbeitsfrequenzen $f \leq f_T/3$ vereinfacht werden, da die Bahnwiderstände bei niedrigen Frequenzen vernachlässigbar sind. Es ergibt sich dann das Kleinsignalersatzschaltbild nach Abb. 6.2.6. Die Kleinsignalparameter sind weiterhin
- arbeitspunktabhängig, aber
- nicht frequenzabhängig.

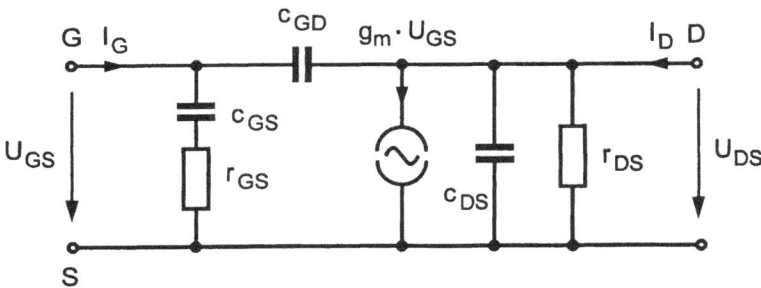

Abb. 6.2.6:
Vereinfachtes Kleinsignalersatzschaltbild eines Feldeffekttransistors für Hochfrequenzanwendungen

Aus dem Kleinsignalersatzschaltbild nach Abb. 6.2.6 folgt die Leitwertmatrix

$$\underline{Y} = \begin{pmatrix} \dfrac{1}{r_{GS} + \dfrac{1}{j\omega c_{GS}}} + j\omega c_{GD} & -j\omega c_{GD} \\[2ex] g_m - j\omega c_{GD} & \dfrac{1}{r_{DS}} + j\omega \left(c_{GD} + c_{DS}\right) \end{pmatrix}. \tag{6.2.7}$$

Vereinfachtes physikalisches Kleinsignalersatzschaltbild des Feldeffekttransistors für Niederfrequenzanwendungen

Abb. 6.2.7 zeigt ein weiter vereinfachtes Kleinsignalersatzschaltbild des Feldeffekttransistors, das für Überschlagsrechnungen bei Frequenzen, die sehr viel kleiner als die Transitfrequenz sind, also $f \ll f_T$, verwendet werden kann. Man beachte, daß auch die Rückwirkung im Kleinsignalersatzschaltbild vernachlässigt wird. Die Kapazität c_{GS} beträgt bei Hochfrequenz-Feldeffekttransistoren einige pF, so daß für niederfrequente Anwendungen sogar von einem Leerlauf am Gate ausgegangen werden darf. Das rückwirkungsfreie Zweitor nach Abb. 6.2.7 hat die Leitwertmatrix

$$\underline{Y} = \begin{pmatrix} j\omega c_{GS} & 0 \\[2ex] g_m & \dfrac{1}{r_{DS}} \end{pmatrix}. \tag{6.2.8}$$

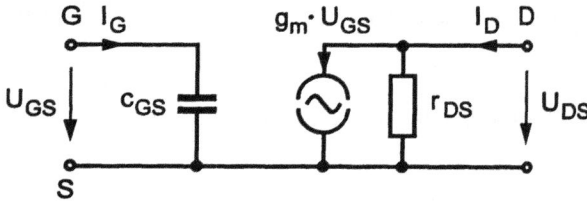

Abb. 6.2.7:
Vereinfachtes Kleinsignalersatzschaltbild eines Feldeffekttransistors für Frequenzen sehr viel
kleiner als die Transitfrequenz

6.3   Selektivverstärker

Wenn Signale mit sehr schmalem Spektrum oder nur einer einzigen Frequenz zu verstärken sind,
verwendet man Selektivverstärker. Man erhält damit einen größeren Rauschabstand und unter-
drückt Signale, die außerhalb des zu übertragenden Frequenzbereichs liegen. Außerdem werden
mit der Reduzierung der Verstärkung außerhalb des Nutzfrequenzbereichs ungewollte Eigen-
schwingungen des Verstärkers vermieden.

Es werden zunächst grundsätzliche Schaltungen von ein- und mehrkreisigen Selektivverstärkern
betrachtet. Beim praktischen Schaltungsentwurf zeigt sich allerdings, daß diese Schaltungen für
die meisten Anwendungen zu große Bandbreiten aufweisen. Ursache sind die zu großen ohmschen Verluste in den Resonanzkreisen. Sie werden vor allem von der Belastung der Resonanz-
kreise durch niedrige Ein- und Ausgangswiderstände von Transistoren hervorgerufen. Um trotzdem schmalbandige Selektivverstärker realisieren zu können, wird deshalb in der Praxis von der
im Kapitel 6.3.7 beschriebenen Teilankopplung Gebrauch gemacht.

6.3.1   Einkreis-Selektivverstärker

Abb. 6.3.1 zeigt das Schaltbild eines Einkreis-Selektivverstärkers. Die Arbeitspunkteinstellung
an den Transistoren geschieht wie üblich mit einem Basisspannungsteiler, bestehend aus den
Widerständen R_1 und R_2 bzw. R_3 und R_4, und einer nur für Gleichstrom wirksamen Serienstrom-

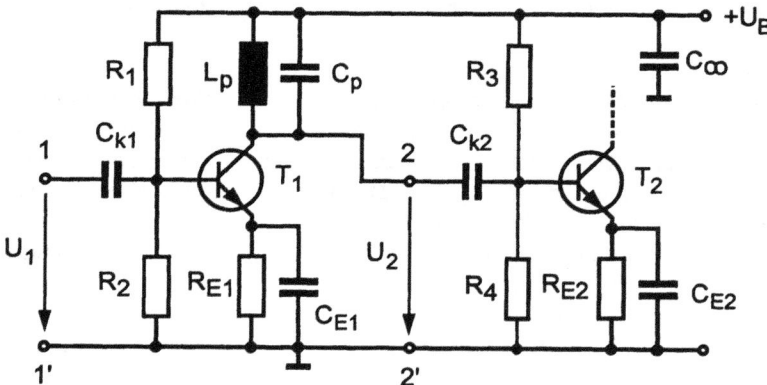

Abb. 6.3.1:
Schaltbild eines
Einkreis-Selektiv-
verstärkers

gegenkopplung mit dem Widerstand R_{E1} bzw. R_{E2} am Emitter. Als Arbeitsimpedanz am Kollektor dient ein Parallelschwingkreis, der aus der Spule L_p und dem Kondensator C_p besteht.

Unter der Annahme eines rückwirkungsfreien Transistors T_1 erhält man aus dem Schaltbild das Kleinsignalersatzschaltbild nach Abb. 6.3.2. Der Widerstand R_p repräsentiert die Verluste des Parallelschwingkreises.

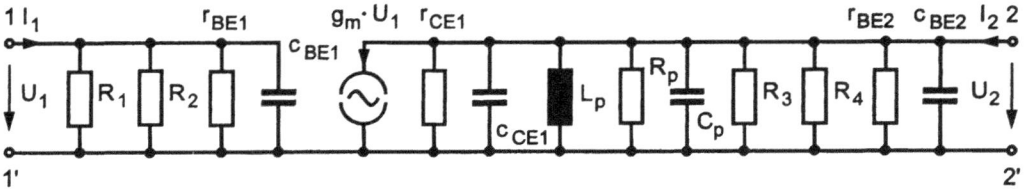

Abb. 6.3.2: Kleinsignalersatzschaltbild des Einkreis-Selektivverstärkers

Werden gleichartige Elemente zusammengefaßt, so ergibt sich schließlich das vereinfachte Kleinsignalersatzschaltbild eines Einkreis-Selektivverstärkers nach Abb. 6.3.3.

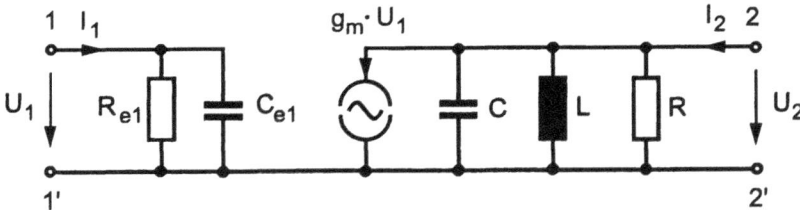

Abb. 6.3.3: Vereinfachtes Kleinsignalersatzschaltbild des Einkreis-Selektivverstärkers

Es ist

$$R_{e1} = R_1 // R_2 // r_{BE1}, \quad C_{e1} = c_{BE1}, \quad U_1 = U_{BE1},$$
$$R = r_{CE1} // R_p // R_3 // R_4 // r_{BE2}, \quad C = c_{CE1} + C_p + c_{BE2}, \quad L = L_p. \tag{6.3.1}$$

Für den Spannungsübertragungsfaktor ergibt sich mit der Gesamtadmittanz

$$Y_{Ges} = \frac{1}{R} + j\omega C + \frac{1}{j\omega L} \tag{6.3.2}$$

nach Gl. (6.2.6)

$$A_U = \frac{U_2}{U_1} = -\frac{Y_{21}}{Y_{22} + Y_L} = -\frac{g_m}{Y_{Ges}} = -g_m Z_{Ges}. \tag{6.3.3}$$

Mit der Resonanzfrequenz

$$f_r = \frac{1}{2\pi\sqrt{LC}} \tag{6.3.4}$$

als der Frequenz, bei der der Imaginärteil der Gesamtadmittanz Y_{Ges} verschwindet, und der belasteten Güte, die auch als Betriebsgüte des Schwingkreises bezeichnet wird,

$$Q_B = R\sqrt{\frac{C}{L}} = \omega_r CR = \frac{R}{\omega_r L}, \quad \omega_r = 2\pi f_r \tag{6.3.5}$$

läßt sich für die mit dem Verlustwiderstand R normierte Gesamtadmittanz

$$Y_{Ges}R = 1 + jQ_B\left(\frac{f}{f_r} - \frac{f_r}{f}\right) = 1 + jQ_B v \tag{6.3.6}$$

schreiben. Die Größe v bezeichnet man als die Verstimmung des Schwingkreises. Das Produkt

$$V = Q_B v \tag{6.3.7}$$

wird als die normierte Verstimmung bezeichnet.

Mit diesen Abkürzungen lautet der Spannungsübertragungsfaktor schließlich

$$A_U = -\frac{g_m R}{1 + jV} = -\frac{A_{Umax}}{1 + jV} \tag{6.3.8}$$

bzw. in der Darstellung nach Betrag und Phase

$$|A_U| = \frac{A_{Umax}}{\sqrt{1 + V^2}}, \quad \varphi_U = \pi - a\tan(V). \tag{6.3.9}$$

Abb. 6.3.4 zeigt den Verlauf des Betrags des Spannungsübertragungsfaktors eines Einkreis-Selektivverstärkers mit einer Betriebsgüte von $Q_B = 10$ als Funktion der auf die Resonanzfrequenz f_r normierten Frequenz. In Abb. 6.3.5 ist der Verlauf nach Abb. 6.3.4 in der üblicheren, normierten Form dargestellt. Der Betrag des Spannungsübertragungsfaktors ist logarithmiert über der Verstimmung aufgetragen.

Der Spannungsübertragungsfaktor erreicht sein Maximum bei der Mittenfrequenz des Selektivverstärkers. Da der Spannungsübertragungsfaktor umgekehrt proportional zur Gesamtadmittanz Y_{Ges} ist, wird das Maximum durch die Resonanzfrequenz des Parallelschwingkreises bestimmt, bei der die Gesamtimpedanz des Kreises maximal und reell ist.

Grenzfrequenzen

Als Grenzfrequenzen f_{c1} und f_{c2} bezeichnet man diejenigen Frequenzen, bei denen der Spannungsübertragungsfaktor auf $A_{Umax}/\sqrt{2}$ abgenommen hat. Die Leistung nimmt bei diesen Frequenzen auf die Hälfte ab. Sie werden auch als 3 dB-Grenzfrequenzen bezeichnet, weil in der logarithmischen Darstellung der Pegel um 3 dB niedriger ist als bei der Mittenfrequenz f_r. Mit

$$\left| A_U\left(f_{c1}, f_{c2}\right) \right| = \frac{A_{Umax}}{\sqrt{2}} \tag{6.3.10}$$

folgt für die normierten Grenzverstimmungen

$$V_{c1} = 1, \quad V_{c2} = -1. \tag{6.3.11}$$

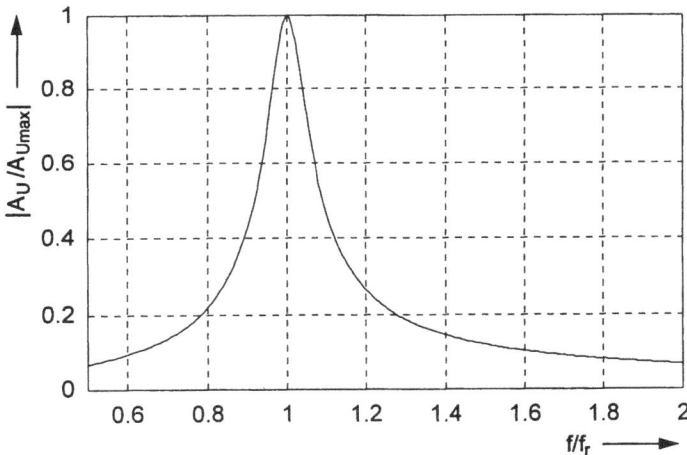

Abb. 6.3.4:
Betrag des Spannungsübertragungsfaktors des Einkreis-Selektivverstärkers (Betriebsgüte $Q_B = 10$)

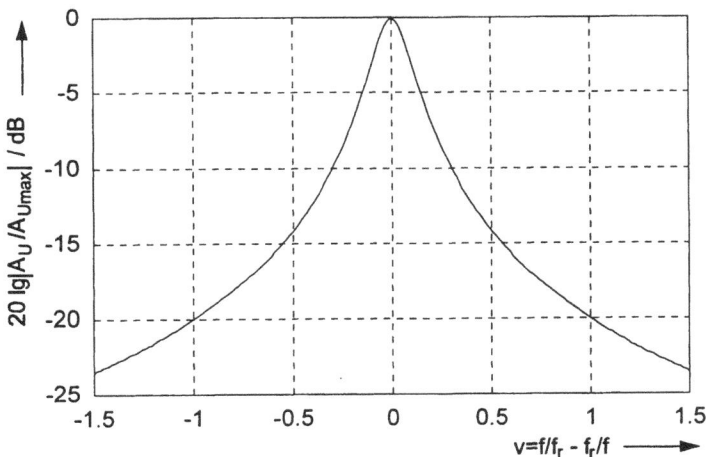

Abb. 6.3.5:
Betrag des Spannungsübertragungsfaktors des Einkreis-Selektivverstärkers in normierter Darstellung (Betriebsgüte $Q_B = 10$)

Damit wird

$$Q_B v_{c1} = 1, \quad \text{d. h.} \quad \left(\frac{f_{c1}}{f_r} - \frac{f_r}{f_{c1}}\right) = \frac{1}{Q_B}, \tag{6.3.12}$$

$$Q_B v_{c2} = -1, \quad \text{d. h.} \quad \left(\frac{f_{c2}}{f_r} - \frac{f_r}{f_{c2}}\right) = -\frac{1}{Q_B}. \tag{6.3.13}$$

Aus den Gleichungen (6.3.12) und (6.3.13) ergeben sich quadratische Gleichungen für die beiden Grenzfrequenzen. Deren Lösungen lauten

$$f_{c1} = \frac{f_r}{2Q_B} \cdot \left(\sqrt{1 + 4Q_B^2} + 1\right), \tag{6.3.14}$$

$$f_{c2} = \frac{f_r}{2Q_B} \cdot \left(\sqrt{1 + 4Q_B^2} - 1\right). \tag{6.3.15}$$

Aus Gl. (6.3.14) und Gl. (6.3.15) folgt für die Resonanzfrequenz

$$f_r = \sqrt{f_{c1} f_{c2}} \tag{6.3.16}$$

und für die Bandbreite

$$\Delta f_c = f_{c1} - f_{c2} = \frac{f_r}{Q_B}. \tag{6.3.17}$$

Die Bandbreite Δf_c ist somit umgekehrt proportional zur belasteten Güte Q_B des Schwingkreises.

Weitabselektion

Unter Weitabselektion versteht man das Übertragungsverhalten des Selektivverstärkers bei Frequenzen, die sehr viel größer bzw. sehr viel kleiner als die Mittenfrequenz sind. Als Maß für die Flankensteilheit wird meistens die Änderung des logarithmierten Spannungsübertragungsfaktors bei einer Frequenzänderung um den Faktor 2 in dB/Oktave bzw. bei einer Änderung der Frequenz um den Faktor 10 in dB/Dekade angegeben.

Frequenzbereich $f \gg f_r$:
Bei Betriebsfrequenzen, die sehr viel gößer sind als die Mittenfrequenz des Einkreis-Selektivverstärkers, nimmt der Spannungsübertragungsfaktor umgekehrt proportional zur Frequenz f ab. Es ist mit $V \gg 1$

$$|A_U| \approx \frac{A_{U\,max}}{V} = \frac{A_{U\,max}}{Q_B} \cdot \frac{f_r}{f} = \text{konst.} \cdot \frac{1}{f}. \tag{6.3.18}$$

Frequenzbereich $f \ll f_r$:
Für Betriebsfrequenzen sehr viel kleiner als die Mittenfrequenz des Einkreis-Selektivverstärkers ändert sich der Spannungsübertragungsfaktor proportional zur Frequenz. Da $|V| \gg 1$ gilt, wird

$$|A_U| \approx \frac{A_{U\,max}}{|V|} = \frac{A_{U\,max}}{Q_B} \cdot \frac{f}{f_r} = \text{konst.} \cdot f. \qquad (6.3.19)$$

Wie die Gleichungen (6.3.18) und (6.3.19) zeigen, beträgt die Flankensteilheit des Einkreis-Selektivverstärkers 6 dB/Oktave bzw. 20 dB/Dekade: Bei einer Verdopplung der Frequenz nimmt der logarithmierte Spannungsübertragungsfaktor um 6 dB zu oder ab. Bei einer Verzehnfachung der Frequenz beträgt die Zu- oder Abnahme des logarithmierten Spannungsübertragungsfaktors 20 dB.

6.3.2 Dimensionierung eines Einkreis-Selektivverstärkers

Mit dem Bipolartransistor BF 240 soll ein einkreisiger UKW-ZF-Verstärker mit dem Schaltbild nach Abb. 6.3.1 entworfen werden. Beide Transistoren T_1 und T_2 haben dieselbe Arbeitspunkteinstellung.

Arbeitspunkt

Betriebsspannung	$U_B = 12$ V
Kollektor-Basis-Gleichspannung	$U_{CB=} = 5$ V
Kollektor-Gleichstrom	$I_{C=} = 5$ mA
Basis-Emitter-Gleichspannung	$U_{BE=} \approx 0{,}7$ V
Kollektor-Basis-Gleichstromverhältnis	$B \geq 67$ (bei $U_{CE=} = 10$ V, $I_{C=} = 1$ mA)

Aus den gegebenen Arbeitspunktgrößen folgt die Beschaltung zur Arbeitspunkteinstellung für beide Transistoren gleichartig und wie folgt:

$$B \geq 67 \quad \rightarrow \quad I_{B=} \leq 75\,\mu A,$$

$$U_{E=} = U_B - U_{CB=} - U_{BE=} = 6{,}3 \text{ V}, \quad R_{E1} = \frac{U_{E=}}{I_{C=} + I_{B=}} = 1{,}24 \text{ k}\Omega$$

$$\rightarrow \quad R_{E1} = R_{E2} = 1{,}2 \text{ k}\Omega,$$

$$R_1 = \frac{U_{CB=}}{5 I_{B=}} = 13{,}4 \text{ k}\Omega \quad \rightarrow \quad R_1 = R_3 = 12 \text{ k}\Omega \quad \rightarrow \quad I_{T=} = \frac{U_{CB=}}{R_1} = 417\,\mu A, \qquad (6.3.20)$$

$$R_2 = \frac{U_B - U_{CB=}}{I_{T=} - I_{B=}} = 20{,}5 \text{ k}\Omega \quad \rightarrow \quad R_2 = R_4 = 20 \text{ k}\Omega,$$

$$\frac{1}{\omega_r C_{k1}} < 1\,\Omega \quad \rightarrow \quad C_{k1} = C_{k2} = 22 \text{ nF},$$

$$\frac{1}{\omega_r C_{E1}} = \frac{1}{\omega_r \cdot C_{E2}} \ll R_{E1} \quad \rightarrow \quad C_{E1} = C_{E2} = 10 \text{ nF}.$$

Frequenzen

Betriebsfrequenz $f_r = 10,7$ MHz
Transitfrequenz $f_T \approx 660$ MHz $\gg f_r$

Parameter des funktionalen Kleinsignalersatzschaltbilds

Die Parameter des funktionalen Kleinsignalersatzschaltbilds des Transistors lauten nach Kapitel 3.4 im vorgegebenen Arbeitspunkt

$$r_{BE} = 440\,\Omega, \quad r_{CE} = 23,5\,k\Omega, \quad g_m = 160\,mS,$$
$$c_{BC} = 0,33\,pF \approx 0, \quad c_{BE} \approx 41\,pF, \quad c_{CE} \approx 1,7\,pF. \tag{6.3.21}$$

Dimensionierung des Schwingkreises

Für die unbelastete Güte (Leerlaufgüte) des Schwingkreises soll $Q_0 = 100$ gelten. Die Schwingkreisdimensionierung geschieht nun wie folgt:

$$C = C_p + c_{CE} + c_{BE}, \quad C_p > c_{BE} + c_{CE} \quad \rightarrow \quad C_p = 150\,pF \quad \rightarrow \quad C = 192,7\,pF,$$

$$f_r = \frac{1}{2\pi\sqrt{LC}} \quad \rightarrow \quad L = L_p = 1,15\,\mu H,$$

$$Q_0 = R_P \cdot \sqrt{\frac{C_p}{L_p}} \quad \rightarrow \quad R_p = 8,76\,k\Omega, \tag{6.3.22}$$

$$R = R_3\,//\,R_4\,//\,r_{CE}\,//\,r_{BE}\,//\,R_P \quad \rightarrow \quad R = 390\,\Omega, \quad Q_B = R\sqrt{\frac{C}{L}} = 5,05.$$

Verstärkung und Bandbreite des Einkreis-Selektivverstärkers

Für den Spannungsübertragungsfaktor bei der Mittenfrequenz und die Bandbreite des entworfenen Einkreis-Selektivverstärkers gilt

$$A_{U\,max} = g_m R = 62,4, \quad 20\lg(A_{U\,max}) = 35,9\,dB,$$

$$\Delta f_c = f_{c1} - f_{c2} = \frac{f_r}{Q_B} = 2,12\,MHz. \tag{6.3.23}$$

Die Bandbreite Δf_c ist für die geplante Anwendung viel zu groß. Benötigt würde eine Bandbreite von ca. 200 kHz.

Hauptursache für die zu große Bandbreite ist der kleine Eingangswiderstand r_{BE} der Transistorstufe 2, der den Schwingkreis stark belastet und damit die belastete Güte auf den berechneten Wert reduziert. Abhilfe schafft in diesem Fall eine kapazitive oder eine induktive Teilankopplung der Basis des Transistors T_2, was zwar die Verstärkung um den Teilerfaktor reduziert, aber auch die Belastung des Schwingkreises verringert. Diese Art der Ankopplung soll in Kapitel 6.3.7 genauer betrachtet werden.

6.3.3   Selektivverstärker mit Zweikreis-Koppelfilter

Bei Verwendung eines zweikreisigen Koppelbandfilters anstelle eines einfachen Parallelschwingkreises erhält der Selektivverstärker eine größere Flankensteilheit und höhere Weitabselektion. Als Koppelelement zwischen den beiden Kreisen können ein Kondensator oder eine
Spule verwendet werden. Möglich ist beispielsweise auch die Verkopplung der Spulen beider
Kreise auf einem gemeinsamen Kern. In diesem Kapitel soll der Einfachheit halber jedoch eine
kapazitive Kopplung betrachtet werden. In der Abb. 6.3.6 ist das Schaltbild eines Selektivverstärkers mit Zweikreis-Koppelfilter dargestellt.

Die Arbeitspunkteinstellung geschieht wie schon beim Einkreis-Selektivverstärker beschrieben.
Der Kondensator C_{B2} stellt im Betriebsfrequenzbereich einen Kurzschluß dar. Somit belastet der
Basisspannungteiler des Transistors T_2 nicht den Schwingkreis 2.

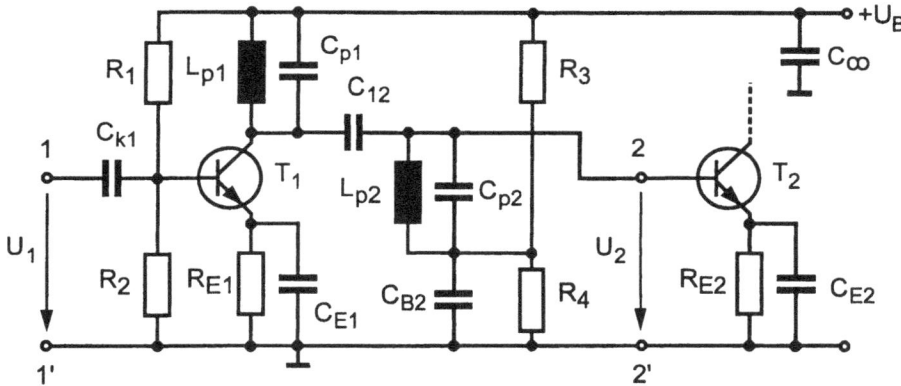

Abb. 6.3.6:   Schaltbild eines Selektivverstärkers mit Zweikreis-Koppelfilter

Das Zweikreis-Koppelfilter besteht aus dem Parallelschwingkreis 1 mit der Spule L_{p1} und dem
Kondensator C_{p1}, dem Koppelkondensator C_{12} und dem Parallelschwingkreis 2, gebildet aus der
Spule L_{p2} und dem Kondensator C_{p2}. Unter der Annahme rückwirkungsfreier Transistoren erhält
man das vereinfachte Kleinsignalersatzschaltbild nach Abb. 6.3.7, in dem gleichartige Elemente
bereits zusammengefaßt sind. Es ist

$$
\begin{aligned}
&R_{e1} = R_1 // R_2 // r_{BE1}, \quad C_{e1} = c_{BE1}, \quad U_1 = U_{BE1}, \\
&R_1 = r_{CE1} // R_{p1}, \quad R_2 = R_{p2} // r_{BE2}, \\
&C_1 = c_{CE1} + C_{p1}, \quad C_2 = C_{p2} + c_{BE2}, \\
&L_1 = L_{p1}, \quad L_2 = L_{p2}.
\end{aligned}
\tag{6.3.24}
$$

Zur Vereinfachung der Berechnung der Schaltungseigenschaften sollen gleichabgestimmte
Kreise angenommen werden, d. h.

$$
R_1 = R_2 = R, \quad C_1 = C_2 = C, \quad L_1 = L_2 = L.
\tag{6.3.25}
$$

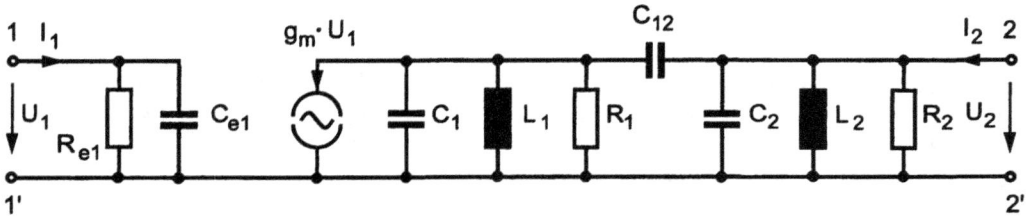

Abb. 6.3.7: Vereinfachtes Kleinsignalersatzschaltbild des Selektivverstärkers mit Zweikreis-Koppelfilter

Dann gilt nach /6.3, S. 251/ für den Betrag des Spannungsübertragungsfaktors

$$|A_U| = \frac{g_m R k_n}{\sqrt{\left(1 + k_n^2 - V^2\right)^2 + 4V^2}} . \qquad (6.3.26)$$

Die Verstimmung v, die normierten Verstimmung V und die Betriebsgüte sind definiert wie beim Einkreis-Selektivverstärker. Als Frequenz f_r ist die Resonanzfrequenz eines Einzelkreises bei Kurzschluß des zweiten Kreises anzusehen. Als Maß für die Verkopplung der beiden Schwingkreise dient der normierte Koppelfaktor k_n. Für die genannten Größen gilt

$$V = Q_B v, \quad v = \frac{f}{f_r} - \frac{f_r}{f}, \quad f_r = \frac{1}{2\pi\sqrt{L(C + C_{12})}},$$

$$Q_B = R\sqrt{\frac{C}{L}}, \quad k_n = 2\pi f C_{12} R. \qquad (6.3.27)$$

In Abb. 6.3.8 ist der Verlauf des Betrags des Spannungsübertragungsfaktors für einen Selektiv-verstärker mit Zweikreis-Koppelfilter in logarithmierter Form über der Verstimmung v bei unter-schiedlichen nomierten Koppelfaktoren k_n dargestellt. Für die Betriebsgüten der Schwingkreise wurde wiederum $Q_B = 10$ angenommen.
Die Frequenz f_r ist die Mittenfrequenz des Selektivverstärkers mit Zweikreis-Koppelfilter. Sie ist unabhängig vom Koppelfaktor.
Wählt man den normierten Koppelfaktor zu $k_n = 1$, so erhält man einen maximal flachen Verlauf des Spannungsübertragungsfaktors im Durchlaßbereich. Der Fall $k_n = 1$ wird als kritische Kopp-lung bezeichnet. Bei $k_n < 1$ (gezeichnet ist $k_n = 0,5$) wird der Durchlaßbereich schmaler und die Verstärkung in Bandmitte nimmt ab. Man spricht von unterkritischer Kopplung. Wird hingegen $k_n > 1$ gewählt (gezeichnet ist $k_n = 2$), so wird der Durchlaßbereich zwar breiter als bei $k_n = 1$. Allerdings weist der Frequenzgang im Falle der überkritischen Kopplung eine Einsattelung auf, die mit zunehmendem normierten Koppelfaktor k_n tiefer wird.

Zum Vergleich ist der schon in Abb. 6.3.5 dargestellte normierte Betrag des Spannungsübertra-gungsfaktors des Einkreis-Selektivverstärkers ebenfalls eingezeichnet (Kurve EKS).

Abb. 6.3.9 zeigt den Verlauf des Betrags des Spannungsübertragungsfaktors für einen Selektiv-verstärker mit Zweikreis-Koppelfilter ebenfalls in der in Abb. 6.3.8 benutzten normierten Form.

Allerdings ist nun die Betriebsgüte als Parameter gewählt. Der normierte Koppelfaktor ist in allen Kurven $k_n = 1$. Zum Vergleich ist wiederum der normierte Betrag des Spannungsübertragungsfaktors des Einkreis-Selektivverstärkers bei einer Betriebsgüte $Q_B = 10$ mit eingezeichnet.

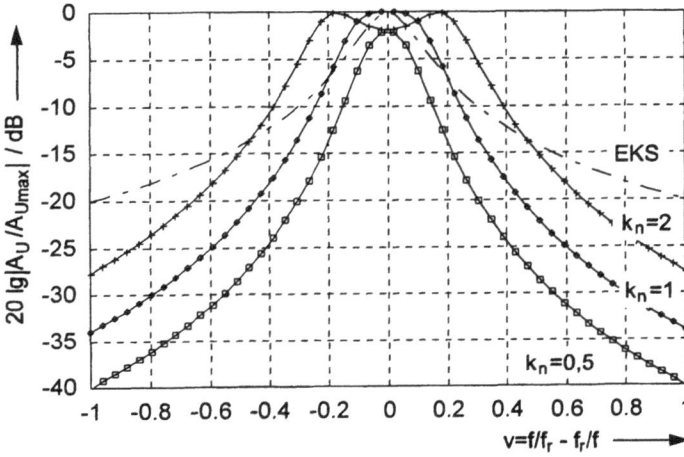

Abb. 6.3.8:
Betrag des Spannungsübertragungsfaktors des Selektivverstärkers mit Zweikreis-Koppelfilter in normierter Darstellung (Betriebsgüte $Q_B = 10$, Parameter normierter Koppelfaktor k_n)

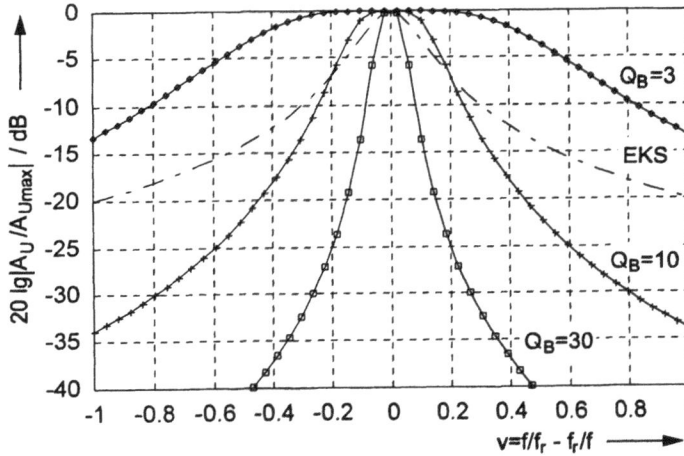

Abb. 6.3.9:
Betrag des Spannungsübertragungsfaktors des Selektivverstärkers mit Zweikreis-Koppelfilter in normierter Darstellung (Parameter Q_B, normierter Koppelfaktor $k_n = 1$)

Der Spannungsübertragungsfaktor des Selektivverstärkers mit Zweikreis-Koppelfilter beträgt in Bandmitte

$$\left| A_U \left(f = f_r \right) \right| = \frac{k_n}{1 + k_n^2} \cdot g_m R \le \frac{1}{2} \cdot g_m R. \tag{6.3.28}$$

Die maximale Verstärkung in Bandmitte wird bei $k_n = 1$ erreicht.

Grenzfrequenzen

Die normierten Verstimmungen V_{c1} und V_{c2} bei den Grenzfrequenzen f_{c1} und f_{c2} ergeben sich bei kritischer Kopplung mit der Bedingung nach Gl. (6.3.10) aus Gl. (6.3.26) zu

$$V_{c1} = \sqrt{2}, \quad V_{c2} = -\sqrt{2}. \tag{6.3.29}$$

Löst man Gl. (6.3.29) wiederum nach den Grenzfrequenzen f_{c1} und f_{c2} auf, so folgt daraus eine 3 dB-Bandbreite Δf_c des Selektivverstärkers mit Zweikreis-Koppelfilter und dem normierten Koppelfaktor $k_n = 1$, die um den Faktor $\sqrt{2}$ größer ist als beim Einkreis-Selektivverstärker,

$$\Delta f_c = \sqrt{2} \cdot \frac{f_r}{Q_B}. \tag{6.3.30}$$

Weitabselektion

Die Näherungen nach Gl. (6.3.31) und Gl. (6.3.32) für den Spannungsübertragungsfaktor bei Frequenzen, die sehr viel größer bzw. sehr viel kleiner als die Mittenfrequenz f_r sind, zeigen, daß die Flankensteilheit des Selektivverstärkers mit Zweikreis-Koppelfilter 12 dB/Oktave bzw. 40 dB/Dekade beträgt. Die Flankensteilheit ist demnach doppelt so groß wie beim Einkreis-Selektivverstärker.

Frequenzbereich $f \gg f_r$:

$$|A_U| \approx \frac{A_{U\,max}}{V^2} = \frac{A_{U\,max}}{Q_B^2} \cdot \left(\frac{f_r}{f}\right)^2 = \text{konst.} \cdot \frac{1}{f^2}. \tag{6.3.31}$$

Frequenzbereich $f \ll f_r$:

$$|A_U| \approx \frac{A_{U\,max}}{V^2} = \frac{A_{U\,max}}{Q_B^2} \cdot \left(\frac{f}{f_r}\right)^2 = \text{konst.} \cdot f^2. \tag{6.3.32}$$

6.3.4 Dimensionierung eines Selektivverstärkers mit Zweikreis-Koppelfilter

Das Schaltungsbeispiel aus Kapitel 6.3.2 soll zu einem zweikreisigen UKW-ZF-Verstärker mit gleich abgestimmten Kreisen erweitert werden. Die Arbeitspunkte der Transistoren T_1 und T_2 werden wie in Kapitel 6.3.2 eingestellt. Damit gelten auch die im Kapitel 6.3.2 angegebenen Werte für die Kleinsignalparameter und die Transitfrequenz der Transistoren. Die Mittenfrequenz des Selektivverstärkers wird ebenfalls zu $f_r = 10{,}7$ MHz gewählt.

Dimensionierung der Schwingkreise

Für die unbelastete Güte beider Schwingkreise gelte wiederum $Q_0 = 100$. Die Kopplung soll auf $k_n = 1$ eingestellt werden.

Der Schwingkreis 2 hat wegen $r_{BE}//R_{p2} < r_{CE}//R_{p1}$ die kleinere Betriebsgüte. Er wird deshalb zuerst dimensioniert:
Aus der Vorgabe für die Induktivität L_{p2} der Spule folgt mit der Mittenfrequenz f_r die Summe der Kapazitäten $C + C_{12}$ zu

$$L_{p2} = 1,15\,\mu H,$$

$$f_r = \frac{1}{2\pi\sqrt{L(C+C_{12})}} \quad \rightarrow \quad C+C_{12} = 192,7\ pF. \tag{6.3.33}$$

Weitere vier Größen erhält man aus vier Gleichungen mit vier Unbekannten zu

$$\left.\begin{aligned}
k_n &= \omega_r C_{12} R = 1 \\
C_{p2} &= 192,7\ pF - C_{12} - c_{BE} \\
R &= R_{p2}//r_{BE} \\
Q_0 &= R_{P2}\sqrt{\frac{L_{p2}}{C_{p2}}} = 100
\end{aligned}\right\} \quad \rightarrow \quad \left\{\begin{aligned}
C_{p2} &= 116,4\ pF \\
C_{12} &= 35,3\ pF \\
R_{p2} &= 9940\ \Omega \\
R &= 421,4\ \Omega
\end{aligned}\right. \tag{6.3.34}$$

Als nächstes ist der Schwingkreis 1 so zu dimensionieren, daß er mit Kreis 2 übereinstimmt. Da beide Schwingkreise dieselbe Betriebsgüte aufweisen sollen, wird Kreis 1 mit einem zusätzlichen Parallelwiderstand R_z beschaltet. Diese Vorgehensweise verringert die belastete Güte des Schwingkreises und vergrößert damit die Bandbreite des Selektivverstärkers. Im Sinne einer kleineren Bandbreite wäre es jedoch vorteilhafter, die ohmsche Belastung des Kreises 2 mit schaltungstechnischen Mitteln zu vermindern.

Es ergibt sich

$$L_{p1} = L = 1,15\,\mu H,$$

$$C_{p1} = 192,7\ pF - C_{12} - c_{CE} = 155,7\ pF,$$

$$R_{p1} = Q_0\sqrt{\frac{L_{p1}}{C_{p1}}} = 8594\ \Omega, \tag{6.3.35}$$

$$R_{p1}//r_{CE} = 6293\ \Omega > R \quad \rightarrow \quad R_z\ \text{mit}\ R_{p1}//r_{CE}//R_z = R \quad \rightarrow \quad R_z = 452\ \Omega.$$

Damit gilt für beide Kreise

$$L = 1,15\,\mu H,$$

$$C = 157,4\ pF, \quad C_{12} = 35,3\ pF, \quad C+C_{12} = 192,7\ pF,$$

$$R = 421,4\ \Omega, \tag{6.3.36}$$

$$Q_B = R\sqrt{\frac{C}{L}} = 4,93.$$

Verstärkung und Bandbreite des Selektivverstärkers mit Zweikreis-Koppelfilter

Für den Spannungsübertragungsfaktor bei Mittenfrequenz und für die Bandbreite erhält man

$$A_{U\,max} = \frac{1}{2} \cdot g_m R = 33{,}2, \quad 20 \lg\left(A_{U\,max}\right) = 30{,}6 \text{ dB},$$

$$\Delta f_c = f_{c1} - f_{c2} = \sqrt{2} \cdot \frac{f_r}{Q_B} = 3{,}07 \text{ MHz}.$$

(6.3.37)

Wie zu erwarten war, ist die Bandbreite Δf_c des Selektivverstärkers mit Zweikreis-Koppelfilter größer als die Bandbreite des Einkreis-Selektivverstärkers. Sie ist damit für die geplante Anwendung ebenfalls viel zu groß.

Hauptursache für die zu große Bandbreite ist wiederum der kleine Eingangswiderstand r_{BE} der Transistorstufe T_2, der den Schwingkreis 2 stark bedämpft. Abhilfe schafft auch in diesem Fall eine kapazitive oder induktive Teilankopplung der Basis des Transistors T_2.

6.3.5   Mehrstufiger Einkreis-Selektivverstärker

Zur Erhöhung der Selektion eines Verstärkers können auch mehrere einstufige Selektivverstärker in Kette geschaltet werden. Besonders einfach wird die Behandlung eines mehrstufigen Selektivverstärkers, wenn die N Stufen entkoppelt sind. In diesem Fall ergibt sich für den Spannungsübertagungsfaktor

$$A_U = (-1) \cdot \frac{A_{U1\,max}}{1+jV_1} \cdot (-1) \cdot \frac{A_{U2\,max}}{1+jV_2} \cdot (-1) \cdot \frac{A_{U3\,max}}{1+jV_3} \cdots (-1) \cdot \frac{A_{UN\,max}}{1+jV_N}.$$

(6.3.38)

Sind alle Kreise gleich abgestimmt, so vereinfacht sich Gl. (6.3.38) zu

$$A_U = (-1)^N \cdot \left(\frac{A_{U\,max}}{1+jV}\right)^N.$$

(6.3.39)

Für den Betrag des Spannungsübertragungsfaktors folgt daraus

$$|A_U| = \left(\frac{A_{U\,max}}{\sqrt{1+V^2}}\right)^N.$$

(6.3.40)

Grenzfrequenzen

Für die normierten Verstimmungen V_{c1} und V_{c2} bei den Grenzfrequenzen f_{c1} und f_{c2} ergibt sich bei der Kettenschaltung von N gleichen Einkreis-Selektivverstärkern mit der Bedingung nach Gl. (6.3.10) aus Gl. (6.3.40)

$$\left(1 + V_{1,2}^2\right)^N = 2, \quad \text{d. h.} \quad V_1 = \sqrt{\sqrt[N]{2} - 1}, \quad V_2 = -\sqrt{\sqrt[N]{2} - 1}.$$

(6.3.41)

Demnach gilt für die 3 dB-Bandbreite Δf_c des mehrstufigen Selektivverstärkers

$$\Delta f_c = \sqrt{\sqrt[N]{2}-1} \cdot \frac{f_r}{Q_B}. \tag{6.3.42}$$

Weitabselektion

Mit den Gleichungen (6.3.43) und (6.3.44) werden Näherungen für den Spannungsübertragungs-faktor bei Frequenzen, die sehr viel größer bzw. sehr viel kleiner als die Mittenfrequenz f_r sind, angegeben. Sie zeigen, daß die Flankensteilheit des mehrstufigen Selektivverstärkers $N \cdot 6$ dB/Oktave bzw. $N \cdot 20$ dB/Dekade beträgt. Die Flankensteilheit wird von der Anzahl der Stufen bestimmt.

Frequenzbereich $f \gg f_r$:

$$|A_U| \approx \frac{A_{U\,max}}{V^N} = \frac{A_{U\,max}}{Q_B^N} \cdot \left(\frac{f_r}{f}\right)^N = konst. \cdot \frac{1}{f^N}. \tag{6.3.43}$$

Frequenzbereich $f \ll f_r$:

$$|A_U| \approx \frac{A_{U\,max}}{|V|^N} = \frac{A_{U\,max}}{Q_B^N} \cdot \left(\frac{f}{f_r}\right)^N = konst. \cdot f^N. \tag{6.3.44}$$

Beispiel

Wieviele Stufen N des Einkreis-Selektivverstärkers nach Kapitel 6.3.2 sind in Kette zu schalten, damit die Bandbreite der Gesamtanordnung auf $\Delta f_{cN} \leq 250$ kHz reduziert wird?

Aus den Bandbreiten des Einkreis-Selektivverstärkers nach Gl. (6.3.17) und der Bandbreite für die Kettenschaltung von Einkreis-Selektivverstärkern nach Gl. (6.3.42) folgt die Anzahl N der Stufen zu

$$\Delta f_c = \frac{f_r}{Q_B}, \quad \Delta f_{cN} = \frac{f_r}{Q_B} \cdot \sqrt{\sqrt[N]{2}-1} \quad \rightarrow \quad \frac{\Delta f_{cN}}{\Delta f_c} = \sqrt{\sqrt[N]{2}-1}$$

$$\rightarrow \quad N = \frac{\lg 2}{\lg\left[\left(\frac{\Delta f_{cN}}{\Delta f_c}\right)^2 + 1\right]}. \tag{6.3.45}$$

Mit $\Delta f_c = 2,12$ MHz nach Gl. (6.3.23) ergibt sich N = 51,1. Es wären demnach N = 52 gleiche Einkreis-Selektivverstärker notwendig, um eine Bandbreite von $\Delta f_{cN} = 248$ kHz zu erreichen.

Das Beispiel zeigt deutlich, daß mit der Kettenschaltung von Einkreis-Selektivverstärkern zwar die Flankensteilheit merklich erhöht werden kann. Auf die Bandbreite wirkt sich die Kettenschal-tung jedoch nur geringfügig aus. Das einzige Mittel zur Bandbreitenreduzierung ist demnach die Erhöhung der Betriebsgüte der Einzelkreise.

6.3.6 Zusammenfassung der Ergebnisse

Die wichtigsten Eigenschaften der in den vorausgehenden Kapiteln 6.3.1 bis 6.3.5 genauer behandelten Selektivverstärkertypen sind in der Tabelle 6.2 zusammengefaßt. Beim Typ 1 handelt es sich um den Einkreis-Selektivverstärker, Typ 2 bezeichnet den Selektivverstärker mit Zweikreis-Koppelfilter und kritischer Kopplung. Unter dem Typ 3 ist der N-stufige Einkreis-Selektivverstärker mit identischen Stufen zu verstehen. Beispielhaft sind auch die bei Betriebsgüten von $Q_B = 20$ zu erwartenden Bandbreiten für einen UKW-ZF-Verstärker angegeben. Mit $N = 5$ gleichen Stufen des Typs 3 ist die gewünschte Bandbreite von ca. 200 kHz zu erzielen.

Tabelle 6.2:   Vergleich der behandelten Typen von Selektivverstärkern

	Typ 1	Typ 2	Typ 3
Mittenfrequenz f_r	$\dfrac{1}{2\pi\sqrt{LC}}$	$\dfrac{1}{2\pi\sqrt{L(C+C_{12})}}$	$\dfrac{1}{2\pi\sqrt{LC}}$
3 dB-Bandbreite Δf_c	$\dfrac{f_r}{Q_B}$	$\dfrac{f_r}{Q_B}\cdot\sqrt{2}$	$\dfrac{f_r}{Q_B}\cdot\sqrt{\sqrt[N]{2}-1}$
Spannungsverstärkung bei Mittenfrequenz $|A_u(f_r)|$	$g_m R$	$\dfrac{1}{2}\cdot g_m R$	$\left(g_m R\right)^N$
Flankensteilheit	20 dB/Dekade	40 dB/Dekade	N·20 dB/Dekade
Beispiele			N = 5
f_r/MHz	10,7	10,7	10,7
Q_0	100	100	100
Q_B	20	20	20
Δf_c/kHz	535	757	206

In der Praxis verwendet man in ZF-Verstärkern beispielsweise mehrere in Kette geschaltete Selektivverstärker mit Zweikreis-Koppelfiltern. Diese weisen bei gleicher Anzahl der Einzelkreise dieselbe Flankensteilheit auf wie in Kette geschaltete Einkreis-Selektivverstärker. Von Vorteil ist jedoch der flachere Verlauf des Frequenzgangs im Durchlaßbereich der Filter.

Außer den bisher vorgestellten drei Typen von Selektivverstärkern werden auch Verstärker mit sogenannten Verstimmungsfiltern verwendet. Sie bestehen aus der Kettenschaltung unterschiedlich abgestimmter Einkreis-Selektivverstärker bzw. Selektivverstärker mit Zweikreis-Koppelfiltern /6.1, S. 252ff/.
Bekannt sind auch Selektivverstärker mit mehr als zwei gekoppelten Kreisen.

Um auf die im allgemeinen im Hochfrequenzbereich niedergütigen Spulen verzichten zu können, werden auch keramische Resonatoren und Schwingquarze in Selektivverstärkern eingesetzt. Diese Bauelemente weisen größere Güten auf und lassen somit schmalbandigere Realisierungen zu /6.4, S. 236ff/.

6.3.7 Selektivverstärker mit Teilankopplung

Um die Belastung des Schwingkreises eines Selektivverstärkers durch die Eingangs- oder Ausgangsstufe des Transistors zu reduzieren bzw. so einzustellen, daß mit den gegebenen Bauteilegüten die geforderte Filterbandbreite erzielt wird, wählt man eine Teilankopplung des Transistors an den Kreis. Abb. 6.3.10 zeigt beispielhaft das Schaltbild eines zweistufigen Selektivverstärkers mit Zweikreis-Koppelfilter und transformatorischer Kopplung. Der Ausgang der ersten Transistorstufe ist induktiv, der Eingang der zweiten Transistorstufe kapazitiv teilangekoppelt. Bei dieser Ausführung der Teilankopplungen werden die Arbeitspunkteinstellungen der Transistoren nicht beeinflußt.

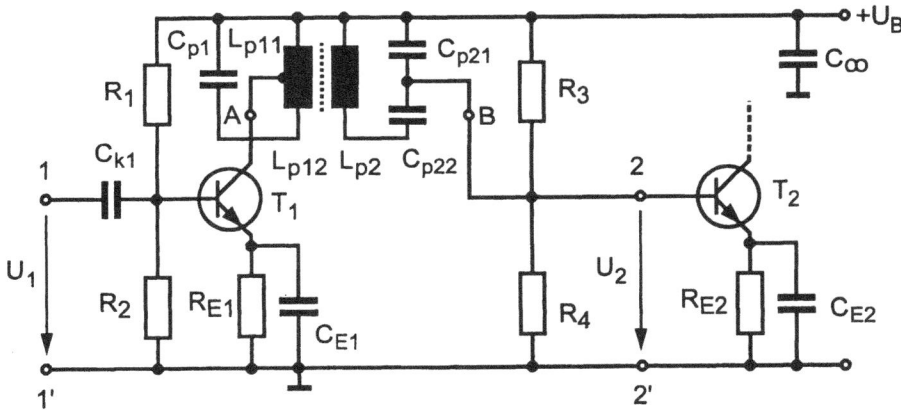

Abb. 6.3.10: Schaltbild eines Selektivverstärkers mit Zweikreis-Koppelfilter und Teilankopplung

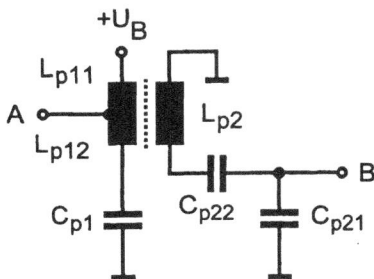

Abb. 6.3.11:
Veränderte Anordnung des
Filters in der Schaltung nach
Abb. 6.3.10

Die Anordnung des Filters zwischen den Klemmen A und B kann auch nach Abb. 6.3.11 vorgenommen werden. Daß es sich dabei um zwei gekoppelte Parallelschwingkreise handelt, ist erst bei einer genaueren Analyse der Schaltung ersichtlich.

Kapazitive Teilankopplung

Die Transformation der an den Ankoppelstellen angeschlossenen Widerstände in den Parallelschwingkreis soll am Beispiel der kapazitiven Teilankopplung nach Abb. 6.3.12 veranschaulicht werden:

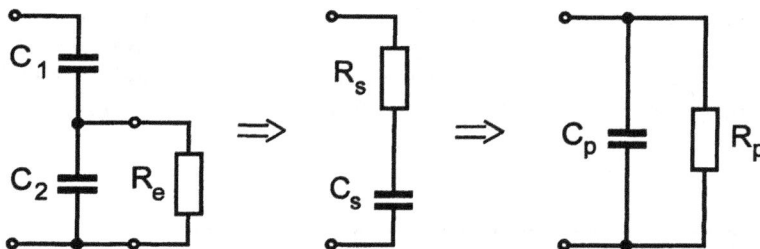

Abb. 6.3.12: Widerstandstransformation bei kapazitiver Teilankopplung

Für die Impedanz Z_{e2} der Parallelschaltung aus C_2 und R_e gilt

$$Z_{e2} = \frac{1}{Y_{e2}} = \frac{R_e}{1 + j\omega C_2 R_e} = \frac{R_e + j\omega C_2 R_e^2}{1 + (\omega C_2 R_e)^2},$$

$$(6.3.46)$$

$$Z_{e2} \approx \frac{1}{R_e (\omega C_2)^2} + \frac{1}{j\omega C_2}, \quad \text{falls} \quad (\omega C_2 R_e)^2 \gg 1.$$

Daraus folgt für die Impedanz Z_e der Gesamtanordnung

$$Z_e = \frac{1}{j\omega C_1} + Z_{e2} \approx \frac{1}{R_e (\omega C_2)^2} + \frac{1}{j\omega C_2} + \frac{1}{j\omega C_1},$$

$$(6.3.47)$$

$$Z_e = R_s + \frac{1}{j\omega C_s} \quad \text{mit} \quad R_s \approx \frac{1}{R_e (\omega C_2)^2}, \quad C_s \approx \frac{C_1 C_2}{C_1 + C_2}.$$

Für die Admittanz Y_e folgt

$$Y_e = \frac{1}{Z_e} = \frac{1}{R_s + \dfrac{1}{j\omega C_s}} = \frac{j\omega C_s}{1 + j\omega C_s R_s} = \frac{(\omega C_s)^2 R_s + j\omega C_s}{1 + (\omega C_s R_s)^2}.$$

$$(6.3.48)$$

Da wegen $(\omega C_2 R_e)^2 \gg 1$ auch $(\omega C_s R_s)^2 \ll 1$ ist, gilt näherungsweise

$$Y_e \approx (\omega C_s)^2 R_s + j\omega C_s. \tag{6.3.49}$$

Die Admittanz Y_e besteht aus der Parallelschaltung des Widerstands R_p und der Kapazität C_p mit

$$Y_e = \frac{1}{R_p} + j\omega C_p$$

$$\text{und} \quad R_p \approx \frac{1}{R_s(\omega C_s)^2} \approx \left(1 + \frac{C_2}{C_1}\right)^2 R_e, \quad C_p \approx C_s \approx \frac{C_1 C_2}{C_1 + C_2}. \tag{6.3.50}$$

Der im Parallelschwingkreis wirksame Widerstand R_p wird um das Quadrat des Kapazitätsverhältnisses $(C_1+C_2)/C_1$ größer als der an der Teilankopplung angeschaltete Widerstand R_e. Die Gültigkeit der in Gl. (6.3.46) angenommenen Näherung ist im konkreten Fall zu überprüfen.

Induktive Teilankopplung

Werden in Abb. 6.3.12 die Kapazitäten durch Induktivitäten, d. h. C_1 durch L_1 und C_2 durch L_2 ersetzt, so ergibt sich für die induktive Teilankopplung die Admittanz Y_e als Parallelschaltung aus R_p und L_p mit

$$Y_e = \frac{1}{R_p} + \frac{1}{j\omega L_p} \quad \text{und} \quad R_p \approx \left(1 + \frac{L_1}{L_2}\right)^2 R_e, \quad L_p \approx L_1 + L_2. \tag{6.3.51}$$

Zur Ableitung der Gl. (6.3.51) wurde die Näherung

$$\left(\frac{R_e}{\omega L_2}\right)^2 \gg 1 \tag{6.3.52}$$

verwendet. Deren Gültigkeit ist beim konkreten Schaltungsentwurf zu kontrollieren.
Der im Parallelschwingkreis wirksame Widerstand R_p wird um das Quadrat des Induktivitätsverhältnisses $(L_1+L_2)/L_2$ größer als der an der Teilankopplung angeschaltete Widerstand R_e.

Man beachte auch, daß das Spannungsteilerverhältnis des induktiven bzw. des kapazitiven Spannungsteilers in der Berechnung des Spannungsübertragungsfaktors zu berücksichtigen ist. Der Spannungsübertragungsfaktor eines Selektivverstärkers mit Teilankopplung wird deshalb bei gleichen Betriebsgüten kleiner sein als ohne Teilankopplung.

6.3.8 Beispiel eines Selektivverstärkers in einem UKW-Rundfunkempfänger

Im Anhang, Kapitel 8.2, ist ein Auszug aus dem Schaltbild eines UKW-Rundfunkempfängers abgebildet. An dieser Stelle soll die Hochfrequenzvorstufe als Beispiel eines Selektivverstärkers genauer analysiert werden. Sie ist mit einer Verstärkerstufe ausgeführt. Als Transistor wird der pnp-Typ BF 414 in Basisgrundschaltung verwendet.

Arbeitspunkteinstellung

Die Schaltung zur Einstellung des Arbeitspunkts nach Abb. 6.3.13 zeigt alle um den Transistor T_3 bestehenden Gleichstromwege. Zeichnet man die im Schaltbild angegebene Schaltung um, so sind die Widerstände R_7 und R_8 dem Basisspannungsteiler des Transsistors T_3 zuzuordnen. Der Widerstand R_6 dient zur Serienstromgegenkopplung am Emitter. Ein Kollektorwiderstand ist nicht vorhanden. Die Widerstände R_{38} und R_{39} sind Vorwiderstände, die auf die prinzipielle Funktion keinen Einfluß haben.

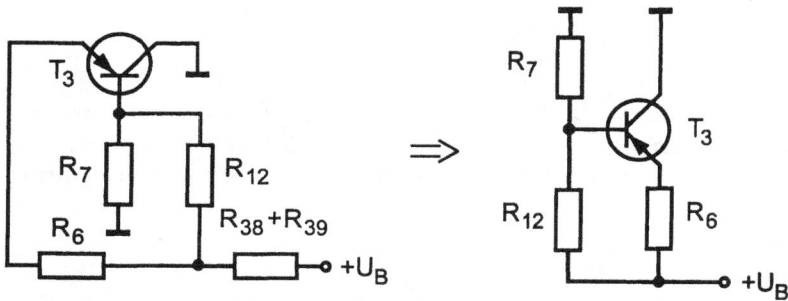

Abb. 6.3.13:
Arbeitspunkteinstellung der Hochfrequenzvorstufe

Selektivverstärker

Der Selektivverstärker besteht aus einem Einzelkreis vor der Verstärkerstufe und einem Zweikreis-Koppelfilter mit transformatorischer Kopplung am Verstärkerausgang.

Der Einzelkreis ist induktiv an die Antenne, deren Impedanz klein ist, angekoppelt. Wegen des ebenfalls kleinen Eingangswiderstands der Basisgrundschaltung ist der Transistoreingang mit einer kapazitiven Teilankopplung angeschlossen. Abb. 6.3.14 zeigt das Wechselstromersatzschaltbild des Eingangskreises und verdeutlicht die genannten Ankopplungsarten. Man beachte, daß die Drossel Dr im Betriebsfrequenzbereich des Selektivverstärkers einen Leerlauf darstellt. Sie dient zusammen mit dem Kondensator C_9 zur Entkopplung des Hochfrequenzsignals von der Versorgungsspannung.

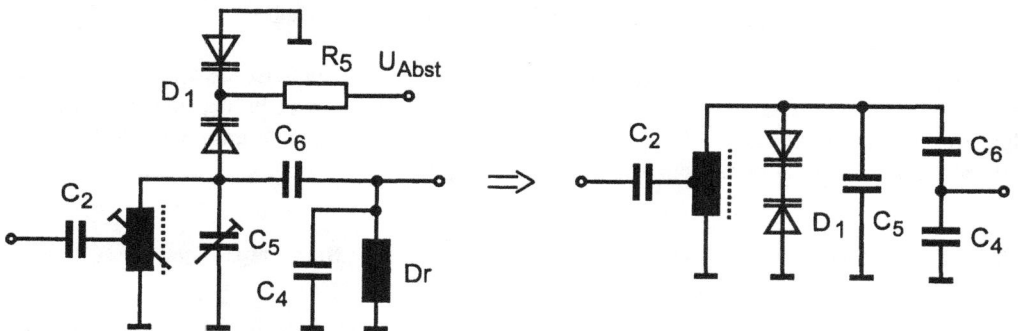

Abb. 6.3.14:   Wechselstromersatzschaltbild des Eingangskreises mit induktiver Teilankopplung an die Antenne und kapazitiver Teilankopplung an den Transistor

Die Mittenfrequenz des Kreises wird mit zwei Kapazitätsdioden D_1 (Doppeldiode) abgestimmt, die gleichstrommäßig parallel geschaltet sind. Wechselstrommäßig liegt eine Serienschaltung der Kapazitätsdioden mit entgegengesetzter Polarität vor. Diese Maßnahme reduziert die Nichtlinearität der Abstimmkennlinie $C_D(U_{Abst})$.

Das Zweikreis-Koppelfilter am Ausgang der Verstärkerstufe ist wegen des großen Ausgangs-widerstands der Basisgrundschaltung direkt an den Transistorausgang angeschaltet. Die Ankopplung des zweiten Kreises des Koppelfilters an den Eingang der folgenden Transistorstufe ist mit einem Koppelkondensator kleiner Kapazität ausgeführt. Eine genauere Beschreibung des Zweikreis-Koppelfilters erübrigt sich, da sein Aufbau einschließlich der Abstimmung der Mittenfrequenz mit Kapazitätsdioden aus dem Schaltbild klar ersichtlich ist.

6.4   Typen von Kleinsignalverstärkern

Eine Einteilung der Kleinsignalverstärker kann nach verschiedenen Kriterien vorgenommen werden:

- Typ des aktiven Elements
  * Bipolartransistor, bis ca. 2 GHz
  * Hetero-Bipolartransistor (HBT), bis ca. 100 GHz
  * GaAs-Feldeffekttransistor (MESFET), ab ca. 500 MHz bis ca. 100 GHz

- Anzahl der Verstärkerstufen und der Verstärkung

- Bandbreite
  * Selektivverstärker (Small bandwidth amplifier), relative Bandbreite ca. 1 %
  * Breitbandverstärker
    - mittlerer Bandbreite (Medium bandwidth amplifier), Bandbreite bis 1 Oktave
    - großer Bandbreite (Large bandwidth amplifier), Bandbreite mehrere Dekaden

- Rauschzahl, Rauschtemperatur
  * rauscharme Verstärker (Low noise amplifier, LNA)

- Sondereigenschaften
  * temperaturkompensierte Verstärker (Temperature compensated amplifier)
  * logarithmische Verstärker (Logarithmic amplifier)
  * Verstärker mit einstellbarer Verstärkung (Variable gain amplifier, VGA)

6.5   Technische Daten eines Kleinsignalverstärkers

Die typischen technischen Daten eines Hochfrequenzverstärkers sollen anhand eines Beispiels verdeutlicht werden. Die folgenden Daten und Kurven sind einem Datenbuch /6.5, S. 17ff/ entnommen, in dem auch eine ausführliche Beschreibung des rauscharmen GaAs-MESFET-Verstärkers nachgelesen werden kann. Angaben über die Zuverlässigkeit (MTBF, Mean Time Between Failure) des Verstärkers werden ebenfalls gemacht.

Im 1 dB-Kompressionspunkt ist die tatsächliche Verstärkung auf Grund der Begrenzung des Verstärkers gerade um 1 dB niedriger als bei Aussteuerung mit kleiner Leistung. Der Zusammenhang zwischen Eingangsreflexionsfaktor und Stehwelligkeit VSWR (Voltage Standing Wave Ratio) ist im Kapitel 4.6 angegeben. Die englischen Bezeichnungen wurden absichtlich beibehalten.

Die Abbildungen geben typische Meßergebnisse wieder. In Abb. 6.5.1 sind Verstärkung und Rauschzahl als Funktion der Frequenz dargestellt. Abb. 6.5.2 gibt die Ausgangsleistung im 1 dB-Kompressionspunkt über der Frequenz an. Die Abbildungen 6.5.3 und 6.5.4 enthalten die logarithmierten Reflexionsfaktoren an Ein- und Ausgang des Verstärkers ebenfalls in Abhängigkeit von der Frequenz. Parameter ist in allen Kurven die Umgebungstemperatur des Verstärkers. Die durchgezogenen Linien gelten für eine Temperatur von +23°C, die gestrichelten Linien für -55°C und die strichpunktierten Linien für +85°C.

Datenblatt des Verstärkerherstellers

Manufacturer: Miteq
Model number: AFS-00100600-13-10P-4
Description: Ultra-wideband amplifier

Technical specifications:
-    DC power   15 V, 125 mA
-    Frequency range   0,1 GHz to 6 GHz
-    Gain $\geq$ 28 dB
-    Gain flatness $\leq \pm 1,25$ dB
-    Noise figure $\leq 1,3$ dB
-    VSWR input $\leq 2{:}1$, 50 Ω
-    VSWR output $\leq 2{:}1$, 50 Ω
-    Output power at 1 dB compession ≥ 10 dBm

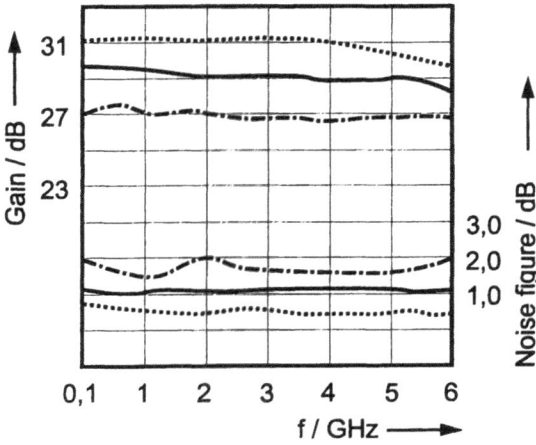

Abb. 6.5.1:
AFS-00100600-13-10P-4,
typical gain and noise figure
versus frequency

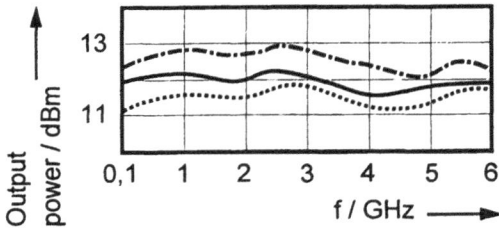

Abb. 6.5.2:
AFS-00100600-13-10P-4,
typical output power at
1 dB compression versus
frequency

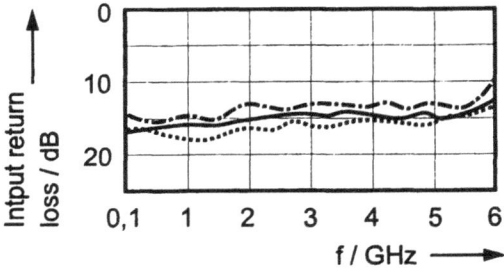

Abb. 6.5.3:
AFS-00100600-13-10P4
typical input return loss
versus frequency

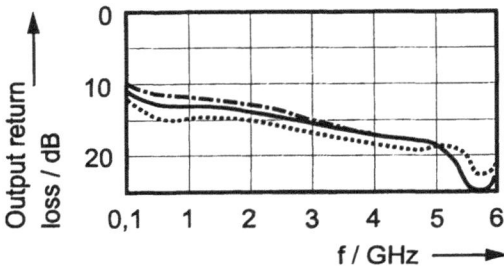

Abb. 6.5.4:
AFS-00100600-13-10P-4,
typical output return loss
versus frequency

6.6   Leistungsanpassung, Wellenanpassung, Stabilität

Sollen in der Hochfrequenztechnik geringste Empfangsleistungen weiterverarbeitet werden, so ist eine möglichst effiziente Nutzung der zur Verfügung stehenden Leistung geboten. Das heißt aber, daß einer Quelle soviel Leistung wie möglich entnommen werden muß und daß keine Leistung zur Quelle zurückreflektiert werden darf. Auch bei Hochfrequenzsystemen, in denen große Leistungen verarbeitet werden, sind die genannten Anforderungen von Bedeutung. So muß beispielsweise verhindert werden, daß in einem Leistungssender zwischen dem Leistungsoszillator und einem nachgeschalteten Leistungsverstärker ein großer Reflexionsfaktor auftritt, was eine Reduzierung des Wirkungsgrads und unter Umständen eine Zerstörung von Bauteilen im Oszillator zur Folge hätte. Für einen Hochfrequenzverstärker strebt man deshalb
-    maximale Leistungsverstärkung (Leistungsanpassung) und
-    Reflexionsfreiheit (Wellenanpassung)
am Ein- und Ausgangstor an.

6.6.1   Prinzip der Anpassung

Maximale Leistungsverstärkung

In der Hochfrequenztechnik kann nicht, wie es in der Niederfrequenztechnik im allgemeinen möglich ist, die Eingangsimpedanz Z_{e1} des Verstärkerzweitors als sehr groß (idealisiert $Z_{e1} \to \infty$) und die Ausgangsimpedanz als klein ($Z_{e2} \to 0$) angenommen werden (vergl. Abb. 6.6.1). Wegen der endlichen Ein- und Ausgangsimpedanzen ist eine maximale Leistungsverstärkung deshalb nur bei Herstellung von Leistungsanpassung möglich.

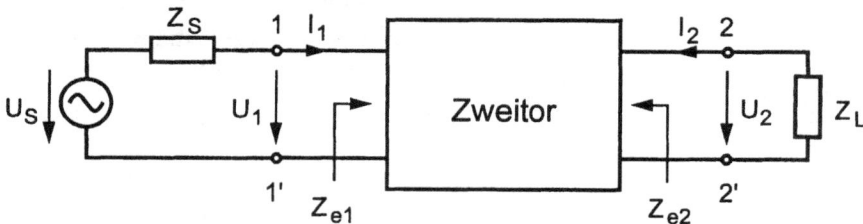

Abb. 6.6.1:   Mit Quelle und Last beschaltetes Zweitor

Leistungsanpassung am Eingang des Zweitors liegt vor, wenn

$$Z_{e1} = Z_S^* ,$$
$$\text{d. h.}\quad \text{Re}\{Z_{e1}\} = R_{e1} = R_S = \text{Re}\{Z_S\}, \quad \text{Im}\{Z_{e1}\} = X_{e1} = -X_S = -\text{Im}\{Z_S\} \tag{6.6.1}$$

ist. Entsprechend folgt als Forderung für Leistungsanpassung am Ausgang

$$Z_{e2} = Z_L^*,$$
$$\text{d. h.} \quad \text{Re}\{Z_{e2}\} = R_{e2} = R_L = \text{Re}\{Z_L\}, \quad \text{Im}\{Z_{e2}\} = X_{e2} = -X_L = -\text{Im}\{Z_L\}. \tag{6.6.2}$$

Reflexionsfreiheit

Wellenanpassung an Ein- und Ausgang eines Zweitors liegt dann vor, wenn beide Tore reflexionsfrei abgeschlossen sind. Die Reflexionsfaktoren r_{e1} und r_{e2} an Ein- und Ausgang ergeben sich zu

$$r_{e1} = \frac{Z_{e1} - Z_S}{Z_{e1} + Z_S} \quad \text{und} \quad r_{e2} = \frac{Z_{e2} - Z_L}{Z_{e2} + Z_L}. \tag{6.6.3}$$

Daraus folgt aus der Bedingung für Reflexionsfaktoren $r_{e1} = 0$ und $r_{e2} = 0$

$$Z_{e1} = Z_S,$$
$$\text{d. h.} \quad \text{Re}\{Z_{e1}\} = R_{e1} = R_S = \text{Re}\{Z_S\}, \quad \text{Im}\{Z_{e1}\} = X_{e1} = X_S = \text{Im}\{Z_S\} \tag{6.6.4}$$

und

$$Z_{e2} = Z_L,$$
$$\text{d. h.} \quad \text{Re}\{Z_{e2}\} = R_{e2} = R_L = \text{Re}\{Z_L\}, \quad \text{Im}\{Z_{e2}\} = X_{e2} = X_L = \text{Im}\{Z_L\}. \tag{6.6.5}$$

Leistungs- und Wellenanpassung

Die Forderung, gleichzeitig Leistungsanpassung und Wellenanpassung an den Toren eines Zweitors herzustellen, ist somit nur mit reellen Eingangs- und Ausgangsimpedanzen $Z_{e1} = R_{e1}$, $Z_{e2} = R_{e2}$ und mit reellen Quellen- und Lastimpedanzen $Z_S = R_S$, $Z_L = R_L$ zu erfüllen.

Bei Transistorverstärkern sind Eingangs- und Ausgangsimpedanz im allgemeinen nicht reell. Sie bestehen vielmehr, wie aus den vorangegangenen Kapiteln bekannt ist, aus einem ohmschen und einem kapazitiven oder induktiven Anteil. Es stellt sich deswegen die Aufgabe, eine Anpassung der Eingangsimpedanz an einen gegebenen Quelleninnenwiderstand und der Ausgangsimpedanz an einen gegeben Lastwiderstand herzustellen.

Üblicherweise wählt man in einem Hochfrequenzsystem, das aus einer Kettenschaltung von Quelle, mehreren Zweitoren und Senke besteht, einen Systemwiderstand R_0, der als Innenwiderstand bzw. Eingangswiderstand für alle Systemglieder gilt. Dieser Systemwiderstand beträgt üblicherweise bei Koaxialsystemen $R_0 = 50\ \Omega$ bzw. in der Videotechnik $R_0 = 75\ \Omega$.

Um Leistungs- und Wellenanpassung an einem Tor herzustellen, ist folgende prinzipielle Vorgehensweise möglich:
a) Zunächst ist die Kompensation des Imaginärteils der im allgemeinen komplexen Eingangsimpedanz des Tors notwendig.

b) Anschließend folgt die Transformation des dann reellen Eingangswiderstands des Tors auf den geforderten Systemwiderstand.

Abb. 6.6.2 verdeutlicht die Vorgehensweise am Beispiel der Anpassung der Eingangsimpedanz eines Zweitors an den Innenwiderstand einer Quelle, der gleich dem Systemwiderstand R_0 sein soll. Alle nachfolgenden Überlegungen sollen beispielhaft für das Tor 1 angestellt werden. Sie gelten sinngemäß auch für Tor 2.

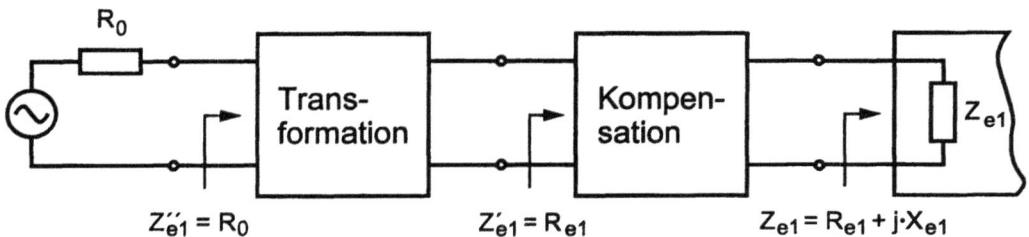

Abb. 6.6.2:   Anpassung des Eingangs eines Zweitors an eine Quelle

Kompensations- und Transformationsschaltungen sollen verlustfrei bzw. verlustarm sein. Üblich ist deshalb ihre Ausführung mit Blindelementen (Spulen, Kondensatoren), was allerdings eine schmalbandige Anpassung zur Folge hat. Zur breitbandigen Anpassung werden auch verlust-behaftete Netzwerke eingesetzt, um den Verstärkungsabfall der aktiven Elemente mit zunehmen-der Frequenz zu kompensieren und die Stabilität des Verstärkers sicherzustellen.

6.6.2   Kompensationsschaltungen

Serienkompensation des Imaginärteils einer Impedanz

Ist die Eingangsimpedanz in der Form $Z_{e1} = R_{e1} + jX_{e1}$ gegeben, so kann der Imaginärteil mit einem nach Abb. 6.6.3 in Serie zu schaltenden Blindelement kompensiert werden.

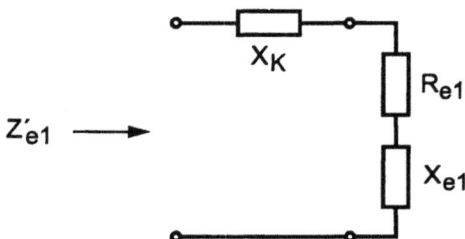

Abb. 6.6.3:
Serienkompensation

Die Kompensationsbedingung

$$Z'_{e1} = R_{e1} + jX_{e1} + jX_K = R_{e1} \tag{6.6.6}$$

liefert

$$X_K = -X_{e1} . \tag{6.6.7}$$

Parallelkompensation des Imaginärteils einer Admittanz

Ist die Eingangsimpedanz in der Form $1/Z_{e1} = Y_{e1} = G_{e1} + jB_{e1}$ gegeben, so kann der Imaginärteil der Admittanz mit einem nach Abb. 6.6.4 parallel zu schaltenden Blindelement kompensiert werden. Die Kompensationsbedingung

$$\frac{1}{Z'_{e1}} = Y'_{e1} = G_{e1} + jB_{e1} + jB_K = G_{e1} \tag{6.6.8}$$

liefert

$$B_K = -B_{e1} . \tag{6.6.9}$$

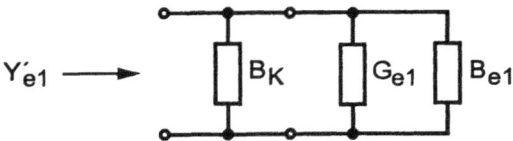

Abb. 6.6.4:
Parallelkompensation

An einem Tor sind natürlich beide Arten der Kompensation möglich, indem eine gegebene Eingangsimpedanz in die Eingangsadmittanz bzw. eine gegebene Eingangsadmittanz in die Eingangsimpedanz umgerechnet wird.

Nach Gl. (6.6.7) und Gl. (6.6.9) wird ein kapazitiver Anteil der Eingangsimpedanz mit einer Induktivität kompensiert, ein induktiver Anteil hingegen mit einer Kapazität. Da die Impedanzen X_K und X_{e1} bzw. die Admittanzen B_K und B_{e1} frequenzabhängig sind, wird die Kompensation nur bei einer Frequenz exakt sein.

6.6.3 Transformationsschaltungen

Zur Transformation mit Blindelementen sind mindestens zwei Bauelemente nötig. Das Transformationszweitor enthält dann ein Serienelement mit der Impedanz X_s und ein Parallelelement mit der Impedanz X_p. Zusätzliche Freiheitsgrade beim Entwurf der Transformationsschaltung bieten sich bei der Verwendung von mehr als zwei Blindelementen. Üblich sind dann Zweitore in π- oder T-Form.

Transformation mit zwei Blindelementen

a)   Transformationsschaltung vom Typ 1:
Abb. 6.6.5 zeigt den ersten Typ der Transformationsschaltung mit zwei Blindelementen. Die
Transformationsbedingung folgt aus der Forderung, nach der die Eingangsimpedanz der Trans-
formationsschaltung gleich dem Systemwiderstand R_0 sein soll. Sie lautet demnach

$$Z''_{e1} = jX_s + \cfrac{1}{\cfrac{1}{R_{e1}} + \cfrac{1}{jX_p}} = R_0 . \qquad (6.6.10)$$

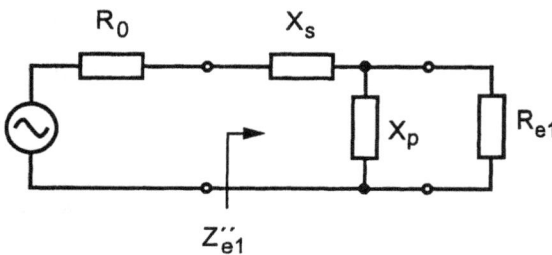

Abb. 6.6.5:
Transformation mit zwei
Blindelementen, Typ 1

Aus dem Realteil von Gl. (6.6.10) folgt

$$X_p = \pm\sqrt{\frac{R_0}{R_{e1} - R_0}} \cdot R_{e1} . \qquad (6.6.11)$$

Der Imaginärteil liefert die Beziehung

$$X_s = -\frac{R_0 R_{e1}}{X_p} = \mp\sqrt{R_0 (R_{e1} - R_0)} . \qquad (6.6.12)$$

Dabei beachte man die Vorzeichen der Wurzeln.

b)   Transformationsschaltung vom Typ 2:
Abb. 6.6.6 zeigt den zweiten Typ der Transformationsschaltung mit zwei Blindelementen.
Vorgehen wie unter a) liefert aus der Transformationsbedingung die Impedanzen der beiden
Elemente:

$$X_p = \pm\sqrt{\frac{R_{e1}}{R_0 - R_{e1}}} \cdot R_0 \qquad (6.6.13)$$

und

$$X_s = -\frac{R_0 R_{e1}}{X_p} = \mp\sqrt{R_{e1}(R_0 - R_{e1})}. \tag{6.6.14}$$

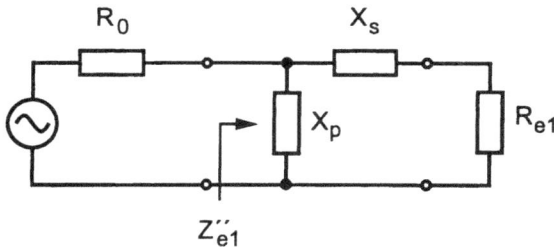

Abb. 6.6.6:
Transformation mit zwei
Blindelementen, Typ 2

Ergebnis:
Betrachtet man die unter a) und b) hergeleiteten Beziehungen für die Impedanzen X_s und X_p der zwei Blindelemente des Transformationszweitors genauer, so ergeben sich die folgenden Resultate.

1.   Gilt $R_{e1} = R_0$, so wird $X_p \to \infty$ und $X_s = 0$. Die Transformationsschaltung entfällt.
2.   Ist der Realteil der Eingangsimpedanz größer als der Widerstand, der bei der Transformation erzielt werden soll, also $R_{e1} > R_0$, so ergibt sich nur mit dem Typ 1 eine verlustfreie Transformationsschaltung, da nur für diesen Typ die Elemente reell werden.
3.   Ist der Realteil der Eingangsimpedanz kleiner als der Widerstand, der bei der Transformation erzielt werden soll, also $R_{e1} < R_0$, so ergibt sich nur mit dem Typ 2 eine verlustfreie Transformationsschaltung, da nur für diesen Typ die Elemente reell werden.
4.   Die Impedanzen X_s und X_p der Transformationselemente weisen unterschiedliche Vorzeichen auf. Die verlustfreie Transformationsschaltung besteht also immer aus Spule und Kondensator.
5.   Hinweis: Läßt man für die Admittanzen X_p und X_s nach Gl. (6.6.11), Gl. (6.6.12) bzw Gl. (6.6.13), Gl. (6.6.14) die imaginären Lösungen zu, so erhält man Zweitore, die aus zwei ohmschen Widerständen bestehen. Mit diesen ist eine Transformation zwar ebenfalls möglich, allerdings sind die Netzwerke verlustbehaftet.

Somit gilt folgende Regel:
Zur Realisierung einer verlustfreien Transformation mit zwei Blindelementen ist der Typ von Transformationsschaltung auszuwählen, bei dem das Parallelelement auf den größeren der beiden zu transformierenden Widerstände folgt. Das Transformationsnetzwerk mit zwei Blindelementen wird auch als L-Schaltung bezeichnet.
Da die Impedanzen X_s und X_p frequenzabhängig sind, wird die Transformation nur bei einer Frequenz exakt.

Transformation mit drei Blindelementen

Von den Transformationschaltungen mit drei Blindelementen wird insbesondere die π-Schaltung, bestehend aus den Querkondensatoren C_{p1} und C_{p2} und der Längsspule L_s, häufig verwendet. Das Schaltbild dieses sogenannten Collins-Filters zeigt die Abb. 6.6.7.

Die Transformationsbedingung lautet

$$Y''_{el} = \frac{1}{Z''_{el}} = j\omega C_{p1} + \cfrac{1}{j\omega L_s + \cfrac{1}{j\omega C_{p2} + \cfrac{1}{R_{el}}}} = \frac{1}{R_0}. \qquad (6.6.15)$$

Daraus folgt nach /6.3, S. 228ff/

$$\omega_0 C_{p2} = \sqrt{\frac{1-t}{\frac{x^2}{t}-1}} \cdot \frac{1}{R_{el}}, \quad \omega_0 C_{p1} = x\omega_0 C_{p2},$$

$$\omega_0 L_s = \sqrt{\frac{(1-t)\cdot\left(\frac{x^2}{t}-1\right)}{|x-t|}} \qquad (6.6.16)$$

mit den Größen Mitten-Kreisfequenz ω_0, Kapazitätsverhältnis x und Transformationsverhältnis t als

$$\omega_0 = 2\pi f_0, \quad x = \frac{C_{p1}}{C_{p2}}, \quad t = \frac{R_{el}}{R_0}. \qquad (6.6.17)$$

Die Elemente werden reell für

a) $t = \dfrac{R_{el}}{R_0} < 1$ und $x = \dfrac{C_{p1}}{C_{p2}} > \sqrt{t}$, $\qquad\qquad\qquad$ (6.6.18)

b) $t = \dfrac{R_{el}}{R_0} > 1$ und $x = \dfrac{C_{p1}}{C_{p2}} < \sqrt{t}$. $\qquad\qquad\qquad$ (6.6.19)

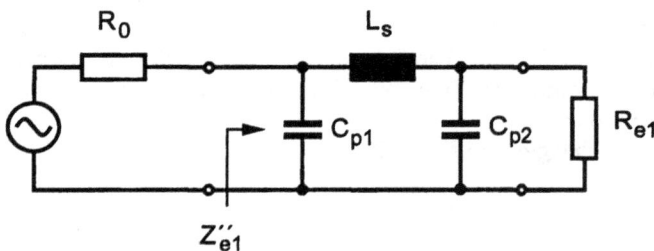

Abb. 6.6.7:
Transformation mit drei
Blindelemente (Collins-
Filter)

Zum Entwurf eines Collins-Filters ist bei bekannten Werten von Eingangswiderstand R_{el}, Systemwiderstand R_0 und Mittenfrequenz f_0 als Freiheitsgrad das Kapazitätsverhältnis x wählbar. Damit besteht die Möglichkeit, die Bandbreite der Transformationsschaltung zu optimieren oder für die praktische Realisierung günstige Bauelementewerte auswählen zu können.

In der Abb. 6.6.8 ist die relative Bandbreite B/f_0 des Collins-Filters als Funktion des Kapazitätsverhältnisses $x = C_1/C_2$ dargestellt. Als Bandbreite B bezeichnet man den Frequenzbereich, in dem der Betrag des Eingangsreflexionsfaktors kleiner als ein vorgegebener Maximalwert r_{max} ist. In der Abb. 6.6.8 wurde $r_{max} = 10\%$ zugrunde gelegt. Man erkennt, daß die relative Bandbreite mit zunehmendem Transformationsverhältnis t kleiner wird. Als Grenzfall ist der Abb. 6.6.8 auch die relative Bandbreite bei $C_1 = 0$, d. h. für den Typ 1 der Anpaßschaltung aus zwei Blindelementen, zu entnehmen.

Für Transformationsverhältnisse $t < 1$ ergeben sich entsprechende Kurven. Sie können aus Abb. 6.6.8 abgeleitet werden, in dem t durch $1/t$ und x durch $1/x$ ersetzt wird.

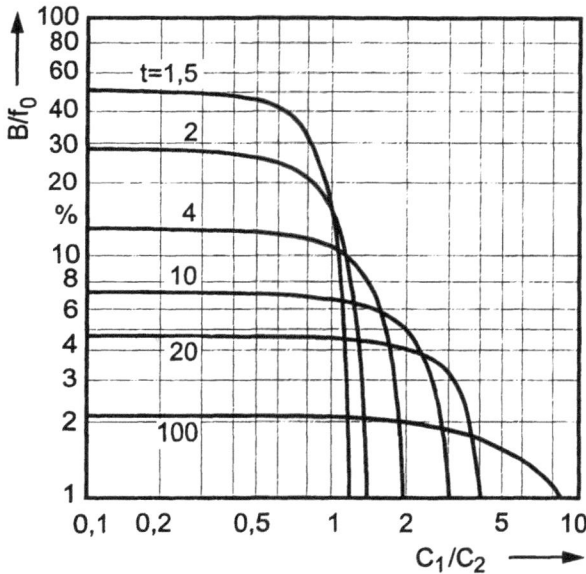

Abb. 6.6.8:
Relative Bandbreite B/f_0 des Collins-Filters in % als Funktion des Kapazitätsverhältnisses C_1/C_2 bei einem maximal zulässigen Reflexionsfaktor $r_{max} = 10\%$ nach /6.4, S. 107/

Statt der π-Schaltung kann auch eine elektrisch äquivalente T-Schaltung aus drei Bauelementen verwendet werden. Diese hat allerdings den Nachteil, daß zwei Spulen und ein Kondensator einzusetzen sind.

Die Bandbreite von Transformationsschaltungen nimmt grundsätzlich ab, wenn sich das Transformationsverhältnis t vom Wert Eins entfernt. Durch Kettenschaltung mehrerer Transformatoren mit kleineren Transformationsfaktoren kann die Bandbreite allerdings vergrößert werden.

Leitungstransformator

Eine wichtige Methode zur Anpassung ist die Widerstandtransformation mit homogenen und verlustlosen bzw. verlustarmen Leitungen.

Für die Anordnung nach Abb. 6.6.9 folgt aus der Vorschrift für die Eingangsimpedanz einer mit dem Widerstand R_{e1} beschalteten verlustlosen Leitung (siehe z. B. /6.4, S. 64/) die Transformationsbedingung

$$Z_{e1}'' = Z_{LT} \cdot \frac{\dfrac{R_{e1}}{Z_{LT}} + j \tan \dfrac{2\pi l_T}{\lambda}}{1 + j \cdot \dfrac{R_{e1}}{Z_{LT}} \cdot \tan \dfrac{2\pi l_T}{\lambda}} = R_0 \,. \tag{6.6.20}$$

λ ist die Wellenlänge auf der Leitung. Daraus ergeben sich für den Wellenwiderstand Z_{LT} und die Länge l_T der Transformationsleitung

$$Z_{LT} = \sqrt{R_0 R_{e1}}\,, \quad l_T = \frac{\lambda}{4}\,. \tag{6.6.21}$$

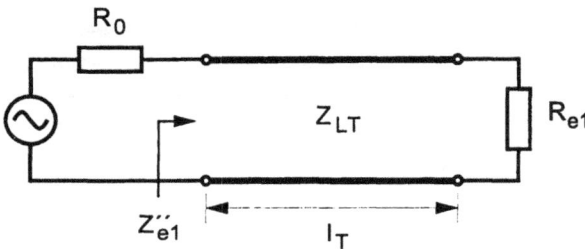

Abb. 6.6.9:
Leitungstransformator

6.6.4   Leistungsverstärkung (Leistungsgewinn)

Ein Verstärkerzweitor, das mit seiner Leitwertmatrix $\underline{Y}$ oder seiner Streumatrix $\underline{S}$ beschrieben wird, ist nach Abb. 6.6.1 an Tor 1 mit einer Quelle mit der Innenimpedanz Z_S und an Tor 2 mit einer Lastimpedanz Z_L beschaltet. Als Bezugswiderstand sei der Systemwiderstand R_0 gewählt. Dann gilt für den Quellenreflexionsfaktor

$$r_S = \frac{Z_S - R_0}{Z_S + R_0} \tag{6.6.22}$$

und für den Lastreflexionsfaktor

$$r_L = \frac{Z_L - R_0}{Z_L + R_0}\,. \tag{6.6.23}$$

Der Übertragungsgewinn G_T (Transducer Gain) gibt das Verhältnis der tatsächlich am Tor 2 abgegebenen Leistung P_2 zu der bei Anpassung von der Quelle verfügbaren Leistung P_{v1} an. Er berechnet sich nach Kapitel 4.4 zu

$$G_T = \frac{P_2}{P_{v1}} = |S_{21}|^2 \cdot \frac{\left(1 - |r_S|^2\right)\left(1 - |r_L|^2\right)}{\left|\left(1 - S_{11} r_S\right)\left(1 - S_{22} r_L\right) - S_{12} S_{21} r_S r_L\right|^2}\,. \tag{6.6.24}$$

Gibt man G_T als Funktion der Y-Parameter an, so ist

$$G_T = |Y_{21}|^2 \cdot \frac{4 \operatorname{Re}\{Y_S\} \operatorname{Re}\{Y_L\}}{|(Y_{11} + Y_S)(Y_{22} + Y_L) - Y_{12} Y_{21}|^2}. \tag{6.6.25}$$

Rückwirkungsfreies Zweitor

Falls die Rückwirkung klein ist, kann sie näherungsweise vernachlässigt werden, um den Rechenaufwand für den Schaltungsentwurf erheblich zu reduzieren. Es ist dann $S_{12} = 0$ bzw. $Y_{12} = 0$ zu setzen. In diesem Fall folgt für den unilateralen Übertragungsgewinn G_{Tu} (Unilateral Transducer Gain) aus Gl. (6.6.24)

$$G_{Tu} = \frac{1 - |r_S|^2}{|1 - S_{11} r_S|^2} \cdot |S_{21}|^2 \cdot \frac{1 - |r_L|^2}{|1 - S_{22} r_L|^2}. \tag{6.6.26}$$

G_{Tu} kann als Produkt von drei Verstärkungsbeiträgen aufgefaßt werden, nämlich

$$G_{Tu} = G_S \cdot G_0 \cdot G_L. \tag{6.6.27}$$

Es ist
- G_S der Anpassungsgewinn des Generators,
- G_0 der Gewinn des aktiven Zweitors und
- G_L der Anpassungsgewinn der Last.

Sind Generatorimpedanz Z_S und Lastimpedanz Z_L gleich dem Systemwiderstand R_0, so werden die Reflexionsfaktoren r_S und r_L zu Null. Dann ergibt sich für den Übertragungsgewinn

$$G_T \Big|_{r_S = r_L = 0} = G_{Tu} \Big|_{r_S = r_L = 0} = |S_{21}|^2 = G_0. \tag{6.6.28}$$

G_0 ist demnach der Gewinn eines aktiven Vierpols in einem Übertragungssystem, dessen Quellen- und Lastimpedanz mit dem Bezugswiderstand R_0 der S-Parametermessung übereinstimmen. Dieses Ergebnis war ebenfalls schon in Kapitel 4.4 abgeleitet worden.

Mit Anpaßnetzwerken beschaltetes aktives Zweitor

Bei den folgenden Überlegungen soll weiterhin die Rückwirkung des aktiven Zweitors vernachlässigt werden. Abb. 6.6.10 zeigt das Blockschaltbild eines Übertragungssystems mit Anpaßschaltungen an den Toren 1 und 2 des aktiven Zweitors. Quellenwiderstand und Lastwiderstand sind gleich dem Systemwiderstand R_0.

Die Anpaßschaltungen sind so dimensioniert, daß für Quelle und Last Leistungs- und Wellenanpassung besteht. Die Eingangsimpedanz der Anpaßschaltung für die Quelle ist gleich dem Quelleninnenwiderstand, die Ausgangsimpedanz der Anpaßschaltung für die Last ist gleich dem Lastwiderstand.

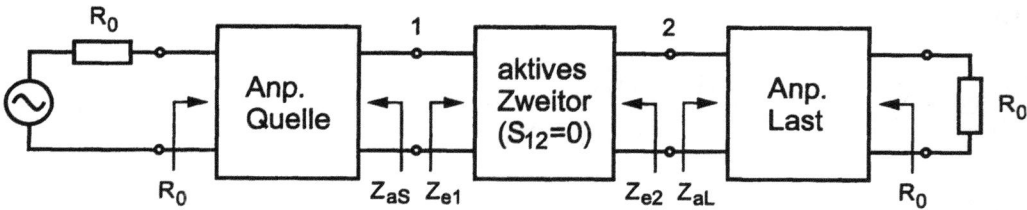

Abb. 6.6.10: Übertragungssystem mit Anpaßschaltungen an den Toren des aktiven Zweitors

Da im ganzen Übertragungssystem Leistungsanpassung hergestellt wurde, muß das auch für die Tore 1 und 2 des aktiven Zweitors gelten. Es ist demnach auch

$$Z_{aS} = Z_{e1}^* \quad \text{und} \quad Z_{aL} = Z_{e2}^*. \tag{6.6.29}$$

Mit dem Reflexionsfaktor am Tor 1 des aktiven Zweitors

$$r_{e1} = \frac{Z_{e1} - R_0}{Z_{e1} + R_0} \tag{6.6.30}$$

folgt mit Gl. (6.6.29) für den Reflexionsfaktor an Tor 1 der Anpaßschaltung für die Quelle

$$r_{aS} = \frac{Z_{aS} - R_0}{Z_{aS} + R_0} = r_{e1}^*. \tag{6.6.31}$$

Entsprechend gilt für das Tor 2

$$r_{e2} = \frac{Z_{e2} - R_0}{Z_{e2} + R_0}, \quad r_{aL} = \frac{Z_{aL} - R_0}{Z_{aL} + R_0}, \quad r_{aL} = r_{e2}^*. \tag{6.6.32}$$

Für ein rückwirkungsfreies Zweitor gilt nach Kapitel 4.4 für die Reflexionsfaktoren an einem Tor unabhängig von der Beschaltung am jeweils anderen Tor

$$r_{e1} = S_{11} \quad \text{und} \quad r_{e2} = S_{22}. \tag{6.6.33}$$

Setzt man die Gleichungen (6.6.30) bis (6.6.32) in Gl. (6.6.26) ein und beachtet, daß die Anpaßnetzwerke selbst verlustfrei und an Quelle bzw. Last angepaßt sind, so ergibt sich der unilaterale Übertragungsgewinn des beidseitig angepaßten aktiven Zweitors zu

$$G_{Tu\,max} = \frac{1}{1 - |S_{11}|^2} \cdot |S_{21}|^2 \cdot \frac{1}{1 - |S_{22}|^2}, \tag{6.6.34}$$

$$G_{Tu\,max} = G_{S\,max} \cdot G_0 \cdot G_{L\,max}. \tag{6.6.35}$$

Für den üblichen Fall, in dem $|S_{11}| > 0$ und $|S_{22}| > 0$ gilt, ist der Leistungsgewinn bei Anpassung an beiden Toren des aktiven Zweitors größer als ohne Anpassung, da

$$G_{Tu\,max} > G_0 = |S_{21}|^2 \qquad (6.6.36)$$

sein wird. Nur im Sonderfall, daß das aktive Zweitor bereits angepaßt ist, d. h. $S_{11} = S_{22} = 0$, liefert Gl. (6.6.34) dasselbe Ergebnis wie Gl. (6.6.28).

6.6.5 Stabilität eines aktiven Zweitors

Um Verstärkerschaltungen entwerfen zu können, muß man die Bedingungen kennen, bei denen unerwünschte Schwingungen vermieden werden, d. h. bei denen ein stabiler Betrieb der Schaltung möglich ist. Man unterscheidet bei aktiven Zweitoren zwischen absoluter und bedingter Stabilität.

Eine Aussage über die Stabilität eines Zweitors ist nach /6.1, S. 271 ff/ mit einer Betrachtung der Vierpolparameter und der Berechnung des Stabilitätsfaktors k möglich. Der Stabilitätsfaktor läßt sich aus den Streuparametern bestimmen zu

$$k = \frac{1 + \left| Det\left[\underline{S}\right]\right|^2 - |S_{11}|^2 - |S_{22}|^2}{2\,|S_{12}S_{21}|}. \qquad (6.6.37)$$

Mit den Leitwertparametern gilt hingegen

$$k = \frac{2\,Re\{Y_{11}\}\,Re\{Y_{22}\} - Re\{Y_{12}Y_{21}\}}{|Y_{12}Y_{21}|}. \qquad (6.6.38)$$

Absolute Stabilität

Absolute Stabilität liegt vor, wenn das Zweitor bei einer Beschaltung der Tore mit beliebigen passiven Abschlußimpedanzen stabil ist. In diesem Fall ist der Stabilitätsfaktor

$$k > 1 \qquad (6.6.39)$$

und es gilt außerdem

$$|S_{12}S_{21}| < 1 - |S_{11}|^2 \quad und \quad |S_{12}S_{21}| < 1 - |S_{22}|^2. \qquad (6.6.40)$$

bzw.

$$Re\{Y_{11}\} \ge 0 \quad und \quad Re\{Y_{22}\} \ge 0. \qquad (6.6.41)$$

Der Stabilitätsfaktor hängt nur von den Eigenschaften des Zweitors ab, nicht jedoch von den Quellen- bzw. Lasteigenschaften.

Liegt absolute Stabilität vor, so darf das aktive Zweitor an Ein- und Ausgang mit beliebigen Anpaßschaltungen versehen werden, ohne daß eine Instabilität auftreten könnte. Bei Leistungsanpassung ist aber die Verstärkung des Zweitors am größten. Sie wird als MAG (Maximum Available Gain) bezeichnet und ergibt sich zu

$$MAG = \left|\frac{S_{21}}{S_{12}}\right| \cdot \left(k - \sqrt{k^2 - 1}\right) = \left|\frac{Y_{21}}{Y_{12}}\right| \cdot \left(k - \sqrt{k^2 - 1}\right). \tag{6.6.42}$$

Man beachte, daß in Gl. (6.6.42) nicht mehr von einem rückwirkungsfreien Zweitor ausgegangen wird.

Bedingte Stabilität

Bedingte Stabilität liegt vor, wenn es sowohl passive Abschlußimpedanzen gibt, für die das aktive Zweitor stabil ist, als auch solche, bei denen die Anordnung schwingt. Die Instabilität wird immer durch die Rückwirkung des Zweitors verursacht, hängt also stark vom S-Parameter S_{12} bzw. vom Leitwertparameter Y_{12} ab.

Bei bedingter Stabilität gilt für den Stabilitätsfaktor

$$k < 1. \tag{6.6.43}$$

Aus den Gleichungen (6.6.37) und (6.6.38) ist zu erkennen, daß die Gefahr der Instabilität mit dem Betrag des Produkts aus $S_{12} \cdot S_{21}$ bzw. $Y_{12} \cdot Y_{21}$ zunimmt. Da bei Transistoren die Vorwärtsverstärkung mit abnehmender Frequenz wächst, d. h. die Parameter $|S_{21}|$ bzw. $|Y_{21}|$ wachsen, andererseits aber die Rückwirkungsparameter $|S_{21}|$ bzw. $|Y_{12}|$ weniger stark frequenzabhängig sind, kann es insbesondere unterhalb des eigentlichen Betriebsfrequenzbereichs der Schaltung zu Schwingungen kommen.

Als Möglichkeiten zur Vermeidung von Selbsterregung bei bedingter Stabilität stehen zur Verfügung:
- gezielte Fehlanpassung von Zweitor und Quelle bzw. Last,
- Beschaltung mit Widerständen an Ein- und/oder Ausgang zur Erzeugung von Verlusten, um damit k > 1 für das daraus entstehende Gesamtzweitor zu erzwingen.
Werden eine oder beide genannten Maßnahmen angewendet, so wird der größte zu erreichende Gewinn des gerade noch stabilen Zweitors als MSG (Maximum Stable Gain) bezeichnet. Es ist

$$MSG = \left|\frac{S_{21}}{S_{12}}\right| = \left|\frac{Y_{21}}{Y_{12}}\right|. \tag{6.6.44}$$

Eine dritte Möglichkeit zur Vermeidung von Instabilität ist die Neutralisation des aktiven Zweitors mit einem externen Rückkopplungsnetzwerk. Für das daraus resultierende Gesamtzweitor ist dann $S_{12} = 0$ bzw. $Y_{12} = 0$, was einen Stabilitätsfaktor $k \to \infty$ und deshalb absolute Stabilität zur Folge hat. Allerdings ist eine Neutralisation meistens nur in einem schmalen Frequenzbereich erreichbar, so daß eine Instabilität bei anderen Frequenzen trotzdem auftreten kann.

Liegen für ein Zweitor Neutralisation und Anpassung an beiden Toren vor, so erhält man den höchsten überhaupt zu erzielenden Gewinn U (Unilateral Power Gain) zu

$$U = \frac{\dfrac{1}{2} \cdot \left| \dfrac{S_{21}}{S_{12}} - 1 \right|^2}{k \cdot \left| \dfrac{S_{21}}{S_{12}} \right| - \mathrm{Re}\left\{ \dfrac{S_{21}}{S_{12}} \right\}} \qquad (6.6.45)$$

bzw.

$$U = \frac{\left| Y_{21} - Y_{12} \right|^2}{4\left[\mathrm{Re}\{Y_{11}\}\mathrm{Re}\{Y_{22}\} - \mathrm{Re}\{Y_{12}Y_{21}\} \right]} . \qquad (6.6.46)$$

Die in den Gleichungen (6.6.45) und (6.6.46) einzusetzenden S- bzw. Y-Parameter sind diejenigen des ursprünglichen aktiven Zweitors ohne Neutralisationsbeschaltung.

6.6.6 Schaltungsbeispiel eines einstufigen Feldeffekttransistor-Verstärkers

Am Beispiel des schon in Kapitel 4.6 behandelten Feldeffekttransistors CFY 10 soll der Entwurf eines einstufigen Verstärkers beschrieben werden. Der Feldeffekttransistor wird in Source-Grundschaltung betrieben. Vom Hersteller werden für den Arbeitspunkt
- Drain-Source-Gleichspannung $\qquad\qquad\qquad\qquad U_{DS=} = 4\ V$
- Drain-Gleichstrom $\qquad\qquad\qquad\qquad\qquad\quad\ I_{D=} = 10\ mA$

die in der Tabelle 6.3 aufgeführten Kleinsignal-S-Parameter des Transistors angegeben /6.1, S. 263/. Die Streuparameter gelten für den Bezugswiderstand $R_{01} = R_{02} = R_0 = 50\ \Omega$.

Stabilitätsfaktor k

Aus den Streuparametern wurde der Stabilitätsfaktor k mit Gl. (6.6.37) berechnet und in Abb. 6.6.11 dargestellt. Bei Frequenzen unter 9 GHz ist der Transistor nur bedingt stabil, oberhalb von 9 GHz ist ein absolut stabiler Betrieb möglich.

Leistungsverstärkung

Für den Transistor wurden auch das Betragsquadrat des Streuparameters $|S_{21}|^2$, der unilaterale Leistungsgewinn bei Anpassung G_{Tumax} nach Gl. (6.6.34), der maximal zu erreichende Gewinn im stabilen Betriebsbereich MAG nach Gl. (6.6.42), der maximal zu erzielende Gewinn im instabilen Bereich MSG nach Gl. (6.6.44) und schließlich der bei Neutralisation und Anpassung maximal mögliche Gewinn U nach Gl. (6.6.45) aus den Streuparametern berechnet.

Das Ergebnis ist in Abb. 6.6.12 gezeigt. Wie zu erwarten war, ist das Betragsquadrat des Streuparameters $|S_{21}|^2$ am kleinsten, da der Transistor bei einer Beschaltung mit einer Quelle mit dem Innenwiderstand von $R_S = 50\ \Omega$ und einem Lastwiderstand von $R_L = 50\ \Omega$ stark fehlangepaßt betrieben wird. Die Leistungsverstärkung U ist hingegen am größten, da das resultierende Zweitor bei Neutralisation und Anpassung an beiden Toren rückwirkungsfrei und reflexionsfrei ist.

Tabelle 6.3: Streuparameter des GaAs-MESFET CFY 10 nach Betrag und Phase

Frequenz in GHz	S_{11}		S_{12}		S_{21}		S_{22}	
	Betrag	Phase	Betrag	Phase	Betrag	Phase	Betrag	Phase
1,0	0,990	-16,7°	0,019	78,9°	3,023	165,0°	0,887	-7,2°
2,0	0,962	-3,2°	0,036	68,1°	2,942	150,2°	0,870	-14,2°
3,0	0,921	-94,2°	0,052	57,8°	2,820	136,0°	0,846	-20,9°
4,0	0,873	-64,7°	0,064	48,4°	2,671	122,5°	0,816	-27,1°
5,0	0,823	-79,7°	0,073	39,7°	2,512	109,8°	0,785	-33,0°
6,0	0,776	-94,2°	0,078	31,9°	2,350	97,6°	0,755	-38,7°
7,0	0,734	-108,1°	0,082	25,0°	2,194	86,2°	0,727	-44,2°
8,0	0,700	-121,4°	0,083	19,0°	2,047	75,3°	0,701	-49,8°
9,0	0,675	-134,2°	0,082	13,9°	1,910	65,0°	0,678	-55,4°
10,0	0,657	-146,4°	0,079	9,7°	1,783	55,0°	0,657	-61,4°
11,0	0,646	-158,0°	0,075	6,7°	1,667	45,4°	0,639	-67,8°
12,0	0,643	-168,8°	0,071	5,0°	1,558	36,1°	0,623	-74,6°
13,0	0,645	-178,8°	0,066	4,8°	1,457	27,1°	0,609	-82,0°
14,0	0,651	+171,8°	0,062	6,5°	1,362	18,2°	0,597	-90,1°
15,0	0,662	+163,2°	0,058	10,3°	1,271	9,4°	0,589	-98,8°

Vorüberlegungen zur Dimensionierung der Anpaßnetzwerke

Nach der Definition der Streuparameter ergeben sich bei einer Beschaltung der Tore mit dem Bezugswiderstand R_0 die Eingangsadmittanzen und die Betriebsübertragungsfaktoren direkt aus den entsprechenden S-Parametern. Die Berechnungen wurden schon in Kapitel 4.6 durchgeführt. Es ergaben sich unbefriedigend große Reflexionsfaktoren wegen der großen Abweichungen der Eingangsimpedanzen vom Bezugswiderstand R_0 an beiden Toren. So führte z. B. die Fehlanpassung am Tor 1 zu einer Stehwelligkeit von $VSWR_1 = 4,82 > 1$.

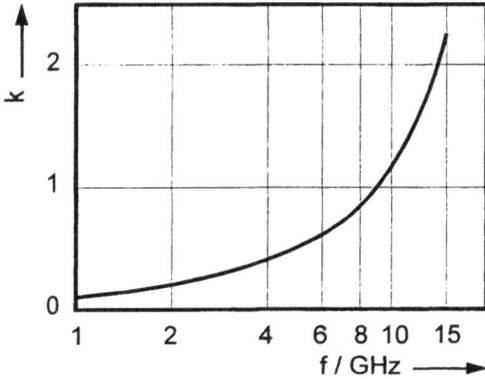

Abb. 6.6.11:
Stabilitätsfaktor k des GaAs-MESFET
CFY 10

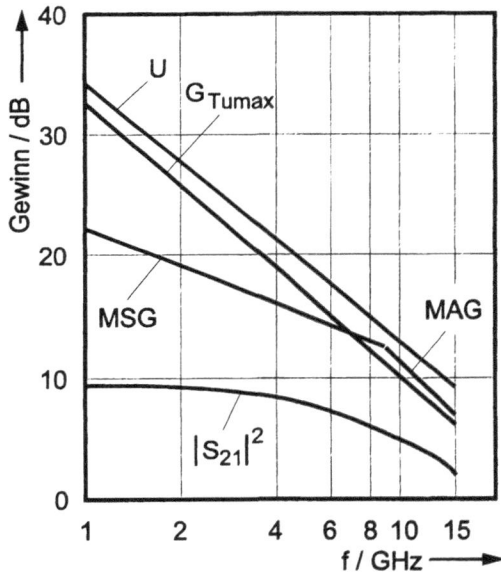

Abb. 6.6.12:
Leistungsverstärkung (Gewinn)
des GaAs-MESFET CFY 10

Um die Fehlanpassung an beiden Toren zu reduzieren, sollen deshalb Anpaßschaltungen für beide Tore des Feldeffekttransistors dimensioniert werden. Die Mittenfrequenz der Anpaßschaltungen soll $f_0 = 10$ GHz betragen. Zur Vorgehensweise sind zunächst einige Vorüberlegungen notwendig:

An den Toren 1 und 2 des Feldeffekttransistors werden Anpaßschaltungen vorgesehen, die die Eingangsimpedanzen Z_{e1} und Z_{e2} auf den Systemwiderstand $R_0 = 50$ Ω transformieren. In diesem Fall sind die beiden Tore mit den Anpaßschaltungen abgeschlossen, die ihrerseits wiederum mit dem Systemwiderstand beschaltet sind. Die an den Transistortoren angeschlossenen Impedanzen sind dann nicht mehr die bei der Messung der S-Parameter gewählten Bezugswiderstände, sondern von den Anpaßschaltungen abhängige Impedanzen Z_{aS} und Z_{aL}. Man vergleiche hierzu Abb. 6.6.10. Die Abb. 6.6.13 verdeutlicht die Verhältnisse beispielhaft für das Tor 1.

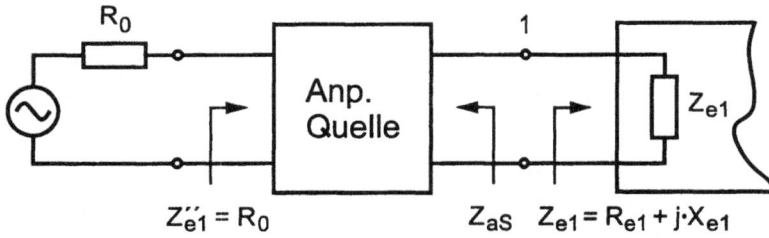

Abb. 6.6.13:   Eingangsimpedanz Z_{aS} der Anpaßschaltung am Tor 1 des Feldeffekttransistors

Die Belastung des Tors 1 mit $Z_{aS} \neq R_0$ hat aber am Tor 2 einen Reflexionsfaktor r_{e2} zur Folge, der nach Gl. (4.4.8) vom S-Parameter S_{22} abweicht. Es ist vielmehr

$$r_{e2} = S_{22} + r_{aS} \cdot \frac{S_{12}S_{21}}{1 - r_{aS}S_{11}} \quad \text{mit} \quad r_{aS} = \frac{Z_{aS} - R_0}{Z_{aS} + R_0}. \tag{6.6.47}$$

Mit Gl. (6.6.29) ist aber im Anpaßfall $Z_{aS} = Z_{e1}{}^*$ und damit nach Gl. (6.6.31) $r_{aS} = r_{e1}{}^*$, so daß für den Reflexionsfakor r_{e2} gilt

$$r_{e2} = S_{22} + r_{e1}^* \cdot \frac{S_{12}S_{21}}{1 - r_{e1}^* S_{11}}. \tag{6.6.48}$$

Entsprechend folgt im Anpaßfall für den Reflexionsfaktor r_{e1} am Tor 1 mit Gl. (6.6.29) und Gl. (6.6.32)

$$r_{e1} = S_{11} + r_{e2}^* \cdot \frac{S_{12}S_{21}}{1 - r_{e2}^* S_{22}}. \tag{6.6.49}$$

Die Dimensionierung der Anpaßschaltung am Tor 2 aus r_{e2} setzt nach Gl. (6.6.48) das Ergebnis der Anpassung am Tor 1, nämlich $r_{e1}{}^*$, voraus. Der Reflexionsfaktor r_{e1} hängt allerdings nach Gl. (6.6.49) wiederum vom Ergebnis der Anpassung am Tor 2, also vom Reflexionsfaktor $r_{e2}{}^*$, ab.

Dimensionierung der Anpaßschaltungen unter der Bedingung $S_{12} = 0$

Da zu Beginn der Dimensionierung der Anpaßschaltungen an den Toren 1 bzw. 2 die Beschaltung des jeweils anderen Tors 2 bzw. 1 noch nicht bekannt ist, wird zunächst im ersten Rechenschritt die Rückwirkung des Verstärkers vernachlässigt, d. h. es wird $S_{12} = 0$ angenommen. Bei dieser Näherung beeinflussen sich die Maßnahmen an den Toren nach Gl. (6.6.48) und Gl. (6.6.49) nicht gegenseitig. Vielmehr gilt dann für die Reflexionsfaktoren und Eingangsadmittanzen an beiden Toren nach Gl. (4.4.2) und Gl. (4.4.3)

$$r_{e1} = S_{11} \quad , \quad Y_{e1} = \frac{1}{R_0} \cdot \frac{1 - S_{11}}{1 + S_{11}} \tag{6.6.50}$$

und

$$r_{e2} = S_{22} \quad , \quad Y_{e2} = \frac{1}{R_0} \cdot \frac{1 - S_{22}}{1 + S_{22}}. \tag{6.6.51}$$

Die Rechnung mit den bei der Frequenz $f_0 = 10$ GHz gegebenen Parametern S_{11} und S_{22} liefert damit

$$Y_{e1} = 33{,}7 \text{ mS} + j \cdot 43{,}1 \text{ mS}, \quad Z_{e1} = R_{e1} + \frac{1}{j\omega C_{e1}} = \frac{1}{Y_{e1}} = 11{,}26\,\Omega - j \cdot 14{,}40\,\Omega, \tag{6.6.52}$$

$$Y_{e2} = 5{,}52 \text{ mS} + j \cdot 11{,}2 \text{ mS}, \quad Z_{e2} = R_{e2} + \frac{1}{j\omega C_{e2}} = \frac{1}{Y_{e2}} = 35{,}41\,\Omega - j \cdot 71{,}94\,\Omega. \tag{6.6.53}$$

Daraus lassen sich für die Frequenz $f_0 = 10$ GHz zwei funktionale Kleinsignalersatzschaltbilder herleiten, die in Abb. 6.6.14 und Abb. 6.6.15 wiedergegeben sind.

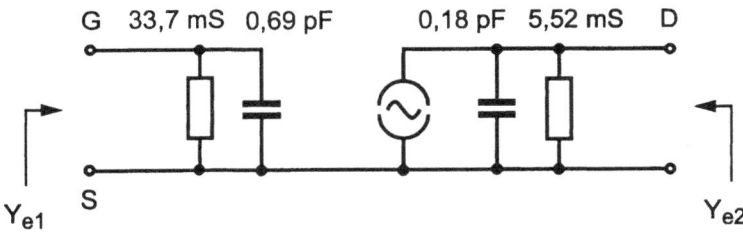

Abb. 6.6.14: Aus den Eingangs- und Ausgangsadmittanzen abgeleitetes funktionales Kleinsignalersatzschaltbild des Feldeffekttransistors CFY 10 für die Frequenz $f_0 = 10$ GHz unter Vernachlässigung der Rückwirkung

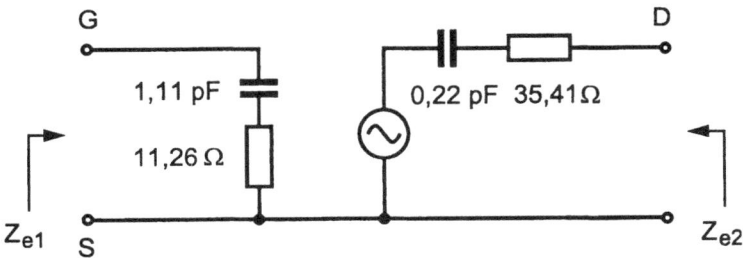

Abb. 6.6.15: Aus den Eingangs- und Ausgangsimpedanzen abgeleitetes funktionales Kleinsignalersatzschaltbild des Feldeffekttransistors CFY 10 für die Frequenz $f_0 = 10$ GHz unter Vernachlässigung der Rückwirkung

Die Umwandlung der Parallelschaltung aus Leitwert und Kapazität an beiden Toren in eine Serienschaltung aus Widerstand und Kapazität hat den Vorteil, daß die zunächst vorzunehmende

Kompensation des kapazitiven Imaginärteils der Eingangsimpedanzen Z_{e1} und Z_{e2} jeweils mit Serieninduktivitäten ausgeführt werden kann. Parallelinduktivitäten als Kompensationselemente der Parallelkapazitäten hätten Kurzschlüsse für die Gleichspannungen an Gate bzw. Drain gegen Source zur Folge. Eine Arbeitspunkteinstellung wäre demnach ohne weitere schaltungstechnische Maßnahmen nicht möglich.

Anpaßschaltung für den Eingang des Feldeffekttransistors:
Mit $R_0 = 50\,\Omega$ und $f_0 = 10$ GHz folgt zunächst nach Gl. (6.6.7) für die Kompensationsinduktivität

$$\omega_0 L_{K1} = \frac{1}{\omega_0 C_{e1}} \quad \rightarrow \quad L_{K1} = 0{,}23\,\text{nH}. \tag{6.6.54}$$

Die Transformation von $R_{e1} = 11{,}26\,\Omega$ auf $R_0 = 50\,\Omega$ erfolgt mit zwei Blindelementen, wobei wegen $R_{e1} < R_0$ zunächst ein Serienelement an die Kompensationsinduktivität anzuschließen ist. Wählt man eine Serieninduktivität L_{s1} und eine Parallelkapazität C_{p1}, so wird der Arbeitspunkt nicht beeinflußt. Nach Gl. (6.6.13) und Gl. (6.6.14) ergibt sich

$$X_{p1} = -\frac{1}{\omega_0 C_{p1}} = -26{,}96\,\Omega \quad \rightarrow \quad C_{p1} = 0{,}59\,\text{pF}, $$
$$X_{s1} = \omega_0 L_{s1} = 20{,}88\,\Omega \quad \rightarrow \quad L_{s1} = 0{,}33\,\text{nH}. \tag{6.6.55}$$

Anpaßschaltung für den Ausgang des Feldeffekttransistors:
Es folgt zunächst für die Kompensationsinduktivität nach Gl. (6.6.7)

$$\omega_0 L_{K2} = \frac{1}{\omega_0 C_{e2}} \quad \rightarrow \quad L_{K2} = 1{,}15\,\text{nH}. \tag{6.6.56}$$

Die Transformation von $R_{e2} = 35{,}41\,\Omega$ auf $R_0 = 50\,\Omega$ erfolgt mit einem Leitungstransformator. Die Leitungslänge hat nach Gl. (6.6.21) ein Viertel der Leitungswellenlänge zu betragen. Bei der Frequenz $f_0 = 10$ GHz beträgt die Freiraumwellenlänge $\lambda_0 = c_0/f_0$ ca. 30 mm, so daß sich unter Berücksichtigung des Verkürzungseffekts aufgrund des Dielektrikums der Leitung für die Leitungslänge

$$l_T < 7{,}5\,\text{mm} \tag{6.6.57}$$

ergibt. Den Leitungswellenwiderstand erhält man ebenfalls aus Gl. (6.6.21) zu

$$Z_{LT} = \sqrt{R_0 R_{e2}} = 42{,}1\,\Omega. \tag{6.6.58}$$

Gesamtschaltung des Verstärkers

Das vollständige Schaltbild des Verstärkers ist in Abb. 6.6.16 gezeigt. Es enthält die im ersten Rechenschritt unter der Annahme von Rückwirkungsfreiheit ermittelten Anpaßnetzwerke sowie alle Elemente zur Entkopplung der Hochfrequenzsignale von den Gleichspannungsanschlüssen.

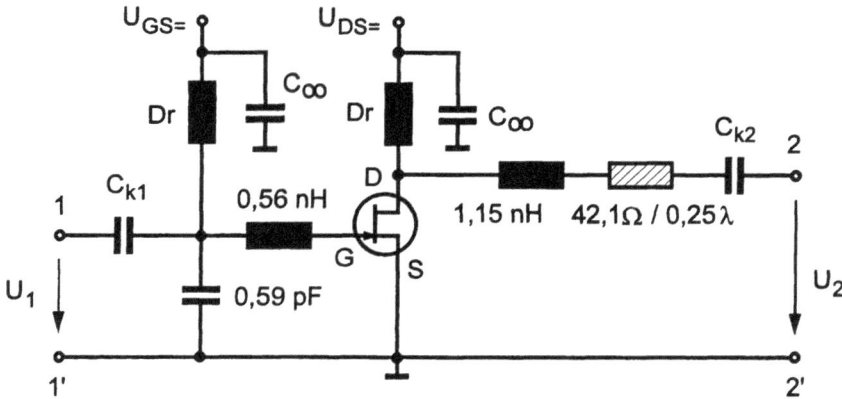

Abb. 6.6.16: Vollständiges Schaltbild des Verstärkers (nicht optimiert)

Für die Koppelkapazitäten gilt

$$C_{k1} = C_{k2} = C_{\infty} = C = 50 \text{ pF} \quad \rightarrow \quad \frac{1}{\omega_0 C} = 0,32 \ \Omega. \tag{6.6.59}$$

Für die Entkopplung der Gleichspannungsanschlüsse sind in der Abb. 6.6.16 Drosseln Dr vorgesehen, die einen Leerlauf für die Hochfrequenzsignale bilden.

Optimierung der Anpaßschaltungen

Die Optimierung der Anpaßschaltungen unter Berücksichtigung der Rückwirkung (d. h. $S_{12} \neq 0$) und der Verluste geschieht vorzugsweise iterativ mit einem Netzwerkanalyseprogramm. Dabei wird für jeden Iterationsschritt an einem Tor die aktuellste Anpaßschaltung am anderen Tor in die Rechnung einbezogen.

Das Optimierungsergebnis ist aus /6.1, S. 279/ entnommen und in Abb. 6.6.17 gezeigt. Der einstufige FET-Verstärker weist folgende technisch Daten auf:
- Frequenzbereich   9,6 GHz ≤ f ≤ 10,4 GHz,
- Verstärkung   G = 10,4 dB ± 0,6 dB,
- Stehwelligkeit   VSWR ≤ 2 an R_0 = 50 Ω.

Beim Vergleich der Abb. 6.6.17 mit der Abb. 6.6.16 sind sowohl deutliche Abweichungen der Parameter des Anpaßnetzwerks als auch der Schaltungsstruktur zu erkennen. Ersteres zeigt, daß die Berechnung der Anpaßschaltung unter Vernachlässigung der Rückwirkung nicht ausreichend ist.

Bei der praktischen Ausführung der Schaltung in Mikrostreifenleitungstechnik ist auf Ferritbauelemente für die Drosseln verzichtet worden. Solche Bauelemente sind teuer und schwer und müßten außerdem zusätzlich in die in Mikrostreifenleitungstechnik realisierte Schaltung gebondet werden. Statt dessen wurden λ/4-Leitungen zur Entkopplung der Versorgungsspannungsanschlüsse eingesetzt. Diese transformieren den von den Kondensatoren C_∞ verursachten Hochfrequenzkurzschluß in einen Leerlauf in der Schaltung. Die in der Schaltung vorgesehenen Widerstände von 35 Ω dienen zur Bedämpfung des Verstärkers bei Frequenzen unter 9 GHz. In diesem Frequenzbereich ist der Transistor, wie weiter oben gezeigt wurde, nur bedingt stabil.

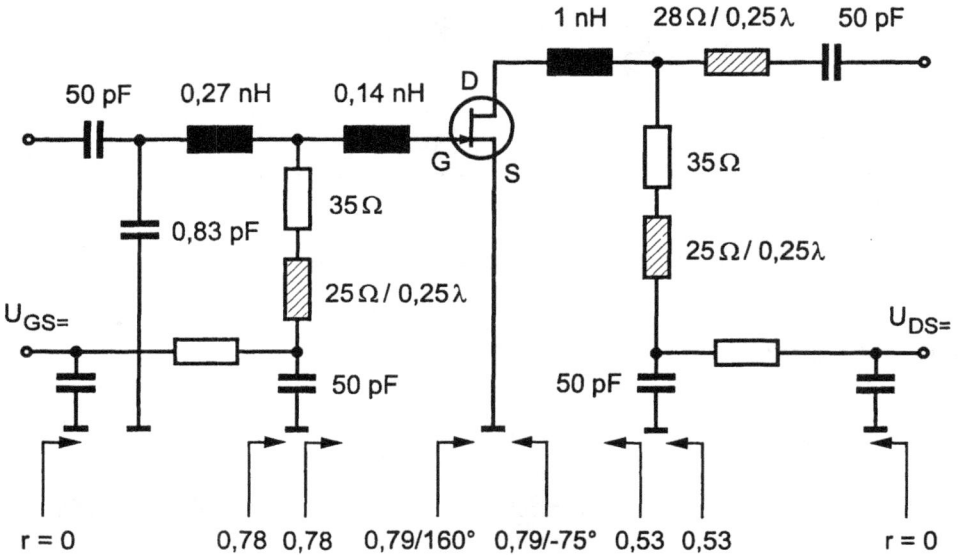

Abb. 6.6.17: Vollständiges Schaltbild des optimierten Verstärkers mit dem MESFET CFY 10 nach /6.1, S. 279/

In der Abb. 6.6.17 sind unter dem Schaltbild die Reflexionsfaktoren an verschiedenen Stellen der Schaltung angegeben. Man erkennt, wie, ausgehend vom Eingang bzw. Ausgang des Feldeffekttransistors, zunächst der Imaginärteil der Eingangsimpedanzen kompensiert wird, was zu reellen Reflexionsfaktoren führt. Anschließend folgt die Transfomation der reellen Widerstände auf den Systemwiderstand, so daß die Reflexionsfaktoren am Eingang und am Ausgang der Schaltung zu Null werden.

6.6.7 Ausführung von Anpaßschaltungen

Grundsätzlich können in Anpaßschaltungen konzentrierte Bauelemente und/oder verteilte, d. h. Leitungsbauelemente verwendet werden. Konzentrierte Bauelemente lassen im allgemeinen größere Transformationsverhältnisse zu als verteilte Elemente, da der in einer bestimmten Leitungstechnik mögliche Wellenwiderstandsbereich eingeschränkt ist. So sind Mikrostreifenleitungen nur mit Wellenwiderständen zwischen ca. 20 Ω und ca. 150 Ω zu realisieren. Andererseits lassen sich verteilte Elemente genauer herstellen.

Üblicherweise geht man beim Entwurf einer Anpaßschaltung von konzentrierten Bauelementen aus. Wie diese gegebenenfalls in Leitungsbauelemente umzurechnen sind, wird in /6.1, S. 309ff/

und /6.4, S. 216ff/ gezeigt. Die Anpaßschaltung besteht in diesem Fall aus transformierenden Leitungsstücken und leerlaufenden oder kurzgeschlossenen Stichleitungen.

Die Abb. 6.6.18 zeigt das Chipfoto eines monolithisch integrierten Verstärkers in Mikrostreifen-leitungstechnik. Als Halbleitermaterial dient GaAs. Die aktiven Elemente des dreistufigen Transistorverstärkers sind MESFETs.

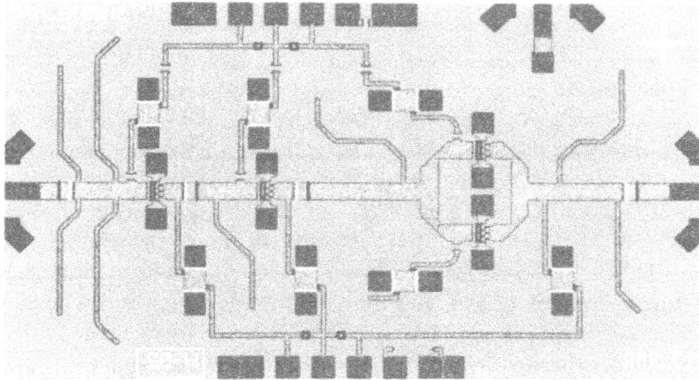

Abb. 6.6.18:
Monolithisch integrierter
Verstärker in Mikro-
streifenleitungstechnik,
Mittenfrequenz 38 GHz

In Abb. 6.6.19 ist die Anordnung der wichtigsten Bauteile des Verstärkers skizziert. Der Verstärkereingang (1) befindet sich links, der Ausgang (2) rechts. Die beiden Transistoren der ersten und zweiten Stufe sind mit (3) und (4) gekennzeichnet. In der dritten Verstärkerstufe wurden zwei Einzeltransistoren (5) parallelgeschaltet, um bei der geforderten Ausgangsleistung die nichtlinearen Verzerrungen klein zu halten. Die Anpaßschaltungen an Ein- und Ausgang des Verstärkers sowie zwischen den einzelnen Verstärkerstufen bestehen aus Leitungsbauelementen. Beispielhaft sind zwei leerlaufende Stichleitungen (6) und (7) in der Skizze eingezeichnet. Die Versorgungsspannungen und Masse werden an den Punkten (8) bzw. (9) angelegt. Die Abmessungen der Schaltung betragen 2,7 mm x 1,5 mm.

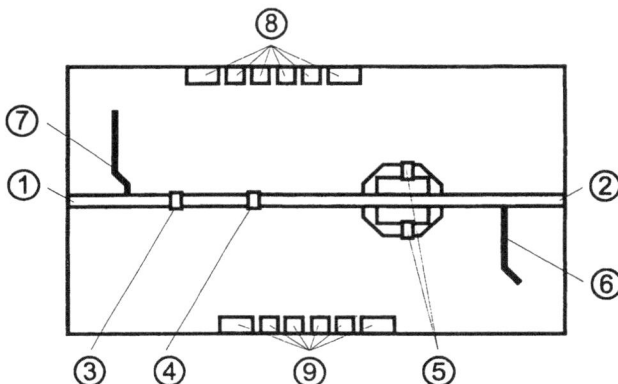

Abb. 6.6.19:
Anordnung der wichtigsten
Bauelemente im monolithisch
integrierten Verstärker nach
Abb. 6.6.18

6.7   Leistungsverstärker

Unter Leistungsverstärkern versteht man Verstärker, bei denen die Kennwerte nicht mehr aus den Steigungen der Kennlinien im Arbeitspunkt ermittelt werden können. Damit die Ausgangsleistung möglichst groß wird, werden die Kennlinien vielmehr innerhalb eines zulässigen Aussteuerbereichs durchlaufen. Da in diesem Fall die Kleinsignalnäherung, bei der davon ausgegangen wird, daß die aussteuernden Ströme und Spannungen klein sind, nicht mehr zulässig ist, spricht man auch von Großsignalverstärkern.

Breitband-Leistungsverstärker werden im Frequenzbereich bis zu einigen 100 kHz, z. B. als elektroakustische Verstärker, und für Frequenzen bis zu einigen 100 MHz in der EMV-Meßtechnik eingesetzt. Für sie werden geringstmögliche Verzerrungen gefordert, wobei der erzielbare Wirkungsgrad weniger von Bedeutung ist. Die Anforderungen an Sendeverstärker für Frequenzen oberhalb 100 kHz sind hingegen so, daß möglichst große Ausgangsleistungen bei höchstem Wirkungsgrad anzustreben sind. Da nur der Träger und das bezogen auf die Trägerfrequenz schmale Modulationsband zu übertragen sind, handelt es sich um Schmalband-Leistungsverstärker. Bei ihnen sind die im Verstärker selbst erzeugten nichtlinearen Verzerrungen weniger wichtig, da der Ausgang des Verstärkers mit Filterkreisen beschaltet werden kann.

In den folgenden Abschnitten des Kapitels 6.7 werden die wichtigsten Grundlagen der Leistungsverstärkung beschrieben. Detailliertere Ausführungen sind in der Literatur, z. B. in /6.1, S. 297ff/ und /6.2, S. G33ff/, zu finden.

6.7.1   Kenngrößen von Leistungsverstärkern

Als wichtigste Kenngröße eines Leistungsverstärkers ist zunächst die Signalleistung zu nennen, die er an einem gegebenen Lastwiderstand abgeben kann. Während die hierfür vom Verstärker aufgenommene Eingangsleistung und damit die Leistungsverstärkung von untergeordneter Bedeutung sind, ist die aus der Betriebsspannungsquelle aufgenommene Leistung ein wichtiges Charakteristikum, da es den Wirkungsgrad des Verstärkers und damit auch die abzuführende Verlustleistung bestimmt.

Da bei der Leistungsverstärkung die Kennlinien der verstärkenden Bauelemente in einem möglichst großen Bereich ausgesteuert werden, sind die Grenzwerte der aktiven Elemente bezüglich Strom, Spannung und Temperatur zu beachten. Bei einem Bipolartransistor sind diese Grenzwerte (Aussteuergrenzen) durch folgende Größen bestimmt:
- maximaler mittlerer Kollektorstrom,
- maximale Verlustleistung,
- maximal zulässige Belastung zur Vermeidung des Durchbruchs zweiter Art,
- Kollektor-Emitter-Durchbruchspannung (Durchbruch erster Art).

Als wichtigste Maße für die nichtlinearen Verzerrungen eines Verstärkers werden der Klirrfaktor und der 1 dB-Kompressionspunkt angegeben. Der Klirrfaktor ist das Verhältnis des Effektivwerts aller Oberschwingungen zum Effektivwert des Gesamtsignals. Im 1 dB-Kompressionspunkt ist die Leistungsverstärkung gerade um 1 dB geringer als bei linearer Aussteuerung mit kleiner Leistung.

6.7.2 Betriebsarten von Leistungsverstärkern

Je nachdem, welche Kennlinienbereiche des Verstärkerbauelements im Großsignalbetrieb ausgesteuert werden, unterscheidet man zwischen A-, AB-, B- und C-Betrieb. Die Abb. 6.7.1 zeigt beispielhaft den Zusammenhang zwischen der Basis-Emitter-Spannung U_{BE} eines Bipolartransistors und dem zugehörigen Kollektorstrom I_C. Die zu den unterschiedlichen Betriebsarten gehörenden Arbeitspunkte sind ebenfalls eingezeichnet.

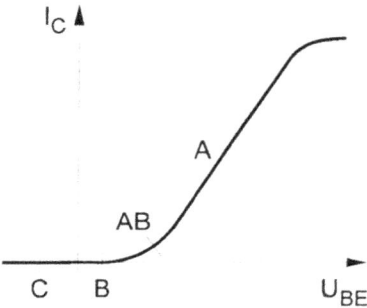

Abb. 6.7.1:
I_C-U_{BE}-Kennlinie eines Bipolartransistors, Betriebsarten von Leistungsverstärkern

Der maximal erreichbare Wirkungsgrad eines Verstärkers wächst mit der Betriebsart in alphabetischen Reihenfolge der Bezeichnungen. Der Wirkungsgrad η ist das Verhältnis der an der Last bei der Betriebsfrequenz abgegebenen Signalleistung P_2 zur insgesamt vom Verstärker aufgenommenen Leistung. Diese besteht aus der Eingangssignalleistung P_1 und der von der Betriebsspannungsquelle gelieferten Gleichleistung $P_=$. Derjenige Anteil der zugeführte Gleichleistung $P_=$, der nicht in Signalleistung umgesetzt wird, muß als thermische Verlustleistung P_V an die Umgebung abgeführt werden:

$$\eta = \frac{P_2}{P_1 + P_=} = \frac{P_2}{P_1 + P_2 + P_V}. \tag{6.7.1}$$

Man beachte, daß am Ausgang eines Verstärker mit nichtlinearen Verzerrungen auch Leistung bei den Oberschwingungen der Betriebsfrequenz entsteht. Mit Signalleistung ist jedoch nur die Leistung bei der Grundschwingung gemeint.

Soll das Verhältnis von der im Verstärker tatsächlich in Signalleistung umgestetzten Gleichleistung zur zugeführten Gleichleistung angegeben werden, so bezeichnet man den Wirkungsgrad η_{PAE} nach Gl. (6.7.2) als Power-Added Efficiency:

$$\eta_{PAE} = \frac{P_2 - P_1}{P_=}. \tag{6.7.2}$$

Für eine genauere Beschreibung der Betriebsarten wird die Strom-Spannungs-Kennlinie eines Transistors nach Abb. 6.7.1 durch eine Knickkennlinie entsprechend Abb. 6.7.2 angenähert. In Abb. 6.7.2 ist zusätzlich der prinzipielle Verlauf einer Periode des Kollektorstroms bei sinusförmiger Basis-Emitter-Spannung für die eingezeichneten Betriebsarten skizziert.

Der Stromflußwinkel θ begrenzt jenen Winkelbereich des harmonischen Eingangssignals $u_1(t)$, bei dem die Basis-Emitter-Spannung

$$u_{BE}(t) = U_{BE=} + u_1(t) = U_{BE=} + \hat{u}_1 \cdot \cos(\omega_1 t) \qquad (6.7.3)$$

größer oder gleich der Schwellenspannung U_S ist. Das bedeutet, daß nur innerhalb des Bereichs $-\theta < \omega_1 t < \theta$ ein Kollektorstrom $I_C > 0$ fließt. Der Stromflußwinkel ergibt sich damit aus

$$U_{BE=} + \hat{u}_1 \cdot \cos(\theta) = U_S \qquad (6.7.4)$$

zu

$$\theta = a\cos\frac{U_S - U_{BE=}}{\hat{u}_1}. \qquad (6.7.5)$$

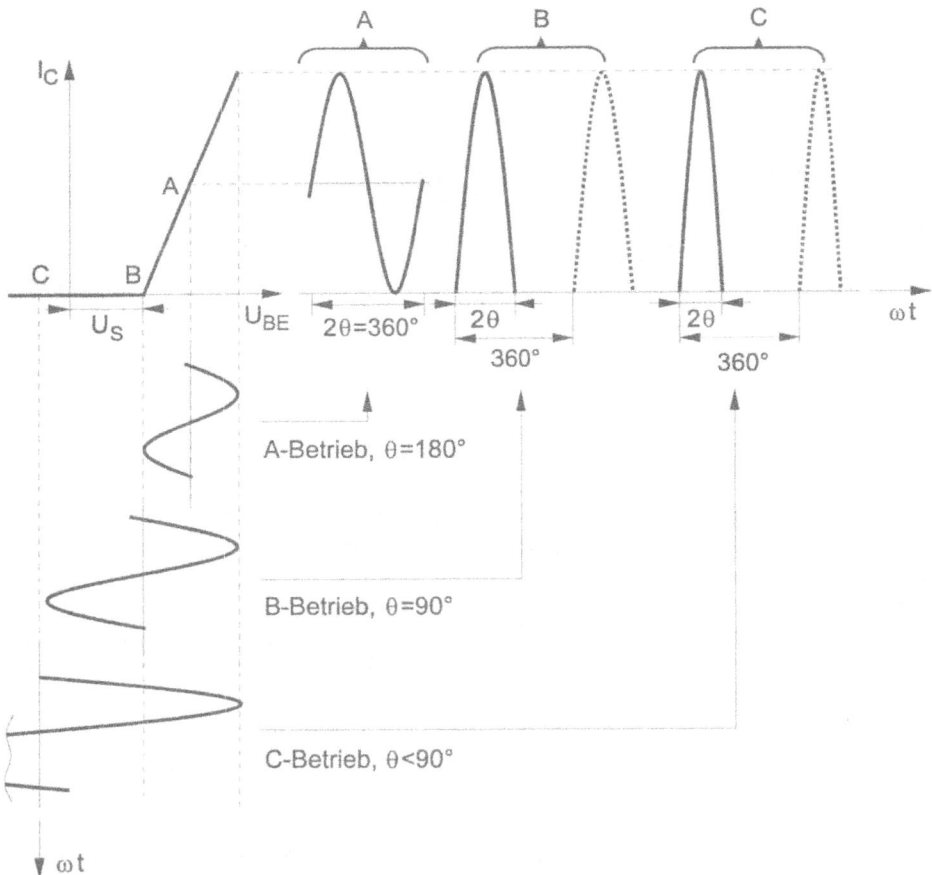

Abb. 6.7.2:   Näherung der I_C-U_{BE}-Kennlinie eines Leistungstransistors mit Knickkennlinie, sinusförmige Aussteuerung bei unterschiedlichen Stromflußwinkeln θ

A-Betrieb

Im A-Betrieb wird der Arbeitspunkt (Punkt A) in die Mitte des linearen Kennlinienteils gelegt. Der Arbeitspunktstrom $I_{C=}$, der auch als Ruhestrom bezeichnet wird, ist groß, woraus auch eine hohe Verlustleistung folgt. Der maximale theoretische Wirkungsgrad beträgt bei galvanischer Kopplung $\eta_{max} = 25\%$. Bei transformatorischer Kopplung liegt er bei $\eta_{max} = 50\%$. Praktisch werden ca. 30% erreicht.

Die Basis-Emitter-Gleichspannung wird auf

$$U_{BE=} = U_S + \hat{u}_1 \tag{6.7.6}$$

eingestellt, so daß sich nach Gl. (6.7.5) im A-Betrieb der Stromflußwinkel

$$\theta = 180° \tag{6.7.7}$$

ergibt.

Der Klirrfaktor des A-Verstärkers ist klein, da der Kollektorstrom während der vollständigen Periode des Eingangssignals fließt ($2\theta = 360°$) und nur der in der Praxis zumindest näherungsweise lineare Kennlinienbereich durchlaufen wird.
Leistungsverstärker im A-Betrieb werden hauptsächlich dann eingesetzt, wenn eine hohe Linearität der Verstärkung gefordert ist. Dies ist z. B. bei Breitbandverstärkern und bei amplitudenmodulierten Sendern (insbesondere bei Einseitenbandsendern) der Fall.

B-Betrieb

Beim B-Betrieb liegt der Arbeitspunkt (Punkt B) im Kennlinienknick. Damit gilt für den Arbeitspunktstrom $I_{C=} = 0$. Die Verlustleistung ist nun aussteuerungsabhängig, aber geringer als im A-Betrieb. Der maximale theoretische Wirkungsgrad liegt bei $\eta_{max} = 78,5\%$. Der Stromflußwinkel ergibt sich im B-Betrieb mit

$$U_{BE=} = U_S \tag{6.7.8}$$

zu

$$\theta = 90°. \tag{6.7.9}$$

Somit fließt der Kollektorstrom nur während einer halben Periode des Eingangssignals ($2\theta = 180°$).

Breitbandige Verstärker der Klasse B müssen im Gegentaktbetrieb arbeiten, damit das Ausgangssignal am Lastwiderstand aus einer Überlagerung der von jeweils einem Transistor verstärkt abgegebenen halben Periode des Eingangssignals besteht. In der Gegentaktstufe verwendet man entweder zwei Bipolar- oder Feldeffekttransistoren gleichen Typs und realisiert die gegenphasige Ansteuerung mit einem Übertrager mit Mittenanzapfung oder mit einem zusätzlichen Transistor, der als Phasenumkehrstufe beschaltet wird. Als zweite Möglichkeit können Komplementärtransistoren eingesetzt werden, die beide mit dem gleichen Eingangssignal angesteuert werden.

Der AB-Betrieb weist gegenüber den B-Betrieb den Vorteil geringerer Verzerrungen beim Nulldurchgang auf (Übernahmeverzerrungen), da beim Übergang des Betriebs vom einen auf den anderen Transistor beide Transistoren leiten.

C-Betrieb

Der Arbeitspunkt eines Verstärkers im C-Betrieb liegt unterhalb der Schwellenspannung U_S (Punkt C). Es fließ kein Ruhestrom. Allerdings tritt bei Aussteuerung der Stromfluß am Kollektor nur über weniger als eine halbe Signalperiode auf, da bei einer Basis-Emitter-Gleichspannung

$$U_{BE=} < U_S \tag{6.7.10}$$

nur dann ein Kollektorstrom fließt, wenn

$$\hat{u}_1 > U_S - U_{BE=} \tag{6.7.11}$$

ist. Damit berechnet sich der Stromflußwinkel nach Gl. (6.7.5) zu

$$0 < \theta < 90°. \tag{6.7.12}$$

Der Kollektorstrom eines Verstärkers im C-Betrieb enthält starke Oberschwingungen, so daß dieser Verstärkertyp nur als Schmalbandverstärker eingesetzt werden kann. In diesem Fall wird der Ausgangskreis als Bandfilter ausgeführt und die Ausgangsspannung ist praktisch harmonisch.
Als typischer Einsatzbereich für C-Leistungsverstärker sind frequenzmodulierte Sender zu nennen.

In /6.2, S. G37/ wird gezeigt, daß für den maximalen Wirkungsgrad des C-Verstärkers näherungsweise

$$\eta_{max} = \frac{2\theta - \sin 2\theta}{4\left(\sin\theta - \theta\cos\theta\right)}. \tag{6.7.13}$$

gilt. Man beachte, daß θ in Radiant einzusetzen ist. Nach Gl. (6.7.13) nimmt der Wirkungsgrad mit abnehmendem Stromflußwinkel θ zu. Er beträgt $\eta_{max} = \pi/4$ bei $\theta = 90°$ (B-Betrieb) und $\eta_{max} = 1$ bei $\theta = 0°$. Allerdings gehen mit $\theta \rightarrow 0°$ auch die aufgenommene Gleichleistung $P_=$ und die Signalleistung P_2 am Verstärkerausgang gegen Null. Eine wesentliche Verbesserung des Wirkungsgrads über denjenigen des B-Verstärkers hinaus ist also mit einer sinkenden Ausgangsleistung verbunden. Praktische Wirkungsgrade liegen im C-Betrieb zwischen $\eta_{max} = 70\%$ und $\eta_{max} = 85\%$.

Für die Erzeugung einer negative Basisvorspannung zur Einstellung des C-Betriebs benutzt man üblicherweise keine zusätzliche negative Versorgungsspannung. Vielmehr verwendet man die in Abb. 6.7.3 gezeigten schaltungstechnischen Möglichkeiten. Da der Basisbahnwiderstand $r_{BB'}$ des

Transistors relativ klein ist und starken Exemplarstreuungen unterliegt, setzt man besser einen
zusätzlichen externen Basiswiderstand R_B ein. Am vorteilhaftesten ist jedoch die Schaltung mit
dem zusätzlichen Emitterwiderstand R_E. Der Spannungsabfall an R_E spannt die Basis über die
Drossel Dr negativ gegen den Emitter vor. Allerdings kann diese Art der Vorspannungserzeu-
gung nicht verwendet werden, wenn der Emitteranschluß aus konstruktiven Gründen galvanisch
mit Masse verbunden sein muß.

Aufgrund der im C-Betrieb entstehenden starken nichtlinearen Verzerrungen verwendet man den
C-Verstärker auch zur Frequenzvervielfachung. In /6.3, S. 271f/ werden die Fourierkoeffizienten
der Oberschwingungsanteile des Kollektorstroms für eine Knickkennlinie nach Abb. 6.7.2
bestimmt. Daraus wird abgeleitet, daß beim Stromflußwinkel

$$\theta \approx \frac{120°}{n} \tag{6.7.14}$$

die n-te Harmonische des Kollektorstroms die maximale Amplitude hat. Demnach wäre der
Stromflußwinkel eines Verdopplers auf $\theta \approx 60°$ und derjenige eines Verdreifachers auf $\theta \approx 40°$
einzustellen, um bei der gewünschten Oberschwingung die größtmögliche Amplitude zu erzie-
len.

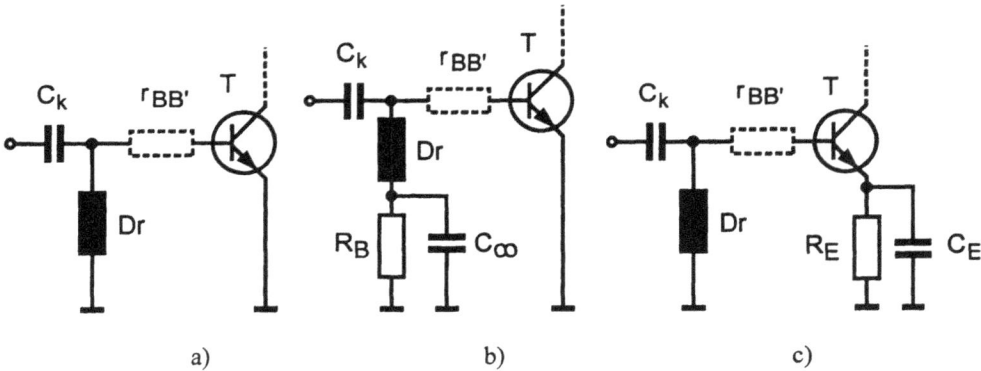

Abb. 6.7.3:   Schaltungen zur automatischen Basisvorspannungserzeugung bei C-Verstärkern,
a)   Ausnutzung des Spannungsabfalls am Basisbahnwiderstand $r_{BB'}$,
b)   Erhöhung der Wirkung von a) mit zusätzlichem Basiswiderstand R_B,
c)   Ausnutzung des Spannungsabfalls an einem externen Emitterwiderstand R_E

6.7.3 Dimensionierung von Leistungsverstärkern mit Transistoren

Die Kleinsignalparameter eines Transistors liefern höchstens grobe Anhaltspunkte für dessen
Verhalten im Großsignalbetrieb, so daß sie praktisch nicht zur Schaltungsdimensionierung verwendet werden können. Man vergleiche hierzu auch Tabelle 6.1, die Klein- und Großsignalparameter eines Transistors gegenübergestellt. Für spezielle Leistungstransistoren gibt der Hersteller deshalb Großsignalparameter an. Diese gelten allerdings nur unter genau spezifizierten

Betriebsbedingungen hinsichtlich Betriebsart, Arbeitspunkt, Ausgangsleistung, Ein- und Ausgangsanpassung und Frequenz.

Zur Impedanzanpassung werden häufig schmalbandige, passive Netzwerke verwendet. Diese dienen gleichzeitig als Filter, um die im B- oder C-Betrieb des Transistors entstehenden nichtlinearen Verzerrungen zu unterdrücken.

Die Verstärkung eines Hochfrequenztransistors nimmt unterhalb der Betriebsfrequenz mit ca. 6 dB/Oktave zu. Besondere Bedeutung kommt damit all jenen Schaltungsmaßnahmen zu, die ungewollte Schwingungen des Transistors zu vermeiden helfen. Eine Schwingneigung aufgrund von in der Schaltung vorhandenen parasitären Resonanzanordnungen kann bis zur Zerstörung des Transistors führen. Insbesondere sind alle Abblockmaßnahmen für die Stromzuführungen sowohl für die Betriebsfrequenz als auch bei tieferen Frequenzen möglichst niederohmig auszuführen.

Ein wichtiger Gesichtspunkt bei der Auslegung von Leistungsverstärkerschaltungen sind Schutzschaltungen, die eine Zerstörung des Transistors bei kurzzeitiger Überlastung verhindern sollen. Ohne besondere Vorkehrungen kann dies z. B. dadurch geschehen, daß die Umgebungstemperatur über den zulässigen Wert ansteigt oder ein Kurzschluß am Verstärkerausgang eintritt. Üblich sind deshalb thermische Schutzschaltungen und elektronische Kurzschlußsicherungen.

6.7.4 Leistungssummation

Bei GaAs-MESFETs hängt die erzielbare Ausgangsleistung von der Gateweite ab. Vergrößert man die Gateweite, so wird die Leistung zwar ebenfalls größer, die Eingangsimpedanz des Transistors wird allerdings so niedrig, daß eine verlustarme Leistungsanpassung praktisch nicht mehr möglich ist. Man wendet deshalb die Leistungssummation (Power combining) an, indem die Leistungen mehrerer gleichartiger Verstärker mit geeigneten Netzwerken zusammengefaßt werden.

An die Combiner-Strukturen sind die Anforderungen
- geringe Verluste,
- gute Anpassung,
- gute Entkopplung der Tore,
- Amplituden- und Phasensymmetrie

zu stellen. Am Verstärkereingang muß eine gleichmäßige Aufspaltung des Signals auf die Einzelverstärker erreicht werden. Am Verstärkerausgang wird die Summationsfunktion benötigt. Die Funktionen Power devider und Power combiner sind mit Richtkopplern (z. B. Hybridkoppler /6.4, S. 192ff/ oder Lange-Koppler /6.4, S. 210ff/) zu realisieren.

Abb. 6.7.4 zeigt das Blockschaltbild einer Anordnung, bei der zwei Verstärker parallelgeschaltet sind. Als Teiler- bzw. Summierernetzwerke werden zwei Richtkoppler (3 dB-90°-Hybridkoppler) verwendet. Weitere Summationsstrukturen werden in der Literatur behandelt (siehe z. B. /6.1, S. 313ff/).

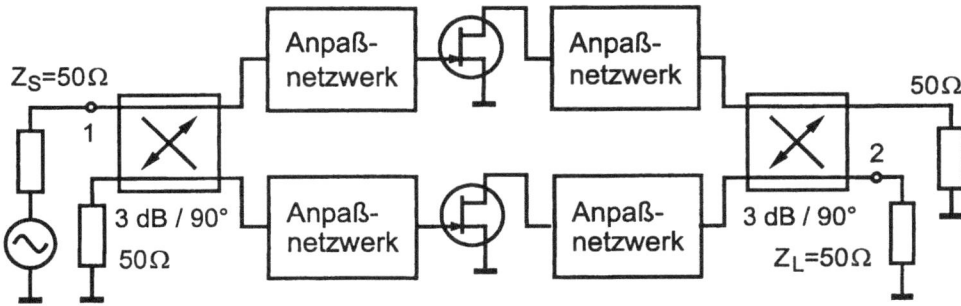

Abb. 6.7.4:   Blockschaltbild einer Anordnung zur Leistungssummation mit zwei Verstärkern

In Abb. 6.7.5 ist das Layout eines monolithisch integrierten Verstärkers mit Leistungssummation in Mikrostreifenleitungstechnik zu sehen. Die Schaltung ist für eine Frequenz von 35 GHz dimensioniert.

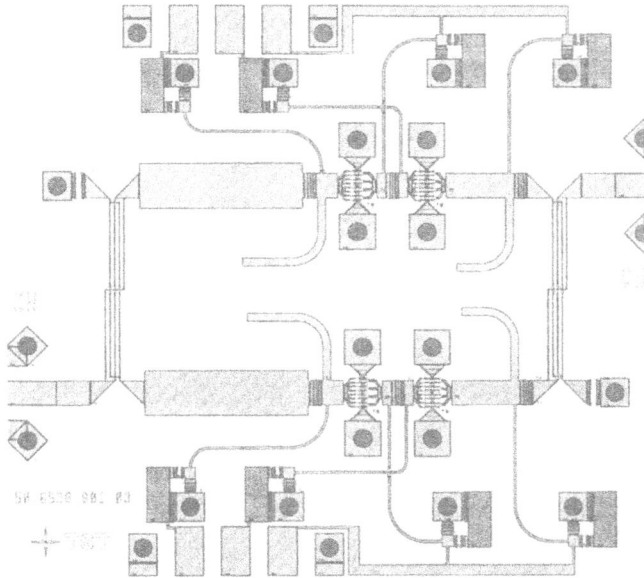

Abb. 6.7.5:
Layout eines Verstärkers
mit Leistungssummation,
Frequenz 35 GHz

Abb. 6.7.6 zeigt in einer Skizze die wichtigsten Bauelemente des Verstärkers nach Abb. 6.7.5. Sein Eingang (1) befindet sich links unten, der Ausgang (2) rechts oben. Der Verstärker besteht aus zwei parallelgeschalteten und jeweils zweistufigen MESFET-Verstärkern. Die erste Stufe ist mit (3), die zweite Stufe mit (4) gekennzeichnet. Die Anpaßnetzwerke sind mit Leitungsbauelementen, z. B. unter anderem leerlaufenden Stichleitungen (5), realisiert. Für die Leistungsteilung bzw. -summation werden Lange-Koppler (6) eingesetzt. Bei den rechteckigen Flächen mit dunkleren Kreisen im Inneren, z. B. (7), handelt es sich um Durchkontaktierungen auf die Masserückseite der Mikrostreifenleitungsschaltung. Alle Anschlüsse für die Versorgungsspan-

nungen und Masse befinden sich oben (8) bzw. unten (9). Die auf GaAs monolithisch integrierte
Schaltung weist Abmessungen von 2,8 mm x 2,5 mm auf.

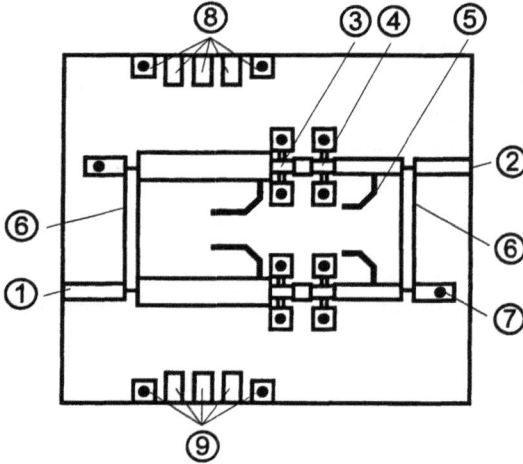

Abb. 6.7.6:
Anordnung der wichtigsten
Bauelemente des Verstärkers
mit Leistungssummation nach
Abb. 6.7.5

7. Mischung

7.1 Frequenzumsetzung

Mischung von Signalen verschiedener Frequenz, Frequenzvervielfachung und Frequenzteilung sowie Modulation gehören zu den Gebieten der Frequenzumsetzung. Die Frequenzumsetzer lassen sich je nach Aufgabenstellung in die in Abb. 7.1.1 gezeigten Typen aufteilen.

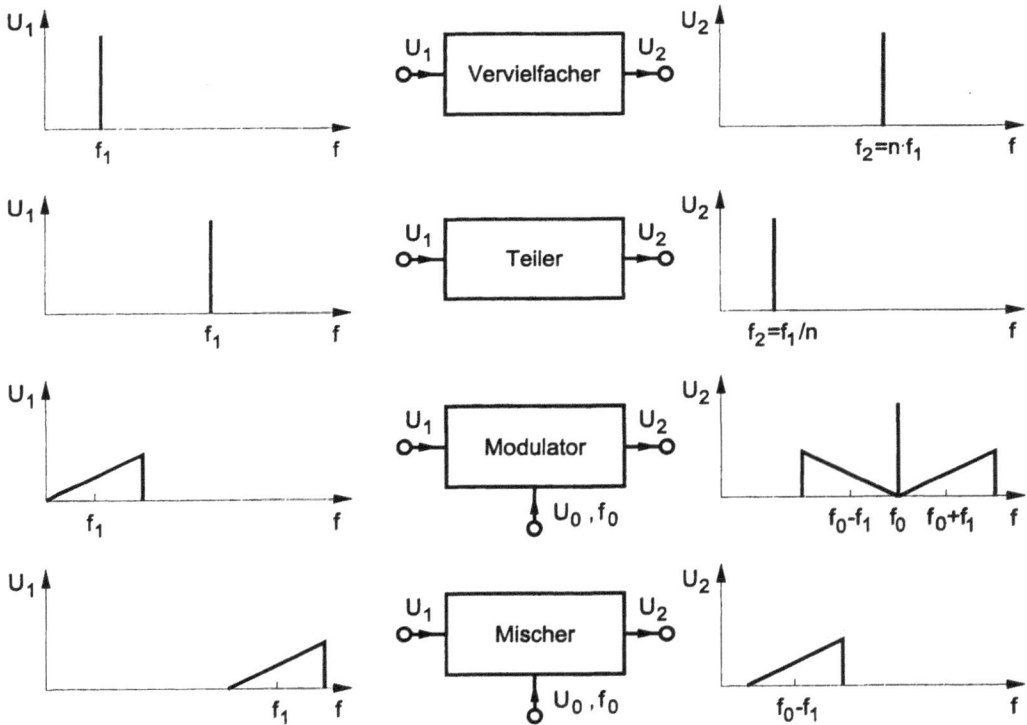

Abb. 7.1.1: Typen von Frequenzumsetzern

Die einfachste Form der Frequenzumsetzung ist die Frequenzvervielfachung, die durch nichtlineare Verzerrung der Grundschwingung der Frequenz f_1 und Herausfiltern der Oberschwingung mit der Frequenz nf_1 erreicht wird. Den umgekehrten Fall stellt die Frequenzteilung dar, für die Zählerschaltungen verwendet werden. Mit Modulation bezeichnet man eine Frequenzumsetzung, bei der ein niederfrequentes Signal die Amplitude oder/und die Phase bzw. Frequenz einer hochfrequenten Trägerschwingung der Frequenz f_0 steuert. Bei der Mischung wird ein meist hochfrequentes Signal mittels einer hochfrequenten Oszillatorschwingung der Frequenz f_0 in seiner Frequenzlage verändert.

7.2 Grundlagen der Mischung

Im Kapitel 7 soll nur eine Art der Frequenzumsetzung, nämlich die Mischung, genauer behandelt werden. Eine ausführlichere Beschreibung von Methoden der Frequenzvervielfachung und Frequenzteilung sowie der sehr zahlreichen analogen und digitalen Modulationsverfahren kann der Literatur entnommen werden (z. B. /7.1/, /7.2/, /7.3/).

7.2.1 Grundprinzip

Bei der zunächst als ideal angenommenen Multiplikation zweier sinusförmiger Schwingungen der Frequenzen f_S und f_0 (Kreisfrequenzen $\omega_S = 2\pi f_S$ und $\omega_0 = 2\pi f_0$)

$$u_S(t) = \hat{u}_S \cdot \cos(\omega_S t) \quad \text{und} \quad u_0(t) = \hat{u}_0 \cdot \cos(\omega_0 t) \tag{7.2.1}$$

entsteht mit dem Additionstheorem

$$\cos\alpha \cdot \cos\beta = \frac{1}{2} \cdot \{\cos(\alpha + \beta) + \cos(\alpha - \beta)\} \tag{7.2.2}$$

das Signal

$$u_M(t) = k_M\, u_0(t)\, u_S(t) = \frac{1}{2} \cdot k_M \hat{u}_S \hat{u}_0 \cdot \{\cos[(\omega_0 + \omega_S)t] + \cos[(\omega_0 - \omega_S)t]\}, \tag{7.2.3}$$

das die Summenfrequenz $f_0 + f_S$ und die Differenzfrequenz $|f_0 - f_S|$ enthält. Die Konstante k_M hat die Einheit $1/V$.

Die Bezeichnungen der Signale und Frequenzen bei der Mischung sollen beispielhaft an Abb. 7.2.1 für eine Abwärtsmischung erläutert werden:

- Signal f_S,
- Oszillator (Lokaloszillator, Mischoszillator, f_0 (f_{LO}, f_M, f_P),
  Pumposzillator)
- Zwischenfrequenzsignal $f_{ZF} = |f_0 - f_S| = |f_{Sp} - f_0|$,
- Spiegelfrequenzsignal $f_{Sp} = f_0 + f_{ZF} = f_S + 2f_{ZF}$.

Nach der Mischung wird die Hauptselektion mit dem fest abgestimmten ZF-Filter vorgenommen. Das Spiegelfrequenzsignal ist jenes Signal mit der Frequenz f_{Sp}, das bei der Mischung ein Zwischenfrequenzsignal bei derselben Frequenz f_{ZF} hervorruft wie das gewünschte Nutzsignal der Frequenz f_S. Am Signaleingang des Mischers ist deshalb mit einem Spiegelfrequenzfilter sicherzustellen, daß im Spiegelfrequenzbereich keine Signalanteile vorhanden sind. Diese lägen sonst nach der Mischung im selben Frequenzbereich wie das Nutzsignal vor und wären von diesem nicht mehr zu trennen.

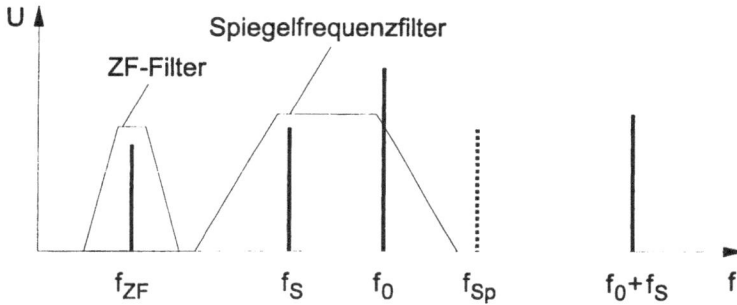

Abb. 7.2.1:
Frequenzanteile bei
der Abwärtsmischung

7.2.2 Kombinationsfrequenzen bei Aussteuerung nichtlinearer Bauelemente

Bei der Aussteuerung eines nichtlinearen Bauelements, dessen Strom-Spannungs-Kennlinie nach Abb. 7.2.2 z. B. durch die Potenzreihe vom Grad q

$$I = G(U) = G_0 + G_1 U + G_2 U^2 + G_3 U^3 + \cdots + G_q U^q \tag{7.2.4}$$

beschrieben wird, können bei gleichzeitig anliegenden Signalen der Frequenzen f_S und f_0 im allgemeinen Fall die Kombinationsfrequenzen

$$f_K = \left| \pm m f_0 \pm n f_S \right|, \quad m, n = 0, 1, 2, 3, \cdots \quad \text{und} \quad m + n \leq q \tag{7.2.5}$$

entstehen. Wird das Bauelement nur mit einem monofrequenten Signal der Frequenz f_0 bzw. f_S ausgesteuert, so entstehen nur die zu f_0 bzw. f_S gehörenden Oberschwingungen mit den Frequenzen $m f_0$ bzw. $n f_S$.

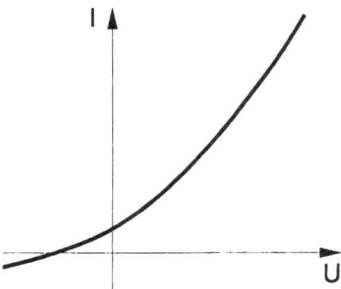

Abb. 7.2.2:
Nichtlineare Strom-Spannungs-Kennlinie

Die Frequenzpyramide in Abb. 7.2.3 zeigt, welche Koeffizienten der Potenzreihe wesentlich die Amplituden bestimmter Kombinationsfrequenzen bestimmen und wie diese den Vielfachen von Signal- und Oszillatorfrequenz zuzuordnen sind.

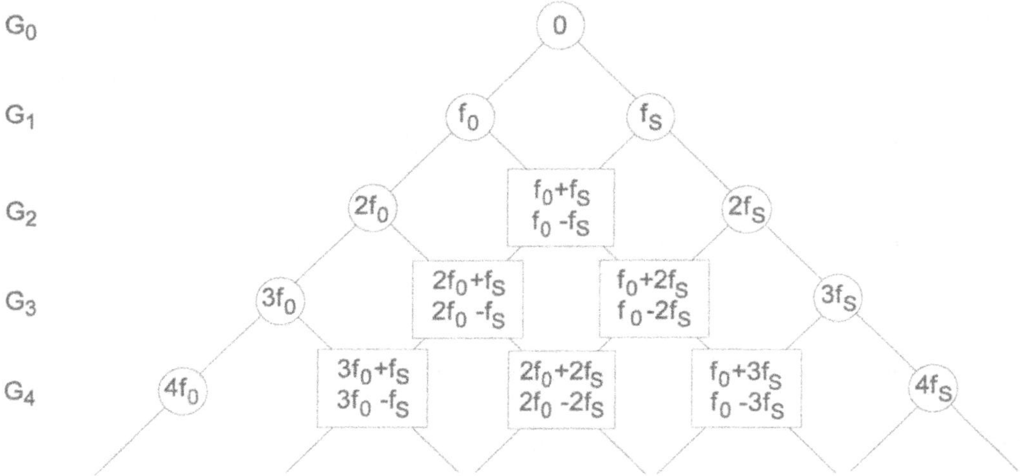

Abb. 7.2.3:   Frequenzpyramide der Mischung

7.2.3   Kleinsignal-Großsignal-Näherung der Mischung

Als Kleinsignal-Großsignal-Näherung der Mischung bezeichnet man den bei Empfangsmischern üblichen Fall, daß die Signalspannung sehr viel kleiner als die Lokaloszillatorspannung ist, d. h. $\hat{u}_S \ll \hat{u}_0$ mit $u_S(t)$ und $u_0(t)$ nach Gl. (7.2.1). In diesem Fall steuert die Lokaloszillatorspannung die nichtlineare Kennlinie um die Arbeitspunktgleichspannung $U_{0=}$ herum aus. Die Signalspannung ist hingegen so klein, daß in jedem momentan sich einstellenden Arbeitspunkt ein näherungsweise linearer Betrieb gewährleistet ist. Für die Arbeitspunktspannung U_A am nichtlinearen Bauelement gilt dann

$$U_A = U_{0=} + \hat{u}_0 \cdot \cos(\omega_0 t).$$
(7.2.6)

Sie ist nicht konstant, sondern zeitabhängig und periodisch mit der Lokaloszillatorfrequenz. Weil aber die Spannung U_A nach Abb. 7.2.4 einen Teil der nichtlinearen Kennlinie periodisch durchläuft, bleibt auch der differentielle Leitwert des nichtlinearen Bauelements nicht konstant, sondern er wird periodisch zeitabhängig. Der Arbeitspunktstrom I_A ist nicht mehr sinusförmig, aber ebenfalls periodisch.

Die im Arbeitspunkt aussteuernde Spannung ist die kleine Signalspannung

$$\Delta u = u_S(t) = \hat{u}_S \cdot \cos(\omega_S t).$$
(7.2.7)

Die Gesamtspannung u am Bauelement lautet damit

$$u = U_A + \Delta u. \tag{7.2.8}$$

Der Strom i durch das nichtlineare Bauelement ist eine Funktion G der Spannung u am Bauelement, wobei der funktionale Zusammenhang bei einer Spannung nach Gl. (7.2.8)

$$i = G(u) = G(U_A + \Delta u) \tag{7.2.9}$$

über die nichtlineare Kennlinie gegeben ist.

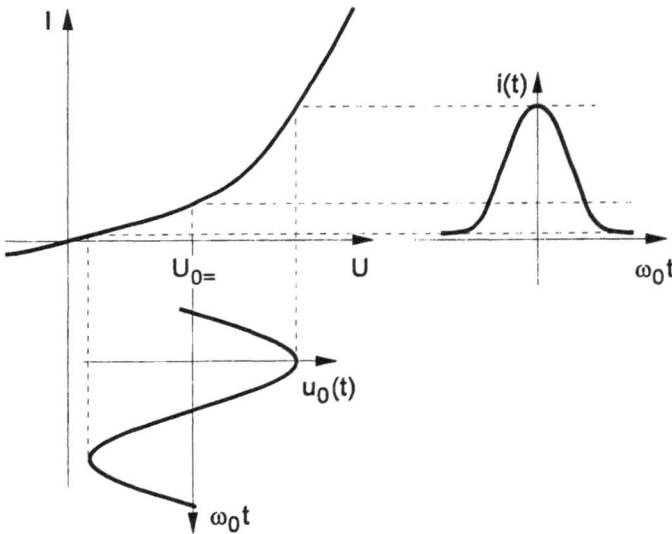

Abb. 7.2.4:
Aussteuerung der Strom-Spannungs-Kennlinie eines nichtlinearen Bauelements mit periodischer Spannung $u_0(t)$

Stellt man den Strom i als Potenzreihe dar, so lautet die Reihenentwicklung im Arbeitspunkt U_A

$$i = G(U_A) + \frac{dG(u)}{du}\bigg|_{U_A} \cdot \Delta u + \frac{1}{2} \cdot \frac{d^2 G(u)}{du^2}\bigg|_{U_A} \cdot \Delta u^2 + \cdots. \tag{7.2.10}$$

Mit $\Delta u \ll U_A$ gilt die Kleinsignalnäherung

$$i \approx G(U_A) + \frac{dG(u)}{du}\bigg|_{U_A} \cdot \Delta u = G(U_A) + g(U_A) \cdot \Delta u. \tag{7.2.11}$$

Der Koeffizient $g(U_A)$ ist die Steigung der Kennlinie im Arbeitspunkt U_A. Er hat die Dimension eines Leitwerts. Der Strom besteht somit aus dem Großsignalanteil

$$I_A = G(U_A) \tag{7.2.12}$$

und dem Kleinsignalanteil

$$\Delta i = g(U_A) \cdot \Delta u. \qquad (7.2.13)$$

Da die Kennlinie periodisch mit der Lokaloszillatorfrequenz f_0 ausgesteuert wird, sind auch die Koeffizienten $G(U_A)$ und $g(U_A)$ der Reihenentwicklung periodisch mit f_0. Sie können daher als Fourierreihen entwickelt werden.

Die allgemeine Vorschrift für die Fourierreihenentwicklung der Funktion f(t) lautet z. B. nach /7.4, S. 473ff/

$$f(t) = \frac{a_0}{2} + \sum_{m=1}^{\infty} a_m \cdot \cos(m\omega_0 t) + \sum_{m=1}^{\infty} b_m \cdot \sin(m\omega_0 t). \qquad (7.2.14)$$

Die Koeffizienten a_m und b_m ergeben sich durch Integration der Funktion f(t) über eine Periode T zu

$$a_m = \frac{2}{T} \cdot \int_0^T f(t) \cdot \cos(m\omega_0 t) \cdot dt \quad , \quad b_m = \frac{2}{T} \cdot \int_0^T f(t) \cdot \sin(m\omega_0 t) \cdot dt. \qquad (7.2.15)$$

In Anwendung auf die Fourierreihenentwicklung der Funktionen $G(U_A)$ und $g(U_A)$, welche nach Gl. (7.2.11) den Zusammenhang zwischen Strom und Spannung eines nichtlinearen Bauelements beschreiben, ist zunächst zu beachten, daß die Aussteuerfunktion $u_0(t)$ eine gerade Funktion ist. Deshalb sind auch $G(U_A)$ und $g(U_A)$ gerade Funktionen. Die Fourierreihen enthalten dann nur Kosinusglieder, die Koeffizienten b_m sind alle gleich Null.

Der Großsignalanteil des Stroms I_A enthält nach Abb. 7.2.4 einen Gleichanteil und einen mit der Frequenz f_0 periodischen Anteil, d. h.

$$I_A = G(U_A) = I_{0=} + i(\omega_0 t) = I_{0=} + \sum_{m=1}^{\infty} \hat{i}_m \cdot \cos(m\omega_0 t). \qquad (7.2.16)$$

Für den differentiellen Leitwert $g(U_A)$ des nichtlinearen Bauelements gilt die Fourierreihenentwicklung

$$g(U_A) = g(\omega_0 t) = \frac{g_0}{2} + \sum_{m=1}^{\infty} g_m \cdot \cos(m\omega_0 t). \qquad (7.2.17)$$

Die Fourierkoeffizienten werden mit g_m bezeichnet, da sie die Dimension eines Leitwerts haben. Berücksichtigt man, daß die Funktion $g(U_A)$ gerade ist, erweitert die Integrationsvariable t zu $\omega_0 t$ und setzt $T = 2\pi/\omega_0$, so ergeben sich die Koeffizienten aus Gl. (7.2.15) zu

$$g_m = \frac{2}{\pi} \cdot \int_0^\pi g(\omega_0 t) \cdot \cos(m\omega_0 t) \cdot d(\omega_0 t). \qquad (7.2.18)$$

Für den Strom durch das nichtlineare Bauelement folgt bei Einsetzen der Gleichungen (7.2.7), (7.2.16) und (7.2.17) in Gl. (7.2.11)

$$i = I_{0=} + \sum_{m=1}^{\infty} \hat{i}_m \cdot \cos(m\omega_0 t) + \frac{g_0 \hat{u}_S}{2} \cdot \cos(\omega_S t)$$

$$+ \hat{u}_S \cdot \sum_{m=1}^{\infty} g_m \cdot \cos(m\omega_0 t) \cdot \cos(\omega_S t).$$

$$(7.2.19)$$

Speziell für den letzten Summanden der Gl. (7.2.19) gilt

$$\hat{u}_S \cdot \sum_{m=1}^{\infty} g_m \cdot \cos(m\omega_0 t) \cdot \cos(\omega_S t)$$

$$= \frac{\hat{u}_S}{2} \cdot \sum_{m=1}^{\infty} g_m \cdot \left\{ \cos\left[(m\omega_0 + \omega_S)t\right] + \cos\left[(m\omega_0 - \omega_S)t\right] \right\}.$$

$$(7.2.20)$$

Der Strom i durch das nichtlineare Bauelement enthält somit
- einen Gleichanteil $I_{0=}$,
- Anteile bei der Lokaloszillatorfrequenz und deren Vielfachen mit den Amplituden $\hat{i}_m$,
- einen Anteil bei der Signalfrequenz, dessen Amplitude gleich $g_0 \hat{u}_S / 2$ ist,
- Anteile bei den Mischfrequenzen $|m f_0 \pm f_S|$ mit den Amplituden $g_m \hat{u}_S / 2$.

Mit den Fourierkoeffizienten g_m des zeitabhängigen und mit f_0 periodischen differentiellen Leitwerts $g(U_A)$ eines nichtlinearen Bauelements können damit bei gegebener Signalspannungsamplitude $\hat{u}_S$ die Amplituden $\hat{i}_{mS}$ der bei den Frequenzen $|m f_0 \pm f_S|$ auftretenden Mischprodukte berechnet werden zu

$$\hat{i}_{mS} = \frac{1}{2} \cdot g_m \hat{u}_S .$$

$$(7.2.21)$$

Zur Bestimmung der bei der Mischung nach der Kleinsignal-Großsignal-Näherung auftretenden Kombinationsfrequenzen kann Gl. (7.2.5) angepaßt werden zu

$$f_K = |\pm m f_0 \pm n f_S|, \quad m = 0, 1, 2, 3, \cdots, \quad n = 0, 1 \quad \text{und} \quad m + n \leq q.$$

$$(7.2.22)$$

Beispiel

Die Großsignalaussteuerung einer Schottkydiode soll so vorgenommen werden, daß der Strom bei der Mischfrequenz $f_{ZF} = f_0 - f_S$ maximal wird. Die Kennlinie der Diode soll der Einfachheit halber durch eine Knickkennlie nach Abb. 7.2.5 angenähert werden.
Die Knickkennlinie läßt sich formal beschreiben mit

$$I = \begin{cases} D \cdot (U - U_K), & U \geq U_K \\ \\ 0, & U < U_K \end{cases}.$$

$$(7.2.23)$$

Die Konstante D ist die Steigung der Kennlinie im Bereich, in dem die Spannung u größer als die Knickspannung U_K ist.

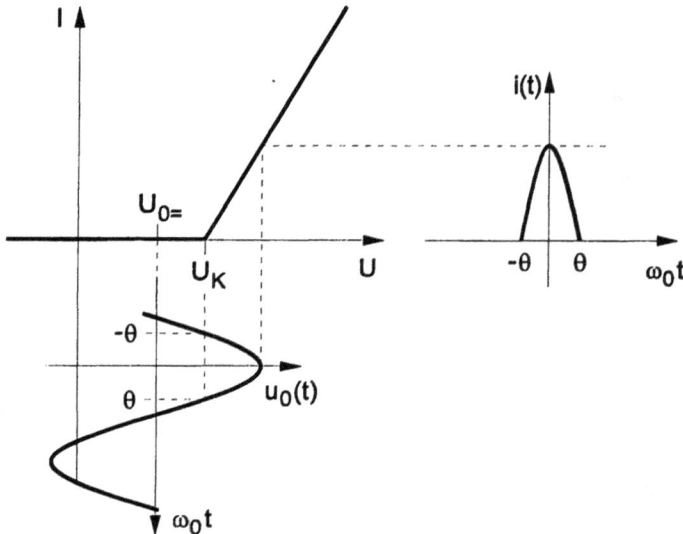

Näherung der Strom-Span-
nungs-Kennlinie einer Halbleiterdiode, Aussteuerung mit
periodischer Spannung $u_0(t)$

Ist die Arbeitspunktgleichspannung $U_{0=}$ kleiner als die Knickspannung U_K, so gilt für den Stromflußwinkel θ

$$\cos\theta = \frac{U_K - U_{0=}}{\hat{u}_0}.$$ (7.2.24)

Für den periodisch mit der Frequenz f_0 veränderlichen differentiellen Leitwert $g(\omega_0 t)$ wird eine Fourierreihe nach Gl. (7.2.17) entwickelt. Die Berechnung der Fourierkoeffizienten g_m geschieht mit Gl. (7.2.18).

Der Leitwert $g(\omega_0 t)$ ist definiert als die Ableitung des Stromes nach der Spannung im Arbeitspunkt mit der Spannung U_A. Beachtet man, daß die Ableitung nur für $u \geq U_K$ von Null verschieden und konstant gleich D ist, so erhält man für die Koeffizienten

$$g_m = \frac{2}{\pi} \cdot \int_0^\theta D \cdot \cos(m\omega_0 t) \cdot d(\omega_0 t).$$ (7.2.25)

Das Ergebnis der Integration lautet

$$g_m = \frac{2D}{m\pi} \cdot \sin(m\theta).$$ (7.2.26)

Für den Koeffizienten g_1, der nach Gl. (7.2.19) und Gl. (7.2.20) mit $m = 1$ die Amplitude des Stroms $\hat{\imath}_{1S}$ bei der Frequenz $f_{ZF} = f_0 - f_S$ bestimmt, wird damit

$$g_1 = \frac{2D}{\pi} \cdot \sin\theta. \tag{7.2.27}$$

Der Mischleitwert g_1 und damit die Amplitude des Stroms $\hat{\imath}_{1S}$ werden bei gegebener Amplitude $\hat{u}_S$ der Signalspannung maximal, wenn für den Stromflußwinkel

$$\sin\theta = 1, \quad \text{d. h.} \quad \theta = \frac{\pi}{2} \tag{7.2.28}$$

gilt. Der Mischleitwert wird demnach maximal, wenn die Vorspannung $U_{0=}$ an der Diode gleich der Knickspannung U_K der Diode ist. In diesem Fall wird der Koeffizient zu

$$g_{1\,\text{max}} = \frac{2D}{\pi}. \tag{7.2.29}$$

Die Amplitude des Stroms $\hat{\imath}_{ZF}$ bei der Frequenz $f_{ZF} = f_0 - f_S$ wird nach Gl. (7.2.21) zu

$$\hat{\imath}_{ZF} = \hat{\imath}_{1S} = \frac{1}{2} \cdot g_{1\,\text{max}} \hat{u}_S = \frac{D}{\pi} \cdot \hat{u}_S. \tag{7.2.30}$$

Der Strom $i_{ZF}(t)$ lautet demnach

$$i_{ZF}(t) = \hat{\imath}_{ZF} \cdot \cos\left[(\omega_0 - \omega_S)t\right] = \frac{D}{\pi} \cdot \hat{u}_S \cdot \cos(\omega_{ZF}t). \tag{7.2.31}$$

Hinweis

Wird die Diodenkennlinie durch eine Exponentialfunktion beschrieben, die mit dem Bahnwiderstand geschert ist, so ergeben genauere Berechnungen wie auch Messungen, daß der maximale Mischleitwert $g_{1\,\text{max}}$ für die oben beschriebene Abwärtsumsetzung in Kehrlage bei einer Vorspannung $U_{0=} \approx U_K$, d. h. beim Stromflußwinkel $\theta \approx \pi/2$ erreicht wird. Die Annahme einer Knickkennlinie ist demnach für Überschlagsrechnungen gerechtfertigt.

7.2.4 Frequenzlagen

Je nachdem, ob die Zwischenfrequenz nach der Mischung niedriger oder höher als die ursprüngliche Signalfrequenz ist, spricht man von Abwärts- oder Aufwärtsmischung. Wird das Signalspektrum bei der Mischung gedreht, so daß hohe Signalfrequenzen bei niedriger Zwischenfrequenz und niedrige Signalfrequenzen bei hoher Zwischenfrequenz liegen, so spricht man von Kehrlagenmischung. Bleibt die Frequenzzuordnung erhalten, so handelt es sich um eine Mischung in Regellage. Abb. 7.2.6 gibt die bei der Mischung möglichen Frequenzlagen und die zur jeweiligen Signalfrequenz f_S gehörende Spiegelfrequenz f_{Sp} an.

	Aufwärtsmischung $f_{ZF} > f_S$	Abwärtsmischung $f_{ZF} < f_S$
Gleichlage (Regellage)	$f_{Smax} < f_0,$ $f_{ZF} = f_0 + f_S$ $f_{Sp} = 2f_{ZF} - f_S = f_0 + f_{ZF}$ 	$f_{Smin} > f_0,$ $f_{ZF} = \|f_0 - f_S\| = f_S - f_0$ $f_{Sp} = f_S - 2f_{ZF} = f_0 - f_{ZF}$
Kehrlage	$f_{Smax} < f_0/2,$ $f_{ZF} = f_0 - f_S$ $f_{Sp} = f_S + 2f_{ZF} = f_0 + f_{ZF}$ 	$f_{Smin} > f_0/2,$ $f_{Smax} < f_0,$ $f_{ZF} = f_0 - f_S$ $f_{Sp} = f_S + 2f_{ZF} = f_0 + f_{ZF}$

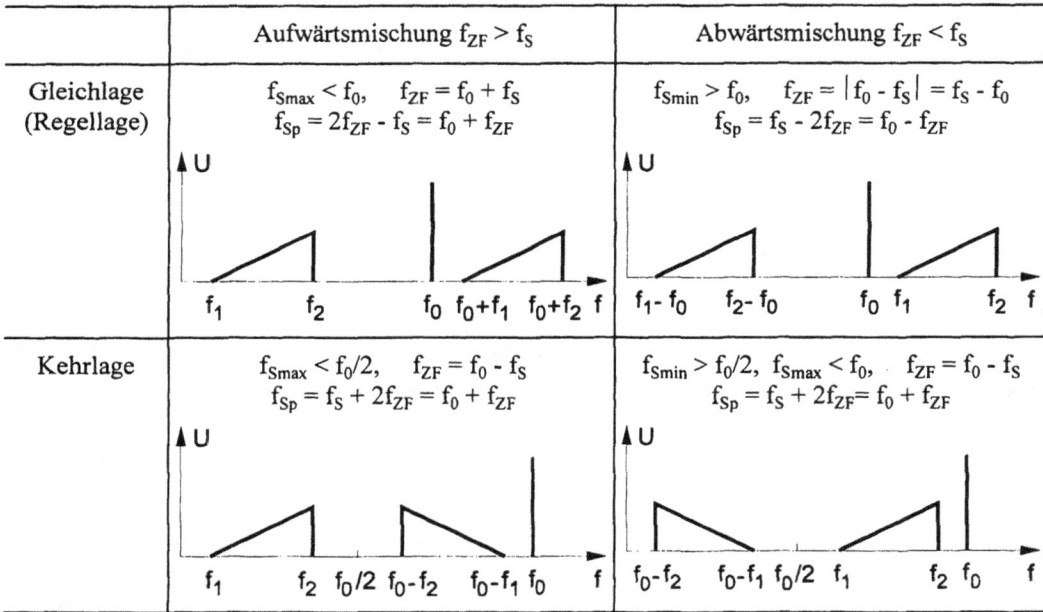

Abb. 7.2.6:   Frequenzlagen der Mischung

Typische Anwendungen

- Abwärtsmischung, meist in Kehrlage: Überlagerungsempfänger
- Auf- oder Abwärtsmischung: Frequenzumsetzer

7.3   Bauelemente und Schaltungen zum Mischen

7.3.1   Analogmultiplizierer

Abb. 7.3.1 zeigt das allgemeine Blockschaltbild eines Mischers, das gleichzeitig auch als Blockschaltbild für den Analogmultiplizierer dient.

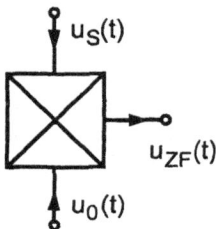

Abb. 7.3.1:
Blockschaltbild eines
Analogmultiplizierers

In Abb. 7.3.2 ist das Prinzipschaltbild eines Analogmultiplizierers angegeben. Die Realisierung als Differenzverstärker ist ohne Arbeitspunkteinstellung gezeigt.

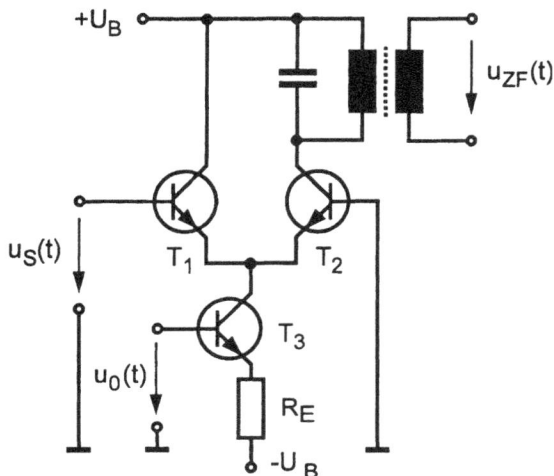

Abb. 7.3.2:
Prinzipschaltbild eines Differenzverstärkers als Analogmultiplizierer

Überschlagsmäßige Ermittlung der Schaltungseigenschaften

Der Transistor T_1 wird in Kollektorgrundschaltung betrieben. Für die Spannung an seinem Emitter gilt deswegen

$$u_{E1}(t) = k_1 u_S(t). \tag{7.3.1}$$

Mit dem Transistor T_3 wird eine von der Spannung $u_0(t)$ gesteuerte Stromquelle realisiert, so daß für den Emitterstrom

$$i_{E3}(t) = k_3 u_0(t) \tag{7.3.2}$$

gilt. Der Transistor T_2 ist als Basisgrundschaltung ausgeführt. Für dessen Spannungsübertragungsfaktor gilt mit der Arbeitsimpedanz Z_{C2} am Kollektor

$$u_{C2}(t) = g_{m2} Z_{C2} u_{E2}(t). \tag{7.3.3}$$

Da

$$u_{E2}(t) = u_{E1}(t) \tag{7.3.4}$$

gilt und die Transistorsteilheit proportional zum Kollektorstrom ist, d. h.

$$g_{m2} = k_2 i_{C2}(t) = k_4 i_{E3}(t), \tag{7.3.5}$$

wird nach Zusammenfassung der Konstanten $k = k_1 k_3 k_4$

$$u_{C2}(t) = k\, Z_{C2}\, u_0(t)\, u_S(t). \tag{7.3.6}$$

Stimmt man den Parallelschwingkreis auf die Zwischenfrequenz ab, so wird die Arbeitsimpedanz bei der Frequenz f_{ZF} reell und es gilt

$$u_{ZF}(t) = k\, R_{C2}\, u_0(t)\, u_S(t). \tag{7.3.7}$$

Die Art der Mischung mit einem Analogmultiplizierer bezeichnet man auch als multiplikative Mischung, weil beide zu mischenden Signale an unterschiedlichen Toren anliegen und die Schaltung das Produkt der beiden Eingangssignale bildet.

7.3.2 Diodenmischer

Eine Halbleiterdiode kann je nach ihrer technologischen Ausführung als nichtlinearer Leitwert

$$G_D(u_D) = \frac{di_D(t)}{du_D(t)} \tag{7.3.8}$$

oder als nichtlineare Kapazität (Sperrschichtvaraktor)

$$C_D(u_D) = \frac{dq_D(t)}{du_D(t)} \tag{7.3.9}$$

betrieben werden. Arbeitet ein Mischer in der erstgenannten Betriebsart, so spricht man auch von einer resistiven Mischung. Wird die nichtlineare Kapazität einer Diode zur Mischung verwendet, so handelt es sich um einen Reaktanzmischer (reaktive Mischung). Dieser weist einen geringeren Mischverlust als ein resistiver Mischer auf. Ausführliche Überlegungen zur Dimensionierung von Diodenmischern sind in /7.1, S. 446ff/, /7.5, S. 432ff/, /7.6, S. 19ff/ und /7.7, S. 46ff/ zu finden.

7.3.2.1   Eindiodenmischer (Eintaktmischer)

Je nachdem, ob das nichtlineare Bauelement mit harmonischen Strömen oder harmonischen Spannungen angesteuert wird, spricht man von Stromsteuerung oder Spannungssteuerung des Mischers. Abb. 7.3.3 zeigt das Prinzipschaltbild eines stromgesteuerten Eindiodenmischers (Single-ended mixer), in Abb. 7.3.4 ist das Prinzipschaltbild eines spannungsgesteuerten Eindiodenmischers angegeben.

Im Mischer mit Stromsteuerung sind Oszillator-, Signal- und ZF-Zweig mit Serienschwingkreisen beschaltet, die nur Ströme bei den jeweiligen Serienresonzfrequenzen fließen lassen. Somit besteht der von den Quellen hervorgerufene Diodenstrom $i_D(t)$ nur aus der Summe der harmonischen Ströme bei den Frequenzen f_0 und f_S. Wegen des nichtlinearen Zusammenhangs zwischen Diodenstrom $i_D(t)$ und Diodenspannung $u_D(t)$ besteht die Diodenspannung aus Anteilen bei allen Kombinationsfrequenzen. Nur die Komponente $u_{ZF}(t)$ bei der Frequenz f_{ZF} führt allerdings zu

einem Strom durch den auf die Frequenz f_{ZF} abgestimmten Schwingkreis und den Widerstand R_L. Dieser Strom $i_{ZF}(t)$ hat schließlich die Spannung $u_{ZF}(t)$ am Lastwiderstand zur Folge.

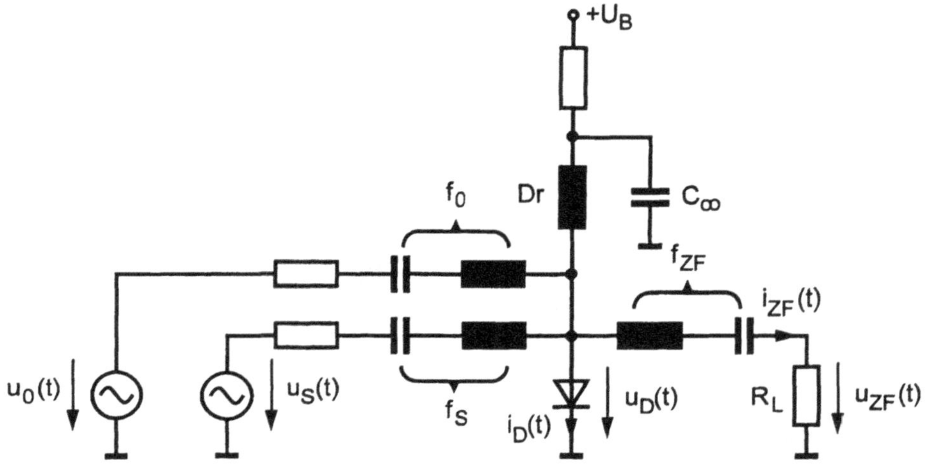

Abb. 7.3.3:   Prinzipschaltbild eines Eindiodenmischers mit Parallelschaltung der Steuerströme
(Stromsteuerung)

Beim Mischer mit Spannungssteuerung liegen die harmonischen Spannungen der Frequenzen f_0
und f_S an der Diode, da der auf die Frequenz f_{ZF} abgestimmte Parallelschwingkreis bei den Frequenzen f_0 und f_S praktisch einen Kurzschluß darstellt. Wegen des nichtlinearen Zusammenhangs
zwischen Diodenspannung $u_D(t)$ und Diodenstrom $i_D(t)$ entsteht u. a. auch eine Stromkompo-
nente $i_{ZF}(t)$ bei der Frequenz f_{ZF}, die wiederum zu einer Spannung $u_{ZF}(t)$ am Widerstand R_L führt.
Alle Komponenten des Diodenstroms bei anderen Kombinationsfrequenzen werden hingegen
vom Resonanzkreis kurzgeschlossen.

Die gezeigte Art der Mischung bezeichnet man auch als additive Mischung, weil beide zu
mischenden Signale an einem Tor des Mischers als Summe anliegen.

Diodenmischer werden nur in Sonderfällen bei Frequenzen unter ca. 1 GHz eingesetzt, da die bei
der Zwischenfrequenz abgegebene Leistung kleiner als die zugeführte Signalleistung ist
(Konversionsverlust). Im Gegensatz dazu weisen Transistormischer den Vorteil einer Verstärkung auf (Konversionsgewinn).

In Diodenmischern für Frequenzen über ca. 1 GHz werden zur Zusammenführung von Eingangs-
und Lokaloszillatorsignal sowie zur Realisierung der Filter meist Leitungsschaltungen verwendet. So zeigt Abb. 7.3.5 das Prinzipschaltbild eines Eindiodenmischers mit Richtkoppler, Hoch-
paß und Tiefpaß. Nachteilig bei dieser Ausführung des Mischers ist, daß Leistungsverluste im
Absorber auftreten. Außerdem wirkt der Eindiodenmischer als Amplitudendetektor, der das
Amplitudenrauschen des Lokaloszillators gleichrichtet. Dieses Signal kann dann bei niedriger
Zwischenfrequenz kleine Zwischenfrequenzsignale verdecken.

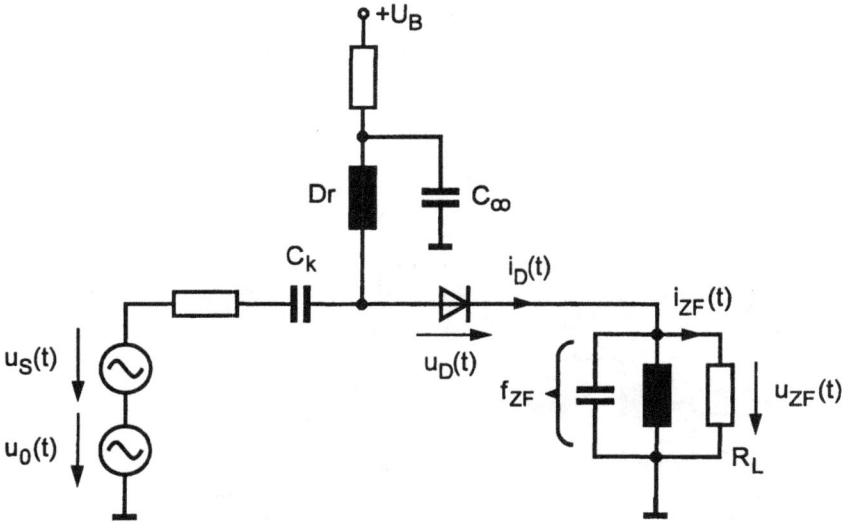

Abb. 7.3.4: Prinzipschaltbild eines Eindiodenmischers mit Serienschaltung der Steuerspan-
nungen (Spannungssteuerung)

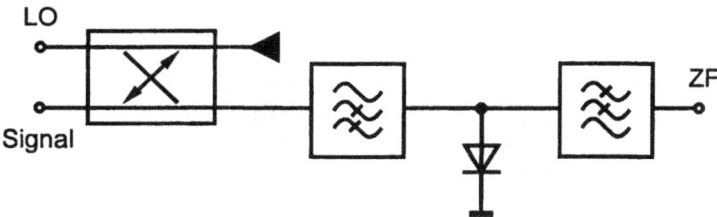

Abb. 7.3.5:
Prinzipschaltbild eines
Eindiodenmischers für
Frequenzen ab ca.
1 GHz

7.3.2.2 Gegentaktmischer

Abb. 7.3.6 zeigt das Prinzipschaltbild eines Gegentaktmischers (Balanced mixer) mit Übertragern für den Frequenzbereich unter ca. 1 GHz.

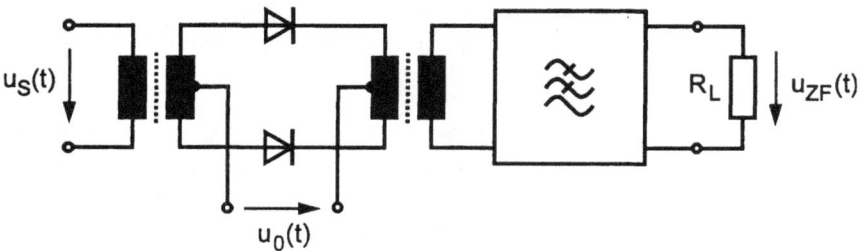

Abb. 7.3.6: Prinzipschaltbild eines Gegentaktmischers mit Übertragern

Für Frequenzen oberhalb ca. 1 GHz besteht der Gegentaktmischer, wie Abb. 7.3.7 zeigt, aus einer Anordnung von zwei Eintaktmischern. Die oben beschriebenen Nachteile des Eintaktmischers sind bei Verwendung eines Richtkopplers (3 dB-90°-Hybridkoppler) und symmetrischer Auslegung beider Mischerzweige nicht mehr gegeben.

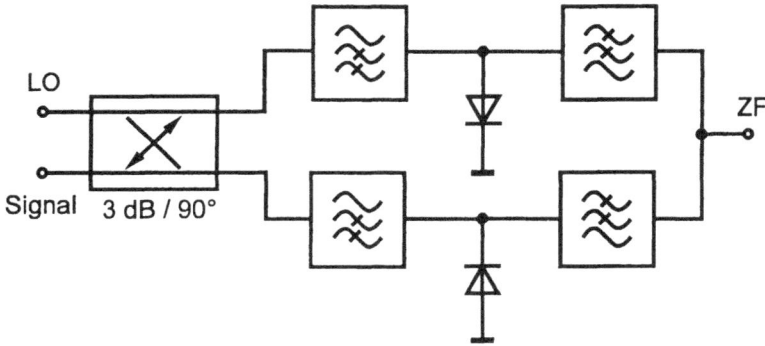

Abb. 7.3.7:
Prinzipschaltbild eines Gegentaktmischers für Frequenzen ab ca. 1 GHz

Der Gegentaktmischer nutzt die Signal- und die Lokaloszillatorleistung vollständig aus. Das gleichgerichtete Amplitudenrauschen des Lokaloszillators tritt in beiden Mischerzweigen mit unterschiedlicher Polarität auf, so daß es am Zwischenfrequenzausgang kompensiert wird.
Ein weiterer Vorteil des Gegentaktmischers besteht darin, daß weder am Signaleingang noch am Zwischenfrequenzausgang ein Signal mit der Lokaloszillatorfrequenz auftritt. Die beiden Tore sind vom Lokaloszillatortor entkoppelt.

Abb. 7.3.8 zeigt das Chipfoto eines Gegentaktmischers in Mikrostreifenleitungstechnik. Auf dem Halbleitermaterial GaAs ist zusätzlich ein zweistufiger ZF-Verstärker monolithisch integriert.

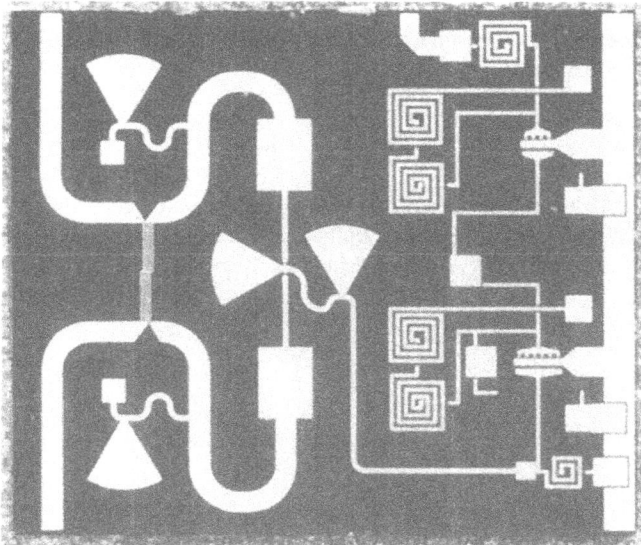

Abb. 7.3.8:
Monolithisch integrierter Gegentaktmischer mit ZF-Verstärker, Frequenzbereich 60 GHz

In Abb. 7.3.9 ist eine Skizze der Schaltung nach Abb. 7.3.8 wiedergegeben. Sie enthält die Signalwege und die Anordnung der wichtigsten Bauelemente in stark vereinfachter Form. Die Eingänge für Lokaloszillatorsignal und HF-Signal sind auf der linken Seite oben (1) und unten (2) angeordnet. Die Kopplung beider Signale auf die Mischerdioden findet in einem Lange-Koppler (3) statt. Die beiden Dioden (4) befinden sich am Kreuzungspunkt der drei schmalen Mikrostreifenleitungen. Von hier aus wird das ZF-Signal der ersten Verstärkerstufe (5) zugeführt. Auf die zweite Verstärkerstufe (6) folgt der ZF-Ausgang oben rechts (7). Die Anschlußpunkte für die Versorgungsspannungen und Masse sind mit (8) gekennzeichnet. Zum Einstellen eines Vorstroms durch die Mischerdioden sind die Anschlußpunkte (9) vorgesehen. Deutlich zu erkennen sind auch die zwischen Mischer und ZF-Verstärker planar integrierten Spiralinduktivitäten, die zusammen mit Kondensatoren zur Abblockung der Versorgungsspannnungen auf dem Chip dienen.

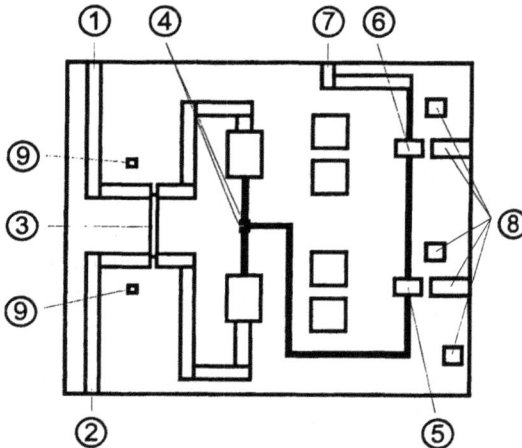

Abb. 7.3.9:
Signalwege und Anordnung der wichtigsten Bauelemente im mono-lithisch integrierten Gegentakt-mischer mit ZF-Verstärker nach Abb. 7.3.8

Der Lokaloszillator- bzw. Signalfrequenzbereich liegt bei 55 GHz bzw. 60 GHz. Die Abmessungen der Schaltung betragen 3,5 mm x 3,0 mm.

7.3.2.3   Brückenmischer (Ringmodulator)

Der Brückenmischer weist dieselben günstigen Eigenschaften wie der Gegentaktmischer auf. Als zusätzlicher Vorteil ist zu nennen, daß bei symmetrischem Aufbau alle Tore voneinander entkoppelt sind. Abb. 7.3.10 zeigt das Prinzipschaltbild eines Brückenmischers mit Übertragern für Frequenzen unter ca. 1 GHz.

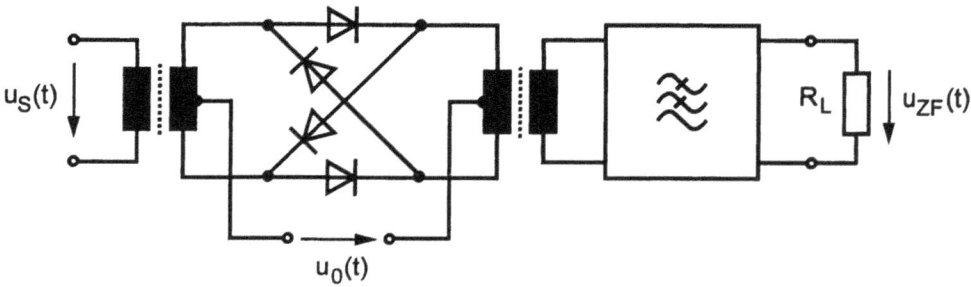

Abb. 7.3.10: Prinzipschaltbild eines Brückenmischers mit Übertragern

7.3.3   Mischer mit Bipolartransistor

Wird die Basis-Emitter-Diode eines Bipolartransistors als nichtlineares Element zur Mischung benutzt, so kann man das idealisierte Wechselstromersatzschaltbild nach Abb. 7.3.11 für den Mischer angeben.

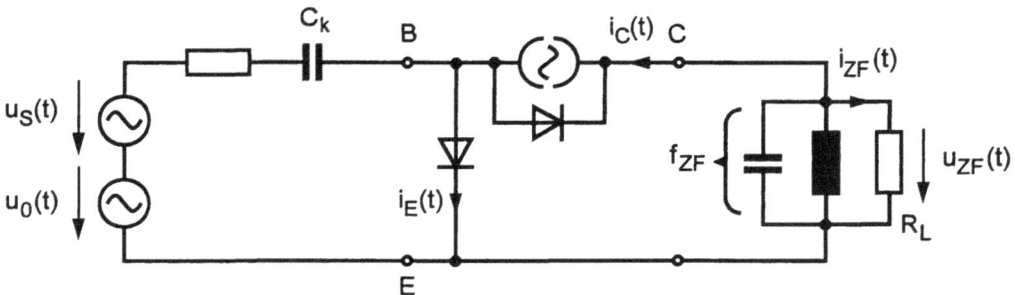

Abb. 7.3.11:   Idealisiertes Wechselstromersatzschaltbild eines spannungsgesteuerten Mischers mit Bipolartransistor

Im Normalbetrieb ist die Emitterdiode des Transistors in Durchlaßrichtung, die Kollektordiode in Sperrichtung gepolt. Das idealisierte Ersatzschaltbild wird mit der (nichtlinearen) Emitterdiode und einer gesteuerten Stromquelle beschrieben. Bei dieser Betriebsart des Bipolartransistors folgt nach /7.1, S. 78ff/ aus den Ebers-Moll-Gleichungen näherungsweise für den Kollektorstrom

$$i_C(t) = \alpha_F\, I_{SE} \cdot \left(e^{u_{BE}(t)/U_T} - 1\right) + I_{SC}\,. \tag{7.3.10}$$

Es ist α_F der Vorwärts-Stromübertragungsfaktor, I_{SE} der Sperrsättigungsstrom der Emitterdiode, I_{SC} der Sperrsättigungsstrom der Kollektordiode und $U_T = k\cdot T/e$ die Temperaturspannung. Bei Annahme eines vernachlässigbar kleinen Innenwiderstands der Spannungsquellen setzt sich die Basis-Emitter-Spannung $u_{BE}(t)$ additiv zusammen aus

$$u_{BE}(t) = U_{BE=} + \hat{u}_0 \cdot \cos(\omega_0 t) + \hat{u}_S \cdot \cos(\omega_S t). \tag{7.3.11}$$

$U_{BE=}$ ist die im Wechselstromersatzschaltbild nach Abb. 7.3.11 nicht berücksichtigte Basis-Emitter-Gleichspannung im eingestellten Gleichstromarbeitspunkt.

Die Fourieranalyse des exponentiell von der Basis-Emitter-Spannung abhängenden Kollektorstroms liefert u. a. auch die Amplitude $\hat{i}_{CZF}$ bei der Zwischenfrequenz, z. B. bei $f_{ZF} = f_0 - f_S$. Dieser Strom fließt im Parallelschwingkreis durch den Widerstand R_L und hat den Spannungsabfall $u_{ZF}(t)$ zur Folge. Alle Komponenten des Kollektorstroms bei anderen Kombinationsfrequenzen werden vom Resonanzkreis kurzgeschlossen.

Eine schaltungstechnische Realisierung eines stromgesteuerten Mischers mit Bipolartransistor ohne Serienschwingkreise zur Entkopplung der Eingangssignale zeigt Abb. 7.3.12.

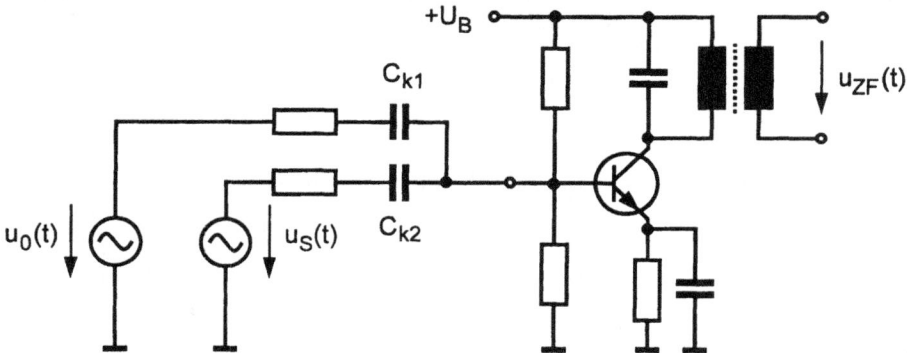

Abb. 7.3.12:   Prinzipschaltbild eines stromgesteuerten Mischers mit Bipolartransistor

7.3.3.1   Beispiel eines Mischers mit Bipolartransistor in einem UKW-Rundfunkempfänger

Das im Kapitel 8.2 des Anhangs gezeigte Schaltbild, das den Hochfrequenzteil eines UKW-Rundfunkempfängers darstellt, enthält mit dem Transistor T_7 auch einen Mischer mit Bipolartransistor. Die Schaltungsausführung entspricht im wesentlichen dem in Abb. 7.3.12 gezeigten Prinzipschaltbild.

Die Arbeitspunkteinstellung des in Emittergrundschaltung mit Serienstromgegenkopplung betriebenen Transistors erfolgt mit den Widerständen R_{19} und R_{22} als den Basisspannungsteilerwiderständen, R_{28} dient als Emitterwiderstand. Der Widerstand R_{30} liegt in Serie zu dem auf die Zwischenfrequenz abgestimmten ersten Parallelschwingkreis eines kapazitiv gekoppelten Zweikreis-Koppelfilters.

Das Hochfrequenzsignal wird über den Koppelkondensator C_{19}, das Lokaloszillatorsignal über den Koppelkondensator C_{20} auf die Basis des Transistors geführt. Das Zwischenfrequenzsignal am Ausgang des Mischers wird im Zwischenfrequenzteil des Rundfunkempfängers weiterverarbeitet. Von diesem ist allerdings nur noch die erste Filterstufe im Schaltbild enthalten. Sie besteht aus einem kapazitiv gekoppelten Zweikreis-Koppelfilter mit transformatorischer Ankopplung des Ausgangs.

7.3.3.2   Näherungsweise Berechnung des Kollektorstroms für einen spannungsgesteuerten Transistormischer

Für den spannungsgesteuerten Transistormischer, dessen Wechselstromersatzschaltbild in Abb. 7.3.11 gegeben ist, soll der Kollektorstrom in seine Fourierkomponenten zerlegt werden. Nach Kapitel 7.2.3 soll dabei von einer Kleinsignal-Großsignal-Näherung ausgegangen werden. Für die Basis-Emitter-Spannung nach Gl. (7.3.11) gilt demnach $\hat{u}_S \ll \hat{u}_0$. Damit lautet die Arbeitspunktspannung an der Basis des Transistors entsprechend Gl. (7.2.6)

$$U_{BEA} = U_{BE=} + \hat{u}_0 \cdot \cos(\omega_0 t). \tag{7.3.12}$$

Die im Arbeitspunkt aussteuernde Spannung ist die kleine Signalspannung

$$\Delta u = u_S(t) = \hat{u}_S \cdot \cos(\omega_S t). \tag{7.3.13}$$

Der funktionale Zusammenhang zwischen dem Kollektorstrom i_C und der Basis-Emitter-Spannung u_{BE} ist mit Gl. (7.3.10) gegeben. Er lautet nach Einsetzen von Gl. (7.3.11)

$$i_C = G(u_{BE}) = \alpha_F I_{SE} e^{[U_{BE=} + \hat{u}_0 \cdot \cos(\omega_0 t) + \hat{u}_S \cdot \cos(\omega_S t)]/U_T} - \alpha_F I_{SE} + I_{SC}. \tag{7.3.14}$$

Großsignalanteil des Kollektorstroms

Der Großsignalanteil des Kollektorstroms ergibt sich nach Gl. (7.2.12) zu

$$I_{CA} = G(U_{BEA}) = \alpha_F I_{SE} e^{[U_{BE=} + \hat{u}_0 \cdot \cos(\omega_0 t)]/U_T} - \alpha_F I_{SE} + I_{SC}. \tag{7.3.15}$$

Gl. (7.3.15) läßt sich umformen zu

$$I_{CA} = \alpha_F I_{SE} \cdot e^{U_{BE=}/U_T} \cdot e^{\hat{u}_0 \cdot \cos(\omega_0 t)/U_T} - \alpha_F I_{SE} + I_{SC}. \tag{7.3.16}$$

Bis auf den Faktor

$$F_1 = e^{\hat{u}_0 \cdot \cos(\omega_0 t)/U_T} \tag{7.3.17}$$

sind alle anderen Faktoren bzw. Summanden konstant. F_1 ist periodisch mit der Frequenz f_0, so daß der Strom I_{CA} in Form einer Fourierreihe entwickelt werden kann. Da die anregende Kosinusfunktion gerade ist, lautet die Reihenentwicklung für den Faktor F_1 nach Gl. (7.2.14)

$$F_1 = \frac{a_0}{2} + \sum_{m=1}^{\infty} a_m \cdot \cos(m\omega_0 t). \tag{7.3.18}$$

Für die Koeffizienten a_m gilt entsprechend Gl. (7.2.18)

$$a_m = \frac{2}{\pi} \cdot \int\limits_0^\pi F_1(\omega_0 t) \cdot \cos(m\omega_0 t) \cdot d(\omega_0 t). \tag{7.3.19}$$

Nach /7.8, S. 376/ gilt die Integralbeziehung

$$I_m(x) = \frac{1}{\pi} \cdot \int\limits_0^\pi e^{x \cdot \cos\theta} \cdot \cos m\theta \cdot d\theta. \tag{7.3.20}$$

$I_m(x)$ ist die modifizierte Besselfunktion der Ordnung m mit dem Argument x. Weitere funktionale Zusammenhänge sowie tabellarische Angaben der Funktionsverläufe sind in /7.8, S. 358ff/ ebenfalls zu finden.
Wird der Faktor F_1 nach Gl. (7.3.17) in Gl. (7.3.19) eingesetzt und das Integral mit Gl. (7.3.20) ausgewertet, so ergibt sich für die Koeffizienten der Reihenentwicklung in Gl. (7.3.18)

$$a_m = 2 \cdot I_m\left(\frac{\hat{u}_0}{U_T}\right). \tag{7.3.21}$$

Für den Arbeitspunktstrom folgt damit die Reihenentwicklung

$$I_{CA} = \alpha_F I_{SE} \cdot e^{U_{BE=}/U_T} \cdot \left[I_0\left(\frac{\hat{u}_0}{U_T}\right) + 2 \cdot \sum_{m=1}^\infty I_m\left(\frac{\hat{u}_0}{U_T}\right) \cdot \cos(\omega_0 t) \right] - \alpha_F I_{SE} + I_{SC}. \tag{7.3.22}$$

Nach Gl. (7.2.16) besteht der Arbeitspunktstrom

$$I_{CA} = I_{C=} + \sum_{m=1}^\infty \hat{i}_m \cdot \cos(m\omega_0 t) \tag{7.3.23}$$

aus einem Gleichanteil $I_{C=}$ und Anteilen bei den Frequenzen mf_0. In Gl. (7.3.22) beträgt der Gleichanteil beispielsweise

$$I_{C=} = \alpha_F I_{SE} \cdot e^{U_{BE=}/U_T} \cdot I_0\left(\frac{\hat{u}_0}{U_T}\right) - \alpha_F I_{SE} + I_{SC}. \tag{7.3.24}$$

Kleinsignalanteil des Kollektorstroms

Für den Kleinsignalanteil des Kollektorstroms ergibt sich nach Gl. (7.2.13)

$$\Delta i = g(U_{BEA}) \cdot \Delta u. \tag{7.3.25}$$

$g(u_{BE})$ ist die Ableitung des Kollektorstroms i_C nach der Basis-Emitter-Spannung u_{BE}. Die Ableitung ist wegen des Exponentialzusammenhangs leicht auszuführen. Sie lautet

$$g\left(u_{BE}\right)= \frac{dG\left(u_{BE}\right)}{du_{BE}} = \alpha_F \cdot \frac{I_{SE}}{U_T} \cdot e^{u_{BE}/U_T} .$$ (7.3.26)

Die Ableitung ist im Arbeitspunkt mit der Spannung U_{BEA} in Gl. (7.3.12) zu bilden. Damit wird auch $g(U_{BEA})$ periodisch mit der Frequenz f_0 und kann, wie in Gl. (7.2.17) angegeben, in einer Fourierreihe entwickelt werden. Setzt man zunächst U_{BEA} in Gl. (7.3.26) ein, so wird

$$g\left(U_{BEA}\right)= \alpha_F \cdot \frac{I_{SE}}{U_T} \cdot e^{U_{BE=}/U_T} \cdot e^{\hat{u}_0 \cdot \cos\left(\omega_0 t\right)/U_T} .$$ (7.3.27)

Der periodische Anteil ist wiederum mit dem Faktor F_1 nach Gl. (7.3.17) gegeben. Dieser wird wie oben in einer Fourierreihe entwickelt. Deren Koeffizienten sind in Gl. (7.3.21) angegeben. Setzt man anschließend die Fourierreihe von F_1 nach Gl. (7.3.18) in Gl. (7.3.27) ein, so erhält man schließlich für $g(U_{BEA})$ die Reihenentwicklung

$$g\left(U_{BEA}\right)= \alpha_F \cdot \frac{I_{SE}}{U_T} \cdot e^{U_{BE=}/U_T} \cdot \left[I_0\!\left(\frac{\hat{u}_0}{U_T}\right) + 2 \cdot \sum_{m=1}^{\infty} I_m\!\left(\frac{\hat{u}_0}{U_T}\right) \cdot \cos\left(\omega_0 t\right) \right].$$ (7.3.28)

Die allgemeine Darstellung der Ableitung $g(U_{BEA})$ in der Form einer Fourierreihe lautet nach Gl. (7.2.17)

$$g\left(U_{BEA}\right)= \frac{g_0}{2} + \sum_{m=1}^{\infty} g_m \cdot \cos\left(m\omega_0 t\right).$$ (7.3.29)

Vergleicht man Gl. (7.3.29) mit Gl. (7.3.28), so erhält man für die Koeffizienten

$$g_m = 2\alpha_F \cdot \frac{I_{SE}}{U_T} \cdot e^{U_{BE=}/U_T} \cdot I_m\!\left(\frac{\hat{u}_0}{U_T}\right).$$ (7.3.30)

Nach Gl. (7.2.21) ergibt sich aber die Amplitude des Stroms $\hat{\imath}_{mS}$ bei der Kombinationsfrequenz $|mf_0 \pm f_S|$ aus der Amplitude der Signalspannung $\hat{u}_S$ und dem Koeffizienten g_m zu

$$\hat{\imath}_{mS} = \frac{1}{2} \cdot g_m \hat{u}_S .$$ (7.3.31)

Der Faktor $g_m/2$ wird auch als Mischsteilheit des Transistors bezeichnet. Er darf allerdings nicht mit dem gleichnamigen Kleinsignalparameter g_m nach Kapitel 3.4 verwechselt werden.

Mit der Mischsteilheit $g_1/2$ für Grundwellenmischung wird beispielsweise die Amplitude des Stroms $\hat{\imath}_{CZF}$ bei der Frequenz $f_{ZF} = f_0 - f_S$

$$\hat{\imath}_{CZF} = \hat{\imath}_{1S} = \alpha_F \cdot \frac{I_{SE}}{U_T} \cdot e^{U_{BE=}/U_T} \cdot I_1\!\left(\frac{\hat{u}_0}{U_T}\right) \cdot \hat{u}_S .$$ (7.3.32)

Hinweis

Bei höheren Frequenzen wird der Mischvorgang im Bipolartransistor vom Basis-Bahnwiderstand und von der nichtlinearen Basis-Kollektor-Kapazität beeinflußt. Weitergehende Berechnungen des Mischers unter Berücksichtigung dieser Effekte sind allerdings nur noch mit dem Digitalrechner sinnvoll.

7.3.4 Mischer mit Sperrschicht-Feldeffekttransistor

Für den Drainstrom von Sperrschicht- und MESFETs als Funktion der Gate-Source-Spannung gilt nach /7.9, S. 83f/ im Sättigungsbereich näherungsweise der nichtlineare Zusammenhang

$$i_D(t) \approx I_{DSS} \cdot \left[1 - \frac{u_{GS}(t)}{U_P} \right]^2 . \tag{7.3.33}$$

Es ist I_{DSS} der Drain-Sättigungsstrom bei $U_{GS} = 0$ V und U_P die Abschnürspannung. Die Vorgehensweise zur Analyse eines Mischers mit JFET oder MESFET ist vergleichbar mit derjenigen beim Bipolartransistor.

7.3.5 Mischer mit Dual-Gate-MOSFET

Beim Mischer mit Dual-Gate-MOSFET wird die Steilheit des Feldeffekttransistors zwischen der Signalspannung am Gate 1 und dem Drainstrom von der am Gate 2 anliegenden Oszillatorspannung im Takte der Oszillatorfrequenz ausgesteuert. Es läßt sich ein Kleinsignalersatzschaltbild nach Abb. 7.3.13 angeben. Der Strom am Ausgang des Feldeffekttransistors ergibt sich dann aus der Multiplikation der am Gate 1 anliegenden Signalspannung mit der Steilheit, die sich periodisch mit der Lokaloszillatorspannung ändert.

Der Strom $i_Q(t)$ der gesteuerten Quelle im Kleinsignalersatzschaltbild ist das Produkt aus der Steilheit g_m und der Spannung u_{G1} am Gate 1. Es gilt demnach

$$i_Q(t) = g_m(u_{G2}) \cdot u_{G1} . \tag{7.3.34}$$

Die Steilheit hängt jedoch von der Spannung u_{G2} am Gate 2 ab. Für den funktionalen Zusammenhang zwischen Steilheit und Spannung kann eine Potenzreihenentwicklung der Form

$$g_m(u_{G2}) = g_0 + g_1 u_{G2}(t) + g_2 u_{G2}^2(t) + g_3 u_{G2}^3(t) + \cdots \tag{7.3.35}$$

angenommen werden. Bricht man diese nach dem linearen Glied ab, so ergibt sich für den Strom der gesteuerten Quelle

$$i_Q(t) \approx g_0 u_{G1}(t) + g_1 u_{G1}(t) u_{G2}(t) . \tag{7.3.36}$$

Liegen am Gate 1 die Signalspannung $u_S(t)$ und am Gate 2 die Lokaloszillatorspannung $u_0(t)$ an, so tritt im Strom der gesteuerten Quelle u. a. auch eine Komponente auf, die proportional zum Produkt der beiden Spannungen ist. Dieser Produktterm enthält, wie schon in Kapitel 7.2.1 gezeigt wurde, Signalanteile bei der Zwischenfrequenz f_{ZF}, auf die der Parallelschwingkreis am Mischerausgang abgestimmt ist.

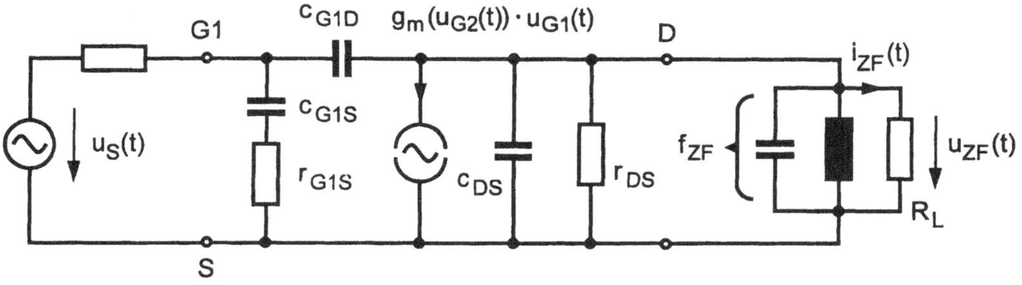

Abb. 7.3.13:   Kleinsignalersatzschaltbild eines Mischers mit Dual-Gate-MOSFET

Eine mögliche Schaltungsrealisierung des Mischers mit Dual-Gate-MOSFET zeigt die Abb. 7.3.14.

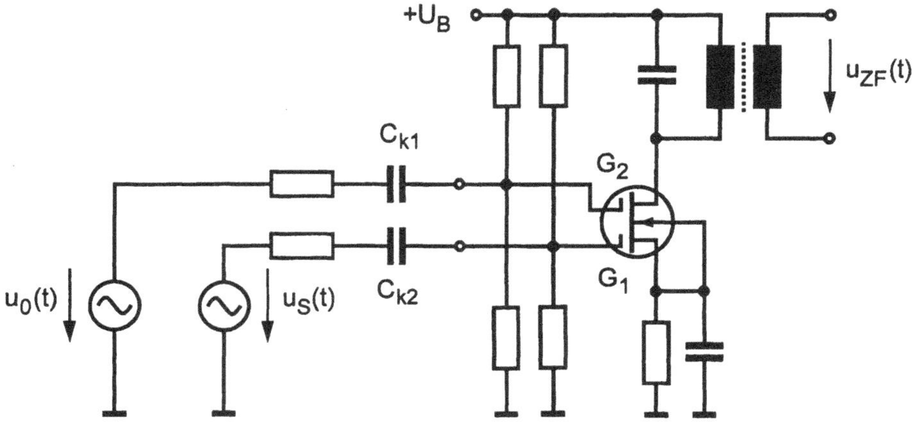

Abb. 7.3.14:   Prinzipschaltbild eines Mischers mit Dual-Gate-MOSFET

Hinweis

Bei den Mischern mit Halbleiterdiode, Bipolartransistor, Sperrschicht- und MESFET handelt es sich um eine typische additive Mischung, während beim Mischer mit Dual-Gate-MOSFET und Analogmultiplizierer eine multiplikative Mischung vorliegt.

7.4   Mischer mit Spiegelfrequenzrückgewinnung

Eine Mischeranordnung, die das Nutzsignal und das Spiegelfrequenzsignal gleichzeitig in den
Zwischenfrequenzbereich umsetzt, aber beide Signale an unterschiedlichen Toren ausgibt, wird
als Mischer mit Spiegelfrequenzrückgewinnung (Image recovery mixer) bezeichnet. In
Abb. 7.4.1 ist das Blockschaltbild der Anordnung gezeigt.

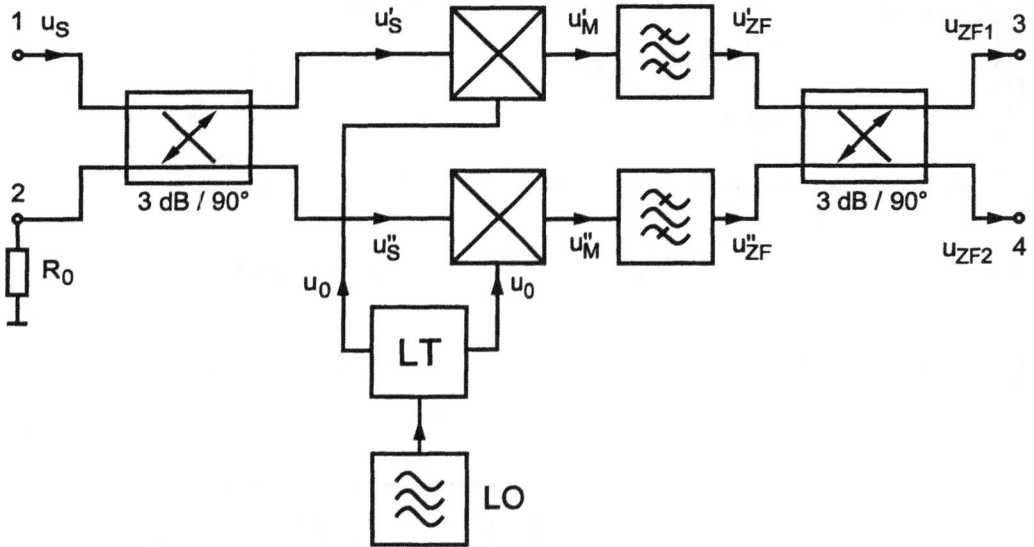

Abb. 7.4.1:   Blockschaltbild eines Mischers mit Spiegelfrequenzrückgewinnung

Bevor die Schaltung untersucht wird, sollen die Eigenschaften des 3 dB-90°-Hybridkopplers
nach Abb. 7.4.2 erläutert werden.

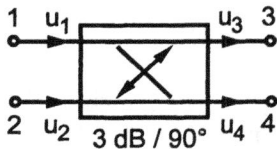

Abb. 7.4.2:
3 dB-90°-Hybridkoppler

Es wird die harmonische Spannung

$$u(t) = \hat{u} \cdot \cos(\omega t) \tag{7.4.1}$$

am Tor 1 angenommen. Für die Spannungen an den Toren 2, 3 und 4 folgt aus den Über-
tragungseigenschaften eines 3 dB-90°-Hybridkopplers /7.10, S. 192ff/

$$u_2(t) = 0,$$

$$u_3(t) = \frac{1}{\sqrt{2}} \cdot \hat{u} \cdot \cos(\omega t),$$

(7.4.2)

$$u_4(t) = \frac{1}{\sqrt{2}} \cdot \hat{u} \cdot \cos\left(\omega t - \frac{\pi}{2}\right) = \frac{1}{\sqrt{2}} \cdot \hat{u} \cdot \sin(\omega t).$$

Das Tor 2 ist vom Tor 1 entkoppelt. Die Spannungen an den Toren 3 und 4 haben gleiche Amplituden, sind aber um $\pi/2 = 90°$ phasenverschoben. Entsprechendes gilt, wenn die Spannung u(t) am Tor 2 angelegt wird: Das Tor 1 ist entkoppelt, die Spannung am Tor 3 weist eine Phasenverschiebung von $\pi/2$ auf.

Signalspannungen am Mischer mit Spiegelfrequenzrückgewinnung

Betrachtet man die Signalspannungen ausgehend von der Eingangsspannung

$$u_S(t) = \hat{u}_S \cdot \cos(\omega_S t)$$

(7.4.3)

am Tor 1 der Anordnung bis zu den Spannungen u_{ZF1} und u_{ZF2} an den Ausgangstoren 3 und 4, so erhält man, ausgehend von den Additionstheoremen

$$\cos\alpha \cdot \cos\beta = \frac{1}{2} \cdot [\cos(\alpha - \beta) + \cos(\alpha + \beta)],$$

$$\sin\alpha \cdot \cos\beta = \frac{1}{2} \cdot [\sin(\alpha - \beta) + \sin(\alpha + \beta)]$$

(7.4.4)

die Ergebnisse

$$u_S' = \frac{\hat{u}_S}{\sqrt{2}} \cdot \cos(\omega_S t), \quad u_S'' = \frac{\hat{u}_S}{\sqrt{2}} \cdot \sin(\omega_S t),$$

$$u_M' = \hat{u}_M \cdot \cos(\omega_S t) \cdot \cos(\omega_0 t), \quad u_M'' = \hat{u}_M \cdot \sin(\omega_S t) \cdot \cos(\omega_0 t),$$

(7.4.5)

$$u_{ZF}' = \hat{u}_{ZF} \cdot \cos[(\omega_S - \omega_0)t], \quad u_{ZF}'' = \hat{u}_{ZF} \cdot \sin[(\omega_S - \omega_0)t].$$

Signalfrequenz f_S größer als Lokaloszillatorfrequenz f_0 ($f_S > f_0$):

$$u_{ZF1} = \frac{1}{\sqrt{2}} \cdot \hat{u}_{ZF} \cdot \{\cos[(\omega_S - \omega_0)t] - \cos[(\omega_S - \omega_0)t]\} = 0,$$

(7.4.6)

$$u_{ZF2} = \frac{1}{\sqrt{2}} \cdot \hat{u}_{ZF} \cdot \{\sin[(\omega_S - \omega_0)t] + \sin[(\omega_S - \omega_0)t]\} = \hat{u}_{ZF2} \cdot \sin[(\omega_S - \omega_0)t].$$

Signalfrequenz f_S kleiner als Lokaloszillatorfrequenz f_0 ($f_S < f_0$):

$$u_{ZF1} = \frac{1}{\sqrt{2}} \cdot \hat{u}_{ZF} \cdot \left\{ \cos\left[(\omega_0 - \omega_S)t\right] + \cos\left[(\omega_0 - \omega_S)t\right] \right\} = \hat{u}_{ZF1} \cdot \cos\left[(\omega_0 - \omega_S)t\right],$$

(7.4.7)

$$u_{ZF2} = \frac{1}{\sqrt{2}} \cdot \hat{u}_{ZF} \cdot \left\{ \sin\left[(\omega_0 - \omega_S)t\right] - \sin\left[(\omega_0 - \omega_S)t\right] \right\} = 0.$$

Für die Ableitung der Gl. (7.4.7) wurden die trigonometrischen Zusammenhänge

$$\cos(-\alpha) = \cos(\alpha) \quad \text{und} \quad \sin(-\alpha) = -\sin(\alpha)$$

(7.4.8)

verwendet.

Ergebnis

Ist beispielsweise die Frequenz f_S des Nutzsignals kleiner als die Lokaloszillatorfrequenz f_0 ($f_S < f_0$), so tritt das Zwischenfrequenzsignal u_{ZF1} bei $f_{ZF} = f_0 - f_S$ am Ausgangstor 3 der Anordnung auf. Das Spiegelfrequenzsignal u_{ZF2}, dessen Frequenz f_{Sp} dann oberhalb der Lokaloszillatorfrequenz liegt ($f_{Sp} > f_0$), führt ebenfalls zu einem Zwischenfrequenzsignal bei $f_{ZF} = f_{Sp} - f_0$. Dieses liegt allerdings am Ausgangstor 4 an.

7.5 Technische Daten eines Mischers

Typische technische Daten eines Mischers sollen anhand eines Beispiels aus einem Datenbuch /7.11, S. 13/ erklärt werden. In dem genannten Datenbuch sind ausführliche Beschreibungen und Daten von hochfrequenztechnischen Komponenten zur Signalverarbeitung enthalten.

Als Konversionsverlust a_C (auch L_C) bezeichnet man das logarithmierte Verhältnis von hochfrequenter Signalleistung P_S am Mischereingang zur Leistung P_{ZF} bei der Zwischenfrequenz am Mischerausgang,

$$a_C = 10\lg\frac{P_S}{P_{ZF}}.$$

(7.5.1)

Im 1 dB-Kompressionspunkt ist der Konversionsverlust aufgrund der einsetzenden Begrenzung des Mischers gerade um 1 dB größer als im Datenblatt für niedrige Signalleistungen angegeben. Die Abkürzung RF steht für radio frequency und meint das hochfrequente Signal. IF bedeutet intermediate frequency und steht für die Zwischenfrequenz. Reflexionsfaktor r, Reflexionsdämpfung a_r und VSWR sind über die Vorschriften

$$a_r = -20 \lg |r|,$$

(7.5.2)

$$|r| = \frac{VSWR - 1}{VSWR + 1}$$

miteinander verknüpft. Die englischen Bezeichnungen in der Liste der Daten und in den Graphiken wurden absichtlich beibehalten.

Die Graphiken zeigen typische Meßergebnisse an einem Mischer vom Typ M0102. In den Abbildungen 7.5.1 bis 7.5.3 ist der Konversionsverlust als Funktion der Signalfrequenz bei unterschiedlichen Lokaloszillatorfrequenzen angegeben. Die Abbildungen 7.5.4 und 7.5.5 geben die Reflexionsdämpfungen als Funktion der Signalfrequenz bzw. der Zwischenfrequenz an den Mischertoren wieder. In der Abb. 7.5.6 ist die Entkopplung der Tore als Funktion der Signalfrequenz dargestellt.

Datenblatt des Mischerherstellers

Manufacturer: Miteq
Model number: M0102
Description: Oktave bandwidth RF/LO mixer

Technical specifications:
- RF/LO-frequency   1 GHz to 2 GHz
- IF-frequency   0 to 0,5 GHz
- Conversion loss $\leq 7,5$ dB
- LO-Power   8 dBm to 13 dBm
- Port-to-port isolation
  * LO/RF   20 dB, typ.
  * LO/IF   20 dB, typ.
  * RF/IF   15 dB, typ.
- Return loss
  * RF-port   4 dB, typ.
  * LO-port   6 dB, typ.
  * IF-port   5 dB, typ.
- 1 dB compession, output   -1 dBm

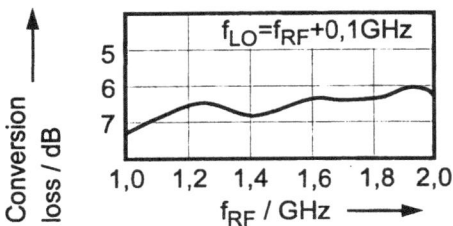

Abb. 7.5.1:
M0102,
typical conversion loss
versus frequency

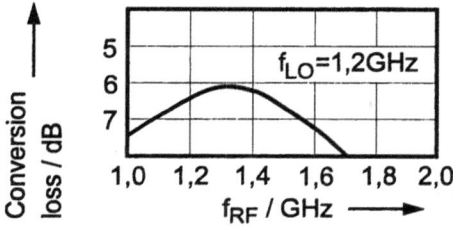

Abb. 7.5.2:
M0102,
typical conversion loss
versus frequency

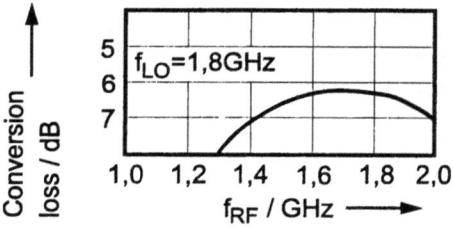

Abb. 7.5.3:
M0102,
typical conversion loss
versus frequency

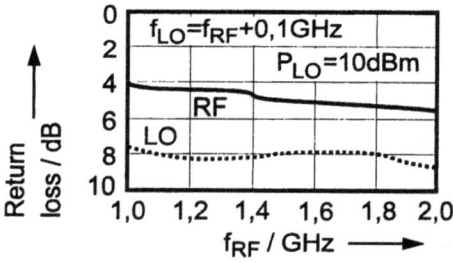

Abb. 7.5.4:
M0102,
typical LO- and RF-port return loss
versus frequency

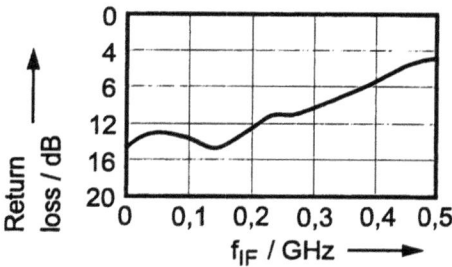

Abb. 7.5.5:
M0102,
typical IF-port return loss
versus frequency

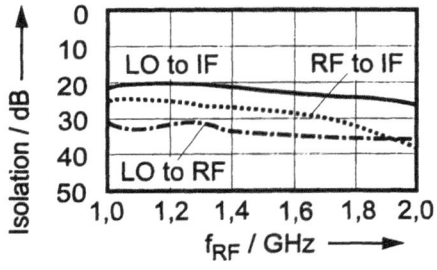

Abb. 7.5.6:
M0102,
typical port to port isolation
versus frequency

8.   Anhang

8.1   Technische Daten des Bipolartransistors BF 240

Die technische Daten des Bipolartransistors BF 240 sind aus /8.1/ entnommen. Mit T_{amb} ist die Umgebungstemperatur bezeichnet.

Silizium-NPN-Epitaxial-Planar-Transistoren

Anwendungen: BF 240:   Geregelte AM- und FM-Verstärkerstufen in Emitterschaltung
BF 241:   AM- und FM-Verstärkerstufen in Emitterschaltung

Besondere Merkmale:
Kleine Rückwirkungskapazität

Abmessungen in mm

Normgehäuse
10 A 3 DIN 41868
JEDEC TO 92 Z
Gewicht max. 0,2 g

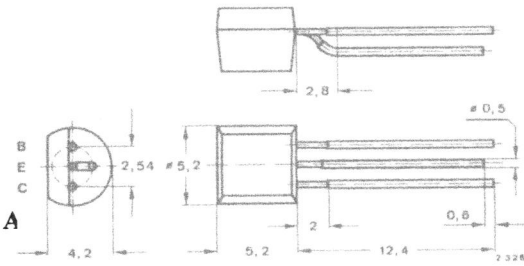

Kollektor-Basis-Sperrspannung	U_{CB0}	40	V
Kollektor-Emitter-Sperrspannung	U_{CE0}	40	V
Emitter-Basis-Sperrspannung	U_{EB0}	4	V
Kollektorstrom	I_C	25	mA
Basisstrom	I_B	2	mA
Gesamtverlustleistung bei $T_{amb} \leq 45°C$	P_{tot}	300	mW
Sperrschichttemperatur	T_j	150	°C
Lagerungstemperaturbereich	T_{stg}	-55 ... +150	°C

Wärmewiderstand		**Min.**	**Typ.**	**Max.**	
Sperrschicht-Umgebung	R_{thJA}			350	K/W

Statische Kenngrößen		**Min.**	**Typ.**	**Max.**	

$T_{amb} = 25°C$

		Min.	**Typ.**	**Max.**	
Kollektorreststrom					
$V_{CB} = 20$ V	I_{CB0}			100	nA
Kollektor-Basis-Durchbruchspannung					
$I_C = 10$ μA	$V_{(BR)CB0}$	40			V
Kollektor-Emitter-Durchbruchspannung					
$I_C = 2$ mA	$V_{(BR)CE0}$	40			V
Emitter-Basis-Durchbruchspannung					
$I_C = 10$ μA	$V_{(BR)EB0}$	4			V
Basis-Emitter-Spannung					
$V_{CE} = 10$ V, $I_C = 1$ mA	V_{BE}	650	700	760	mV
Kollektor-Basis-Gleichstromverhältnis					
$V_{CE} = 10$ V, $I_C = 1$ mA **BF 240**	h_{FE}	67		220	
BF 241	h_{FE}	36		125	

Dynamische Kenngrößen		**Min.**	**Typ.**	**Max.**	

$T_{amb} = 25°C$

		Min.	**Typ.**	**Max.**	
Transitfrequenz					
$V_{CB} = 10$ V, $I_C = 1$ mA, $f = 100$ MHz					
BF 240	f_T		430		MHz
BF 241	f_T		400		MHz
Rückwirkungskapazität					
$V_{CB} = 10$ V, $I_C = 1$ mA, $f = 0{,}47$ MHz	$c_{üre}$		0,27	0,34	pF
Rauschmaß in Emitterschaltung					
$V_{CB} = 10$ V, $I_C = 1$ mA, $G_G = 5$ mS, $f = 200$ MHz	F		1,5	3,5	dB
$V_{CB} = 10$ V, $I_C = 1$ mA, $Y_G = 6{,}6$ mS - j3,3 mS, $f = 100$ MHz	F		1,6		dB
Kurzschluß-Ausgangsadmittanz					
$V_{CB} = 10$ V, $I_C = 1$ mA, $f = 0{,}47$ MHz	g_{oe}			8,3	μS
$f = 10{,}7$ MHz	g_{oe}			10,5	μS
Kollektorstrom für $|y_{fe}|_{max}$					
$V_{CB} = 10$ V, $f = 36$ MHz	I_C	10			mA

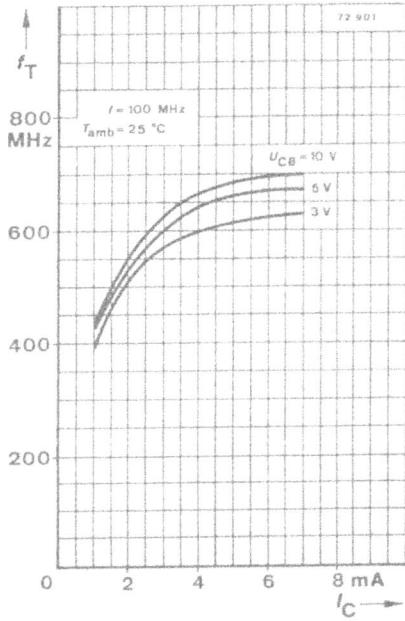

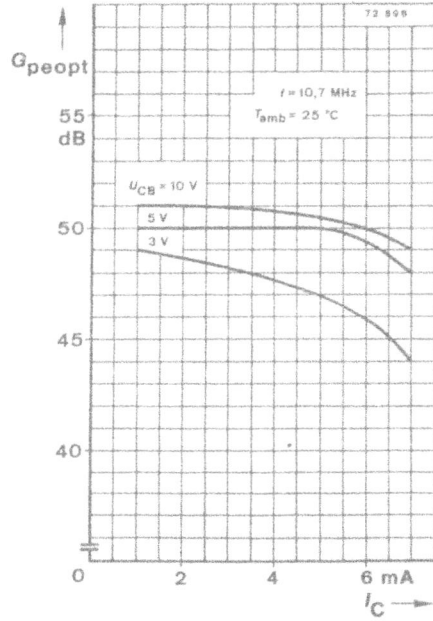

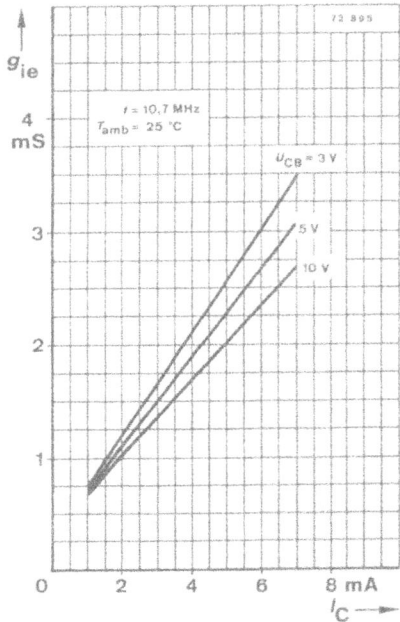

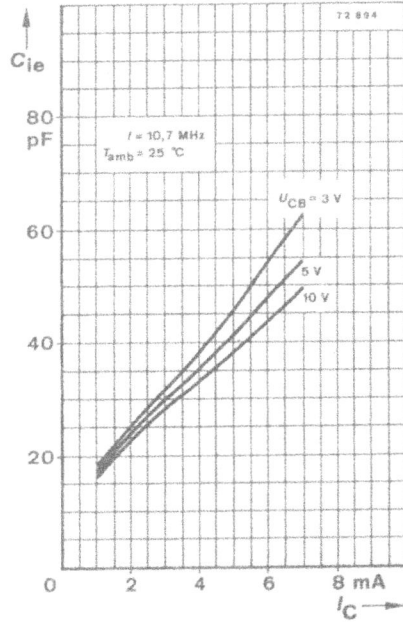

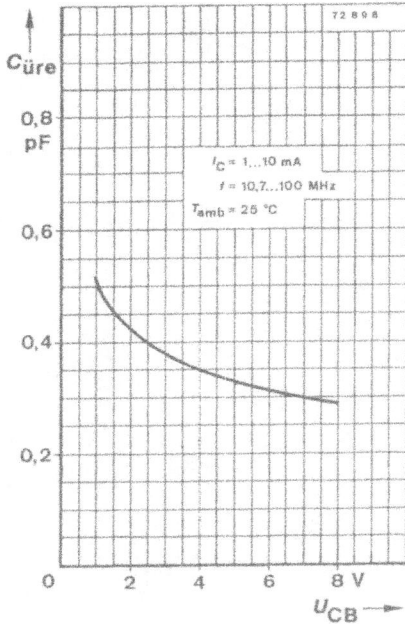

Diagramm 72 898: $C_{\ddot{u}re}$ in pF über U_{CB} in V; $I_C = 1...10$ mA, $f = 10,7...100$ MHz, $T_{amb} = 25$ °C

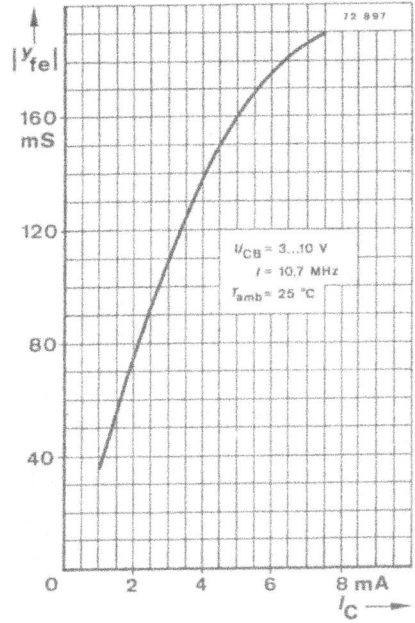

Diagramm 72 897: $|y_{fe}|$ in mS über I_C in mA; $U_{CB} = 3...10$ V, $f = 10,7$ MHz, $T_{amb} = 25$ °C

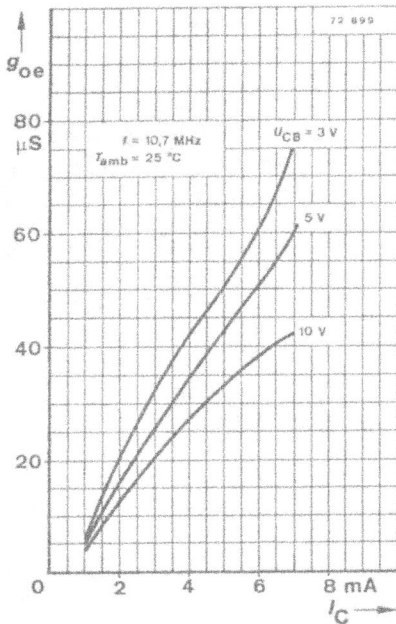

Diagramm 72 899: g_{oe} in µS über I_C in mA; $f = 10,7$ MHz, $T_{amb} = 25$ °C; $U_{CB} = 3$ V, 5 V, 10 V

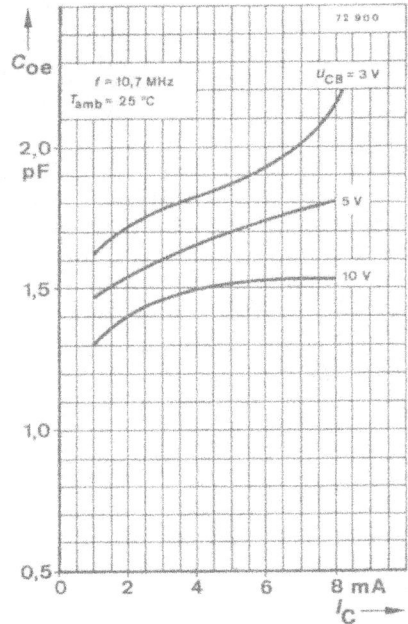

Diagramm 72 900: C_{oe} in pF über I_C in mA; $f = 10,7$ MHz, $T_{amb} = 25$ °C; $U_{CB} = 3$ V, 5 V, 10 V

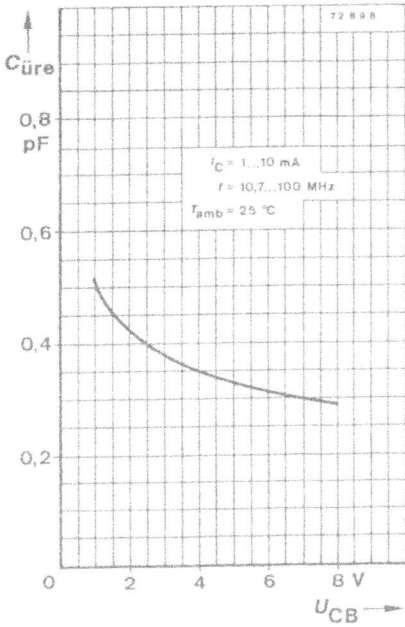

$C_{\ddot{u}re}$ vs U_{CB}:
$I_C = 1...10$ mA
$f = 10,7...100$ MHz
$T_{amb} = 25$ °C

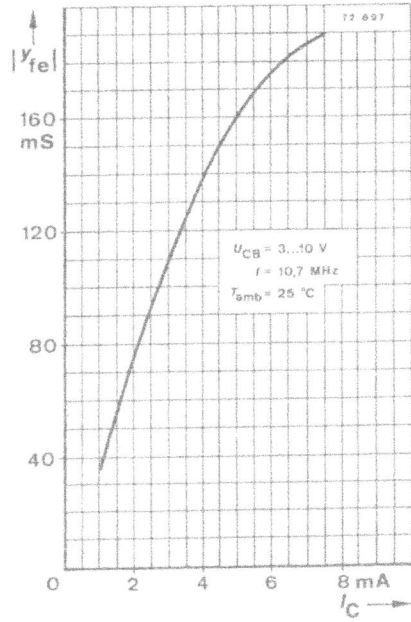

$|y_{fe}|$ vs I_C:
$U_{CB} = 3...10$ V
$f = 10,7$ MHz
$T_{amb} = 25$ °C

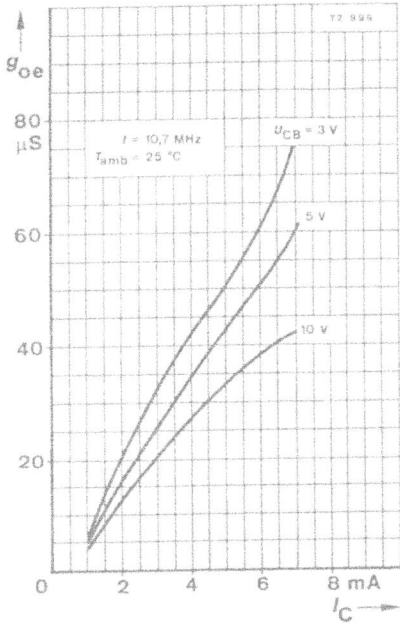

g_{oe} vs I_C:
$f = 10,7$ MHz
$T_{amb} = 25$ °C
$U_{CB} = 3$ V
5 V
10 V

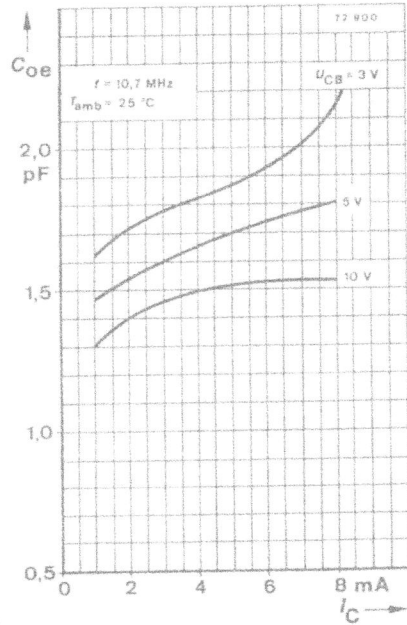

C_{oe} vs I_C:
$f = 10,7$ MHz
$T_{amb} = 25$ °C
$U_{CB} = 3$ V
5 V
10 V

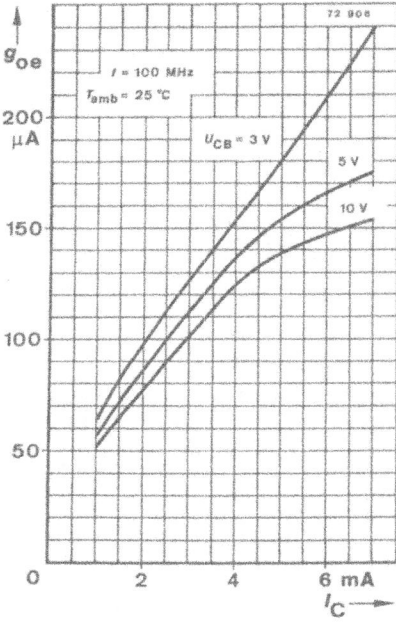

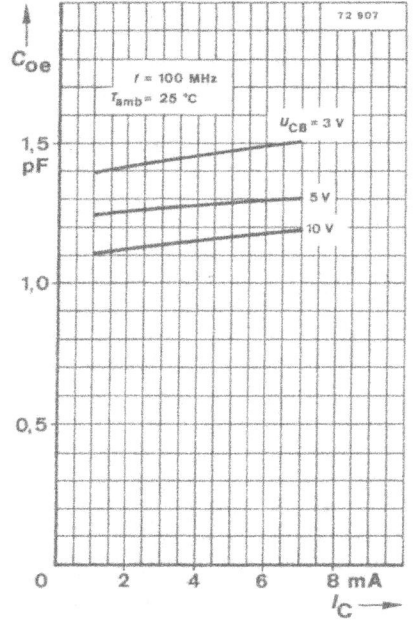

8.2 Schaltbild des HF-Teils in einem UKW-Rundfunkempfänger /8.2/

Literaturverzeichnis

Kapitel 1

/1.1/   Hoffmann, M.: Hochfrequenztechnik. Springer Verlag, Berlin 1997, S. 3.

/1.2/   Meinke, H., Gundlach, F. W.: Taschenbuch der Hochfrequenztechnik. Band 1, Springer Verlag, Berlin 1992, S. A6.

/1.3/   Zinke, O., Brunswig, H.: Hochfrequenztechnik 1. Springer Verlag, Berlin 1995, S. 2ff.

Kapitel 3

/3.1/   Bosse, G.: Grundlagen der Elektrotechnik III. Bibliographisches Institut, Mannheim 1969.

/3.2/   Klein, W.: Vierpoltheorie. Bibliographisches Institut, Mannheim 1972.

/3.3/   Klein, W.: Mehrtortheorie. Akademie Verlag, Berlin 1976.

/3.4/   Telefunken Electronic: Transistoren für HF-Anwendungen. Datenbuch 1985.

Kapitel 4

/4.1/   Zinke, O., Brunswig, H.: Hochfrequenztechnik 2. Springer Verlag, Berlin 1993.

/4.2/   Klein, W.: Mehrtortheorie. Akademie Verlag, Berlin 1976.

/4.3/   Zorzy, J.: Equations Link Cascaded Networks Using S-Parameters. Microwaves & Rf, Juli 1992, S. 76 -77.

Kapitel 5

/5.1/   Zinke, O., Brunswig, H.: Hochfrequenztechnik 2. Springer Verlag, Berlin 1993.

/5.2/   Geißler, R., Kammerloher, W., Schneider, H. W.: Berechnungs- und Entwurfsverfahren der Hochfrequenztechnik 1. Vieweg Verlag, Braunschweig 1993.

/5.3/   Meinke, H., Gundlach, F. W.: Taschenbuch der Hochfrequenztechnik. Band 1, Springer Verlag, Berlin 1992, Abschnitt A.

/5.4/   Rohde, U. L., Chang, C. R., Gerber, J.: Parameter Extraction for Large Signal Noise Models and Simulation of Noise in Large Signal Circuits Like Mixers and Oscillators. Proc. 23rd European Microwave Conference, Spain, 6.9.-9.9.1993.

/5.5/   Thumm, M., Wiesbeck, W., Kern, S.: Hochfrequenzmeßtechnik. Teubner Verlag, Stuttgart 1997.

/5.6/   Miteq: Frequency Sources. Datenbuch.

Kapitel 6

/6.1/   Zinke, O., Brunswig, H.: Hochfrequenztechnik 2. Springer Verlag, Berlin 1993.

/6.2/   Meinke, H., Gundlach, F. W.: Taschenbuch der Hochfrequenztechnik. Band 1, Springer Verlag, Berlin 1992.

/6.3/   Geißler, R., Kammerloher, W., Schneider, H. W.: Berechnungs- und Entwurfsverfahren der Hochfrequenztechnik 1. Vieweg Verlag, Braunschweig 1993.

/6.4/   Zinke, O., Brunswig, H.: Hochfrequenztechnik 1. Springer Verlag, Berlin 1995.

/6.5/   Miteq: Amplifier Products. Datenbuch.

Kapitel 7

/7.1/   Zinke, O., Brunswig, H.: Hochfrequenztechnik 2. Springer Verlag, Berlin 1993.

/7.2/   Mäusl, R.: Analoge Modulationsverfahren. Hüthig Verlag, Heidelberg 1992.

/7.3/   Mäusl, R.: Digitale Modulationsverfahren. Hüthig Verlag, Heidelberg 1995.

/7.4/   Bronstein, I., Semendjajew, K.: Taschenbuch der Mathematik. Verlag Harri Deutsch, Zürich 1973.

/7.5/   Hoffmann, M.: Hochfrequenztechnik. Springer Verlag, Berlin 1997.

/7.6/   Thumm, M., Wiesbeck, W., Kern, S.: Hochfrequenzmeßtechnik. Teubner Verlag, Stuttgart 1997.

/7.7/   Geißler, R., Kammerloher, W., Schneider, H. W.: Berechnungs- und Entwurfsverfahren der Hochfrequenztechnik 1. Vieweg Verlag, Braunschweig 1993.

/7.8/   Abramowitz, M., Stegun, I. A.: Handbook of Mathematical Functions. Dover Publications, New York 1972.

/7.9/   Tietze, U., Schenk, Ch.: Halbleiter-Schaltungstechnik. Springer Verlag, Berlin 1978.

/7.10/   Zinke, O., Brunswig, H.: Hochfrequenztechnik 1. Springer Verlag, Berlin 1995.

/7.11/   Miteq: Signal Processing Components. Datenbuch.

Kapitel 8

/8.1/   Telefunken Electronic: Transistoren für HF-Anwendungen. Datenbuch 1985.

/8.2/   Grundig: Serviceunterlagen MT 100, 55029-906.02.

Bildnachweis

Die in den folgend genannten Abbildungen gezeigten Fotos wurden mit freundlicher Genehmigung der Firma

Daimler-Benz Aerospace AG
Verteidigung und zivile Systeme
Ulm

verwendet:

Abb. 5.3.25,
Abb. 5.3.27,
Abb. 6.6.18,
Abb. 6.7.5,
Abb. 7.3.8.

Sachverzeichnis

www.ingramcontent.com/pod-product-compliance
Lightning Source LLC
Chambersburg PA
CBHW081538190326
41458CB00015B/5583